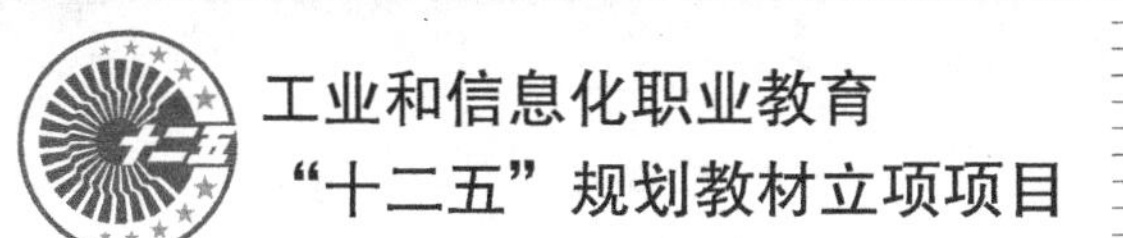

中等职业教育

改革发展示范学校创新教材

数控车工工艺与技能

The Processing Technology & Skill of CNC Turning Lathe

◎ 赵冬晚 主编

◎ 张伟南 陈海凡 王晋波 副主编

◎ 肖建章 主审

人民邮电出版社

北京

图书在版编目（C I P）数据

数控车工工艺与技能 / 赵冬晚主编. -- 北京 : 人民邮电出版社, 2016.7（2019.7 重印）
中等职业教育改革发展示范学校创新教材
ISBN 978-7-115-36955-0

Ⅰ. ①数… Ⅱ. ①赵… Ⅲ. ①数控机床－车床－车削－中等专业学校－教材 Ⅳ. ①TG519.1

中国版本图书馆CIP数据核字(2014)第204838号

内 容 提 要

全书共 13 个任务，主要内容包括入门教育、数控车床基础知识、小锥度芯轴的加工、槽类零件的加工、圆弧轮廓零件的加工、套类零件的加工、螺纹类零件的加工、传动轴的加工、端盖的加工、手柄的加工、散热件的加工、防尘盖的加工、保温杯的加工等。每个典型的加工任务按照加工准备、数控编程、数控车床操作、零件加工、零件检测、数控车床维护与精度检验六个步骤进行。通过本书的学习，学生不仅能够学习数控车床操作和加工工艺编制基础知识和基本技能，以及掌握运用基础知识和技能完成实际工作任务的能力，还能够全面培养其团队合作、沟通表达、工作责任心、职业规范与职业道德等综合素质。

本书可作为中、高等职业技术学院数控技术应用类、模具设计与制造类、机械制造及自动化类等机械类专业的教学用书，也可作为有关技术人员的参考书。

◆ 主　　编　赵冬晚
副 主 编　张伟南　陈海凡　王晋波
主　　审　肖建章
责任编辑　刘盛平
责任印制　焦志炜

◆ 人民邮电出版社出版发行　　北京市丰台区成寿寺路 11 号
邮编　100164　　电子邮件　315@ptpress.com.cn
网址　http://www.ptpress.com.cn
北京七彩京通数码快印有限公司印刷

◆ 开本：787×1092　1/16
印张：14.5　　2016 年 7 月第 1 版
字数：370 千字　　2019 年 7 月北京第 2 次印刷

定价：36.00 元

读者服务热线：(010) 81055256　印装质量热线：(010) 81055316
反盗版热线：(010) 81055315

随着科学技术的发展，机械制造技术朝着高效率、高精度、高柔性自动化加工的方向发展，职业学校的数控车工课程教学存在的主要问题是传统的教学内容与现代机械生产企业的生产实际差异加大，本书的编写尝试打破原来的学科知识体系，按数控车工岗位所需要掌握的知识来构建本课程的技能培训体系，即：岗位工作→项目→所需知识。

本书是依据行业职业技能鉴定规范、并参考了现代机械生产企业的生产技术文件编写而成的。书中的每个案例的可通过加工准备、数控编程、数控车床操作、零件加工、零件检测、数控车床维护与精度检验六个步骤完成。通过本书的学习将使学生具备直接从事数控车床进行生产的基本技能，帮助学生掌握机械产品的现代化加工流程、先进的制造技术和最新的加工工艺。

本书既强调基础，又力求体现新知识、新技术、新工艺，教学内容与国家职业技能鉴定规范相结合。充分利用现有的机床设备、多媒体设备、电脑机房、广州数控仿真软件、PPT、动画、视屏等资源以及现代化的教学手段，将原来理论性强、枯燥无味的课程，变得生动，学生容易接受，一般新的教学内容的开始都是从学生完成任务开始的，让学生在完成任务的过程中进行思考、实验、反馈。上课时先进行模拟仿真加工，加工顺利后才到车间进行工件的加工，通过循序渐进的方式提高难度，最后让学生掌握该门课程的知识。

本书的教学时数为260学时，各任务的参考教学课时见以下的课时分配表。

章　节	课 程 内 容	课 时 分 配	
		讲授	实践训练
任务一	入门教育	3	3
任务二	数控车床基础知识	4	14
任务三	小锥度芯轴的加工	8	22
任务四	槽类零件的加工	6	18
任务五	圆弧轮廓零件的加工	4	14
任务六	套类零件的加工	4	14
任务七	螺纹类零件的加工	4	14
任务八	传动轴的加工	4	20
任务九	端盖的加工	4	20
任务十	手柄的加工	4	20
任务十一	散热件的加工	4	20
任务十二	防尘盖的加工	4	20
任务十三	保温杯的加工	6	42
课时总计		59	241

本书由广东省高级技工学校赵冬晚任主编，张伟南、陈海凡和王晋波任副主编，曾福辉、丁彩平和张兰英参编。其中，赵冬晚编写任务八、任务九、任务十，丁彩平编写任务二、任务三，曾福辉编写任务五、任务六，张伟南编写任务一、任务七、任务十三，陈海凡编写任务四、任务十一、任务十二。本书的编写得到了肖建章主任的大力支持和帮助，在此表示感谢。

由于编者水平有限，书中难免存在不足之处，敬请广大读者批评指正。

编 者

2016年2月

目录 CONTENTS

任务一 入门教育 …… 1

任务二 数控车床基础知识 …… 10

训练一 数控车床的基本认识与维护保养 …… 10
训练二 认识数控车床的操作面板 …… 23

任务三 小锥度芯轴的加工 …… 39

训练一 数控车床的对刀 …… 39
训练二 小锥度芯轴的加工 …… 55

任务四 槽类零件的加工 …… 74

训练一 窄槽加工 …… 74
训练二 宽槽加工 …… 86

任务五 圆弧轮廓类零件的加工 …… 95

任务六 套类零件的加工 …… 106

任务七 螺纹类零件的加工 …… 116

任务八 传动轴的加工 …… 134

任务九 端盖的加工 …… 144

任务十 手柄的加工 …… 155

任务十一 散热件的加工 …… 165

任务十二 防尘盖的加工 …… 173

任务十三 保温杯的加工 …… 183

附录 A 理论试题 …… 195

附录 B 实操试题 …… 221

任务一 入门教育

随着数控机床技术的发展，对技术人员的要求起来越高，尤其是对高素质操作管理技术人员不仅有技术水平方面的要求，还有生产中安全意识和场地管理的要求。因为生产中严格遵守安全操作规程和合理管理场地是保障人身和设备安全的需求，也是保证机床能够正常工作、达到技术性能、充分发挥其加工优势的需要。

■ **任务学习目标**

1. 提高安全意识，增强安全行为。
2. 熟悉安全规则，保障操作安全。
3. 明确管理要求，实现自我管理。

■ **任务实施课时**

6 课时。

■ **任务实施流程**

1. 导入新课。
2. 组织学生根据自身认识填写工作页。
3. 根据操作步骤要求，组织学生观看影像资料和示范操作。
4. 组织学生项目实际操作。
5. 巡回指导练习。
6. 结合实习要求和资料，对相关理论知识讲解。
7. 拓展问题讨论。
8. 学习任务考试。
9. 完成活动评价表。
10. 学习任务情况总结。

■ **任务所需器材**

1. 设备：数控车床、计算机（俗称电脑）。
2. 工具：各种扳手。
3. 辅具：影像资料、课件。

课前导读

请完成表 1-1 中内容。

表 1-1　　　　课前导读

序号	实施内容	答案选项	正确答案
1	你曾有过不安全苗头没有?	A. 有　B. 没有	
2	“不准擅离岗位”容易忽视吗?	A. 容易　B. 不容易　C. 偶尔	
3	上课时能做与上课无关的事情吗?	A. 能　B. 不能	
4	老师讲授专业理论时,是否在认真听讲?	A. 认真　B. 不认真　C. 容易分散	
5	老师在实习传授技能时,是否认真在用心记忆?	A. 认真　B. 不认真　C. 无心记忆	
6	你喜欢理论课还是实习课还是都喜欢?	A. 理论课　B. 实习课　C. 其他课	
7	上课老师批评你时,你是反感还是乐意接受?	A. 反感　B. 乐意接受　C. 无所谓	
8	团队精神又指什么精神?	A. 集体主义　B. 人脉关系　C. 助人为乐	
9	实习时发现异常,不用阻止,但要立即报告任课老师对吗?	A. 对　B. 错	
10	在实习场地里可以打闹和玩耍吗?	A. 可以　B. 不可以	
11	实习期间所使用的工、量具可以随意乱放吗?	A. 可以　B. 不可以	
12	实习结束后是否应该清理机床和场地卫生?	A. 是　B. 否	
13	实习期间没有指导教师在场时能否自行操作设备?	A. 可以　B. 不可以	
14	你是否知道 6S 管理?	A. 知道　B. 不知道	
15	严格遵守 6S 管理要求能否提高生产效率和节约成本?	A. 可以　B. 不可以	

情景描述

在一个工厂里，新员工第一天上班，走到厂门口时抬头看到在大门前的宣传栏上有着图 1-1 所示的图片，于是他们看着这几个大字开始思考，就在这时上班的时间到了，大家便急忙进到厂内等待厂长的到来。厂里第一天上班都需要进行岗前培训，让员工明确工作时的注意事项。大家等了会，厂长便来了，他说：“你们进入厂门时看到了‘安全第？’几个大字，我想大家都在想，但是大家知道为什么要把它放在那吗？有何意义？想知道就必须完成我们今天的学习。”

图 1-1　安全教育图

任务实施

认真阅读有关实习场地安全文明生产要求和设备操作规程，熟悉场地 6S 管理要求，并做好以下工作。

（1）入厂前检查着装是否合格（见图 1-2）。

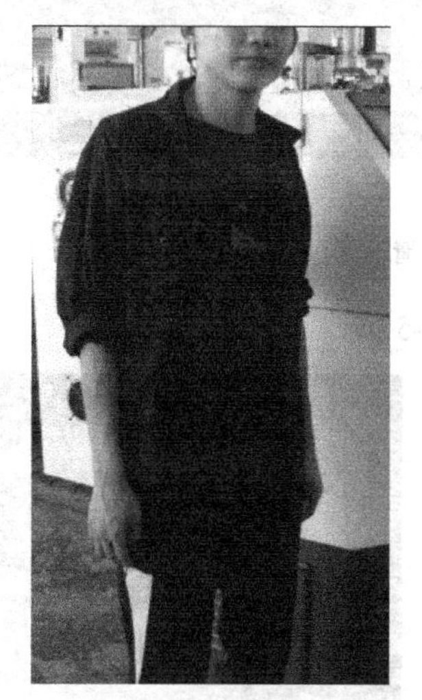

（a）着装不合格

（b）着装合格

图 1-2 入厂着装

（2）检查工具、量具摆放是否安全合理（见图 1-3）。

（a）工具不能放置在机床上

（b）工具不能放置在旋转主轴上

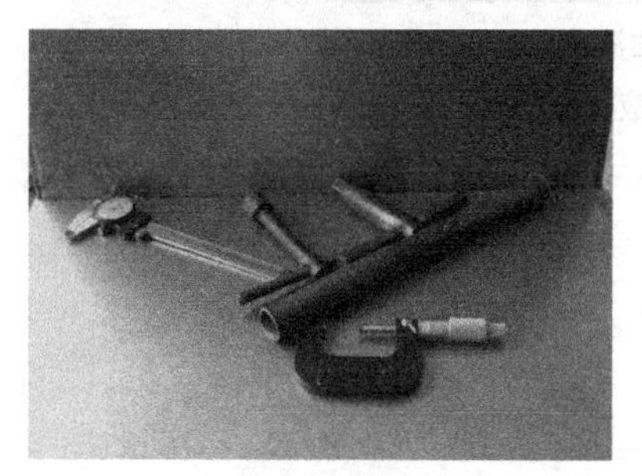

（c）工具不能和量具堆在一起

（d）工具和量具应分开摆放

图 1-3 工具、量具摆放

（3）检查机床卫生是否清理（见图 1-4）。

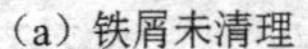

（a）铁屑未清理

（b）铁屑清理

图 1-4　机床清理

（4）检查物品是否按 6S 管理要求放置（见图 1-5）。

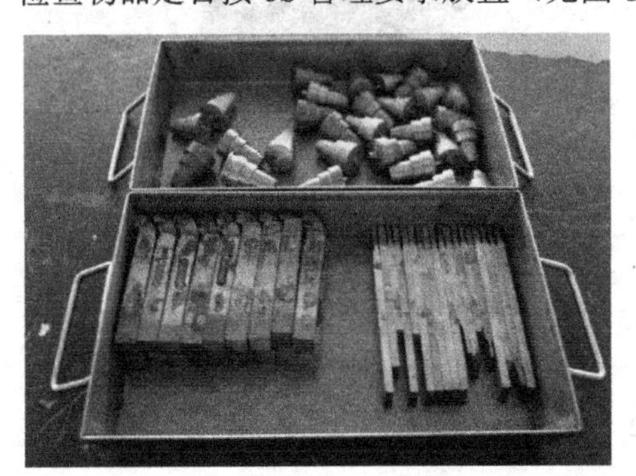

（a）刀具与工件分类摆放

（b）量具和工具摆放整齐

（c）场地卫生清理干净

图 1-5　工具摆放与场地清理

相关知识

■ 知识一　实训入门规范

（1）实习课前须穿好实习服装，戴好工作帽和其他防护品，提前进入实习工厂上课，并做好上课准备工作。

（2）教师讲课时，专心听讲，做好笔记，不讲话、玩手机、睡觉和做与上课无关的事情；提问要举手，经教师同意后方可发问；上课中因故要出课室应举手示意，得到教师的允许方可离开课室。

（3）教师操作示范时，认真观察，不拥挤和喧哗，更不得乱动设备。

（4）学生按分配工位进行实习，不串岗，更不能私自开启设备。

（5）严格遵守安全操作规程，防止发生人为事故。

（6）严格实习课题要求，保质保量按时完成实习任务，不断提高操作水平。

（7）爱护公共财物，节电、节水、节约材料。

（8）保持工作场所整洁。下课前要清扫场地、保养设备，清理工具材料，关闭电源，经教师检查后方可离开。

（9）下课时，经教师同意后方可离开实习工厂。

■ 知识二　实训纪律规范

（1）不准闲谈打闹。

（2）不准擅离岗位。

（3）不准干私活。

（4）不准私带工具出车间。

（5）不准乱丢乱放工、量具。

（6）不准生火玩火。

（7）不准让设备带病工作。

（8）不准擅自拆修电器。

（9）不准乱用别人工具材料。

（10）不准顶撞教师。

■ 知识三　数控车床安全操作规程

1．工作前

（1）检查润滑系统储油部位的油量应符合规定，封闭良好。油标、油窗、油杯、油嘴、油线、油毡、油管和分油器等应齐全完好，安装正确。按润滑指示图表规定作人工加油，查看油窗是否来油。

（2）必须束紧服装、套袖、戴好工作帽、防护眼镜，工作时应检查各手柄位置的正确性，应使变换手柄保持在定位位置上，严禁戴围巾、穿裙子、凉鞋、高跟鞋上岗操作。工作时严禁戴手套。

（3）检查机床、导轨以及各主要滑动面，如果有障碍物、工具、铁屑、杂质等，则必须清理、擦拭干净、上油。

（4）检查工作台、导轨及主要滑动面有无新的拉、研、碰伤，如果有，应通知指导教师一起查看，并做好记录。

（5）检查安全防护、制动（止动）和换向等装置是否齐全完好。

（6）检查操作手柄、阀门、开关等是否处于非工作的位置上，是否灵活、准确、可靠。

（7）检查刀架是否处于非工作位置。检查刀具及刀片是否松动，检查操作面板是否有异常。

（8）检查电器配电箱是否关闭牢靠，电气接地是否良好。

（9）机床工作开始前要有预热，应当非常熟悉急停按钮的位置，以便在任何需要时无需寻找就能按到它。

（10）在实习中，未经老师允许不得接通电源、操作机床和仪器。

2．工作中

（1）坚守岗位，精心操作，不做与工作无关的事。因事离开机床时要停车，关闭电源。

（2）按工艺规定进行加工。不准任意加大进刀量、切削速度。不准超规范、超负荷、超重量使用机床。

（3）刀具、工件应装夹正确、紧固牢靠。装卸时不得碰伤机床。找正工件不准用重锤敲打。不准用加长扳手柄增加力矩的方法紧固刀具、工件。

（4）不准在机床主轴锥孔、尾座套筒锥孔及其他工具安装孔内，安装与其锥度或孔径不符、表面有刻痕或不清洁的顶针、刀具、刀套等。

（5）传动及进给机构的机械变速、刀具与工件的装夹、调正以及工件的工序间的人工测量等均应在切削刀具、工件停车后进行。

（6）应保持刀具及时磨锋或更换。

（7）切削刀具未离开工件时，不准停车。

（8）不准擅自拆卸机床上的安全防护装置，缺少安全防护装置的机床不准工作。

（9）机床上特别是导轨面，不准直接放置工具、工件及其他杂物。

（10）经常清除机床上的铁屑、油污，保持导轨面、滑动面、转动面、定位基准面清洁。

（11）密切注意机床运转情况，润滑情况，如果发现动作失灵、震动、发热、爬行、噪声、异味、碰伤等异常现象，应立即停车检查，排除故障后，方可继续工作。

（12）机床发生事故时应立即按急停按钮，保持事故现场，报告有关部门分析处理。

（13）用卡盘夹紧工件及部件时，必须将扳手取下后，方可开车。

（14）装卸花盘、卡盘和加工重大工件时，必须在床身面上垫上一块木板，以免落下损坏机床。装卸卡盘应在停机后进行，不可用电动机的力量取下卡盘。

（15）在工作中加工钢件时，冷却液要倾注在构成铁屑的地方，使用锉刀时，应右手在前，左手在后，锉刀一定要安装手把。

（16）机床在加工偏心工件时，要加均衡铁，将配重螺丝上紧，并用手扳动二三周明确无障碍时，方可开车。

（17）切削脆性金属，事先要擦净导轨面的润滑油，以防止切屑擦坏导轨面。

（18）刀具安装好后应进行一、二次试切削。检查卡盘夹紧工作的状态，保证工件卡紧。

（19）工作中严禁用手清理铁屑，一定要用清理铁屑的专用工具，对切削下来的带状切屑、螺旋状长切屑，应用钩子及时清除，以免发生事故。

（20）机床开动前必须关好机床防护门。机床开动时不得随意打开防护门。

（21）用顶尖装夹工件时，顶尖与中心孔应完全一致，不能用破损或歪斜的顶尖，使用前应将顶尖和中心孔擦净。后尾座顶尖要顶牢。

（22）车削细长工件时，为保证安全应采用中心架或跟刀架，长出车床部分应有标志。

（23）刀具装夹要牢靠，刀头伸出部分不要超出刀体高度 1.5 倍，垫片的形状尺寸应与刀体形状尺寸相一致，垫片应尽可能的少而平。

（24）用砂布打磨工件表面时，应把刀具移动到安全位置，不要让衣服和手接触工件表面。加工内孔时，不可用手指支持砂布，应用木棍代替，同时速度不宜太快。

（25）操作者在工作中不许离开工作岗位，如需离开，无论时间长短，都应停车，以免发生事故。

（26）对加工的首件要进行动作检查和防止刀具干涉的检查，按“高速扫描运行”“空运转”“单程序段切削”“连续运转”的顺序进行。

（27）自动运行前，确认刀具补偿值和工件原点的设定。确认操作面板上进给轴的速度及其倍率开关状态。切削加工要在各轴与主轴的扭矩和功率范围内使用。

（28）装卸及测量工件时，把刀具移到安全位置，主轴停转；要确认工件在卡紧状态下加工。

（29）使用快速进给时，应注意工作台面情况，以免发生事故。

（30）每次开机后，必须首先进行回机床参考点的操作。

（31）运行程序前要先对刀，确定工件坐标系原点。对刀后立即修改机床零点偏置参数，以防程序不正确运行。

（32）在手动方式下操作机床，要防止主轴和刀具与机床或夹具相撞。操作机床面板时，只允许单人操作，其他人不得触摸按键。

（33）运行程序自动加工前，必须进行机床空运行。空运行时必须保持刀具与工件之间有一个安全距离。

（34）自动加工中出现紧急情况时，立即按下复位或急停按钮。当显示屏出现报警号，要先查明报警原因，采取相应措施，取消报警后，再进行操作。

3．工作后

（1）将机械操作手柄、阀门、开关等扳到非工作位置上。

（2）停止机床运转，切断电源、气源。

（3）清除铁屑，清扫工作现场，认真擦净机床。导轨面、转动及滑动面、定位基准面、工作台面等处加油保养。严禁使用带有铁屑的脏棉沙揩擦机床，以免拉伤机床导轨面。不允许采用压缩空气清洗机床、电气柜及 NC 单元。

（4）认真将班中发现的机床问题，填到交接班记录本上，做好交班工作。

■ 知识四　6S 管理细则

“6S 管理”由日本企业的 5S 扩展而来，是现代工厂行之有效的现场管理理念和方法，其作用是：提高效率，保证质量，使工作环境整洁有序，预防为主，保证安全。6S 的本质是一种执行力的企业文化，强调纪律性的文化，不怕困难，想到做到，做到做好，作为基础性的 6S 工作落实，能为其他管理活动提供优质的管理平台。

1．6S 管理内容

（1）整理（SEIRI）——将工作场所的任何物品区分为有必要和没有必要的，除了有必要的留下来，其他的都消除掉。

目的：腾出空间，空间活用，防止误用，塑造清爽的工作场所。

（2）整顿（SEITON）——把留下来的必要用的物品依规定位置摆放，并放置整齐加以标识。

目的：工作场所一目了然，缩短寻找物品的时间，消除过多的积压物品。

（3）清扫（SEISO）——将工作场所内看得见与看不见的地方清扫干净，保持工作场所干净、亮丽的环境。

目的：稳定品质，减少工业伤害。

（4）清洁（SEIKETSU）——将整理、整顿、清扫进行到底，并且制度化，经常保持环境外在美观的状态。

目的：创造明朗现场，维持上面 3S 成果。

（5）素养（SHITSUKE）——每位成员养成良好的习惯，并遵守规则做事，培养积极主动的精神（也称习惯性）。

目的：培养有好习惯、遵守规则的员工，营造团队精神。

（6）安全（SECURITY）——重视成员安全教育，每时每刻都有安全第一观念，防患于未然。

目的：建立起安全生产的环境，所有的工作应建立在安全的前提下。用以下的简短语句来描述6S，也能方便记忆。

将6S管理要求概括为：

整理：要与不要，一留一弃；

整顿：科学布局，取用快捷；

清扫：清除垃圾，美化环境；

清洁：形成制度，贯彻到底；

素养：养成习惯，以人为本；

安全：安全操作，生命第一。

2．6S管理实施原则

（1）效率化：定置的位置是提高工作效率的先决条件。

（2）持之性：人性化，全球遵守与保持。

（3）美观：做产品—做文化—征服客户群。管理理念适应现场场景，展示让人舒服、感动。

3．6S管理对象

（1）人：规范化，对员工行动品质的管理。

（2）事：流程化，对员工工作方法，作业流程的管理。

（3）物：规格化，对所有物品的规范管理。

拓展知识

1．遵守安全操作规程和场地管理要求能给生产带来什么好处？

2．6S管理对一个企业的管理起着什么作用？

活动评价

根据自己在该任务中的学习表现，结合表 1-2 中活动评价项目进行自我评价。

表 1-2　活动评价表

项　目	评价内容	评价等级（学生自我评价）		
		A	B	C
关键能力评价项目	1. 安全意识强			
	2. 着装仪容符合实习要求			
	3. 积极主动学习			
	4. 无消极怠工现象			
	5. 爱护公共财物和设备设施			
	6. 维护课堂纪律			
	7. 服从指挥和管理			
	8. 积极维护场地卫生			
专业能力评价项目	1. 书、本等学习用品准备充分			
	2. 工具、量具选择及运用得当			
	3. 理论联系实际			
	4. 积极主动参与安全教育训练			
	5. 严格遵守操作规程			
	6. 独立完成操作训练			
	7. 独立完成工作页			
	8. 学习和训练质量高			
教师评语		成绩评定		

任务二 数控车床基础知识

自从1952年第一台数控机床问世，它就成为世界机械工业史上一件划时代的事件，并推动了机械自动化的发展进程，同时大大提高生产效率和产品质量。目前数控机床已广泛应用在机械加工的所有领域，也是我们需认识和掌握的一门技术。

训练一 数控车床的基本认识与维护保养

■ 任务学习目标

1. 明确数控概念和数控车床的工作原理。
2. 明确数控车床的结构、加工对象和分类。
3. 掌握数控车床的日常维护和保养。

■ 任务实施课时

6课时。

■ 任务实施流程

1. 导入新课。
2. 组织学生根据自身认识填写工作页。
3. 根据操作步骤要求，组织学生观看影像资料和示范操作。
4. 组织学生项目实际操作。
5. 巡回指导练习。
6. 结合实习要求和资料，对相关理论知识讲解。
7. 拓展问题讨论。
8. 学习任务考试。
9. 完成活动评价表。
10. 学习任务情况总结。

■ 任务所需器材

1. 设备：数控车床、计算机（俗称电脑）。
2. 工具：各种扳手。
3. 辅具：影像资料、课件、润滑油。

课前导读

请完成表2-1中内容。

表 2-1 课前导读

序号	实施内容	答案选项	正确答案
1	数控机床控制用的是什么样信息?	A．模板化信息 B．数字化信息	
2	CNC 的含义是计算机数字控制	A．对 B．错	
3	数控机床加工的加工精度比普通机床高，是因为数控机床的传动链较普通机床的传动链长	A．对 B．错	
4	数控机床伺服系统将数控装置的脉冲信号转换成机床移动部件的运动	A．对 B．错	
5	数控机床加工运动的轨迹与理想轨迹完全相同	A．对 B．错	
6	数控机床伺服系统是以_____为直接控制目标的自动控制系统	A．机械运动速度 B．机械位移 C．切削力 D．切削速度	
7	数控机床的核心是_____	A．数控装置 B．伺服系统 C．检测装置 D．反馈系统	
8	数控机床选用于怎样生产?	A．大批量零件 B．单个高精度零件 C．中小批量复杂零件	
9	数控机床的进给传动机构采用的是哪种机构?	A．双螺母丝杆副 B．梯形螺母丝杆副 C．滚珠丝杆螺母副	
10	在进行设备的维修时是否应切断电源?	A．是 B．否	
11	数控车床导轨垃圾清理时间是_____	A．每天 B．每周	
12	机床里的冷却液更换时间是_____	A．每天 B．根据使用情况	
13	长期不使用设备应_____	A．关机封存 B．定期开机	
14	机床机械部位维护应_____	A．每天维护 B．定期维护	

情景描述

一位实习老师在给学生上数控设备的课，为了增加学生对课程的学习兴趣，于是便带学生到数控车间（见图 2-1）去参观，到了现场后，学生们看到数控设备在进行自动加工各种各样的零件时觉得很奇怪，便问老师说："这是什么机床？为什么它可以自动加工？这些机床到底可以做

图 2-1 数控实习车间

些什么样的零件？我们如果用这些设备要注意哪些问题？”于是老师就这些问题一一跟他们介绍。如果你想知道这些问题的答案，那么就学习以下内容吧！

任务实施

■ 任务实施一

到数控车间现场观看数控车床实物（见图 2-2），并分辨其组成结构和其对零件的加工过程。

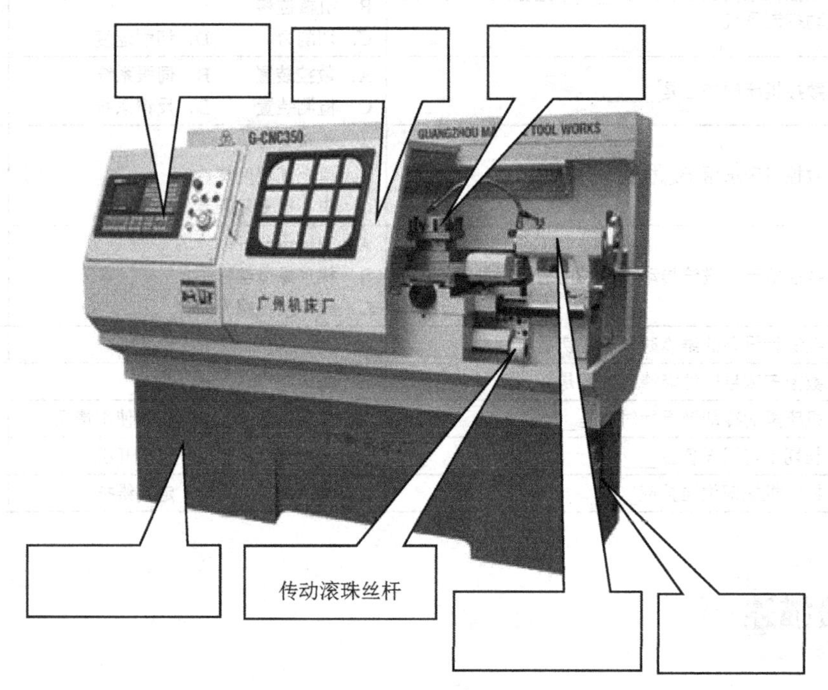

图 2-2 数控车床

■ 任务实施二

根据数控车床日常保养要求对相应部位进行保养和维护（见图 2-3）。

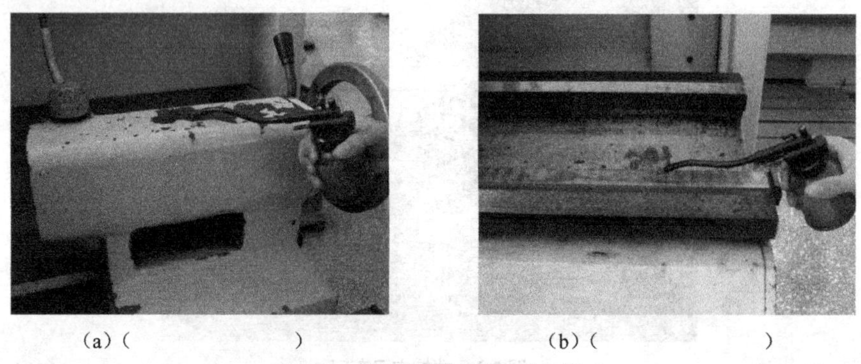

(a)（ ） (b)（ ）

图 2-3 部分日常保养和维护内容

（c）（ ） （d）（ ）

（e）（ ） （f）（ ）

图 2-3 部分日常保养和维护内容（续）

相关知识

■ 知识一 数控车床概述

1．数控和数控车床概念

数控（Numerical Control，NC）技术是指用数字、文字和符号组成的数字指令来实现一台或多台机械设备动作控制的技术。数控一般是采用通用或专用计算机实现数字程序控制，因此数控也称为计算机数控（Computerized Numerical Control，CNC）。

数控车床又称为 CNC 车床，即计算机数字控制车床，是一种高精度、高效率的自动化机床。它具有广泛的加工工艺性能，可加工直线圆柱、斜线圆柱、圆弧和各种螺纹。具有直线插补、圆弧插补各种补偿功能。

2．数控车床的工作原理

数控车床是用数字化信息来实现自动控制的，即将与加工零件有关的信息——工件与刀具相对运动轨迹参数（进给执行部件的进给尺寸）、切削加工工艺参数（主运动和进给运动的速度、切削深度等），以及各种辅助操作（主运动变速、刀具更换、切削润滑液关停、工件夹紧松开）等用规定的文字、数字和符号组成的代码，按一定的格式编写成加工程序，将加工程序通过控制介质输入到数控装置中，由数控装置经过分析处理后，发出各种与加工程序相对应的信号和指令，控制机床进行自动加工。图 2-4 所示为数控车床工作过程图。

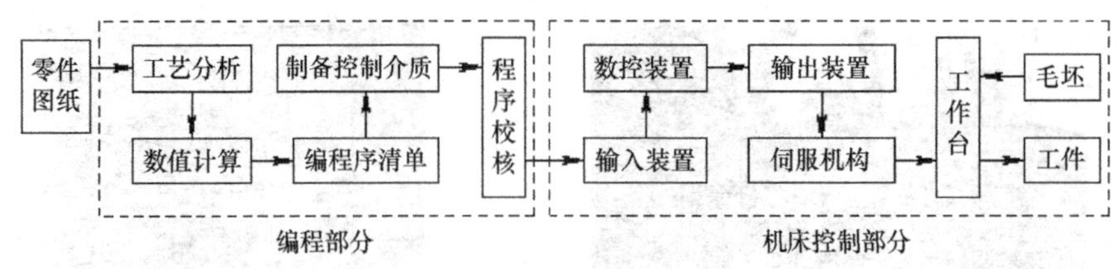

图 2-4　数控车床工作过程

3．数控车床的结构组成

数控车床的种类很多，但任何一种数控车床都由加工程序、输入装置、数控系统、伺服系统、辅助控制装置、反馈系统及机床本体组成。图 2-5 所示为数控车床结构组成图。

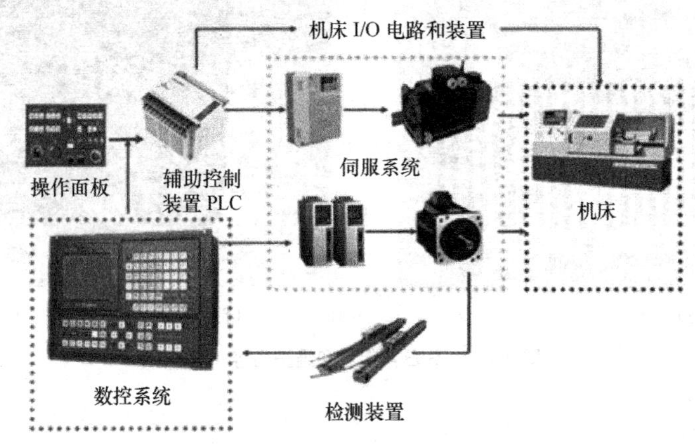

图 2-5　数控车床的组成

（1）加工程序：数控机床工作时，不需要工人直接去操作机床。要对数控机床进行控制，必须编制加工程序。加工程序存储着加工零件所需的全部操作信息和刀具相对工件的位移信息等。加工程序可存储在控制介质上，或利用键盘直接将程序及数据输入。随着 CAD/CAM 技术的发展，有些 CNC 设备可利用 CAD/CAM 软件在其他计算机上生成程序然后导入数控系统中。

（2）输入输出装置：输入输出装置是机床数控系统和操作人员进行信息交流、实现人机对话的交互设备。输入装置的作用是将程序载体上的数控代码变成相应的电脉冲信号，传进并存入数控装置内。目前，数控机床的输入装置有键盘、磁盘驱动器、光电阅读机等，其相应的程序载体为磁盘、穿孔纸带。输出装置是显示器，有 CRT 显示器或彩色液晶显示器两种。输出装置的作用：数控系统通过显示器为操作人员提供必要的信息。显示的信息可以是正在编辑的程序、坐标值以及报警信号等。

（3）数控系统：数控系统是数控机床的核心。现代数控系统通常是一台具有专用系统软件的微型计算机，它由输入输出接口线路、控制运算器和存储器等构成。它接受控制介质上的数字化信息，经过控制软件或逻辑电路进行编译、运算和逻辑处理后，输出各种信号和指令，控制机床的各个部分进行规定的、有序的动作。

（4）伺服系统：伺服系统是数控机床的执行机构，由驱动装置和执行部件两部分组成。它接受数控系统的指令信息，并按指令信息的要求控制执行部件的进给速度、方向和位移，以加工出符合图样要求的零件。因此，伺服精度和动态响应是影响数控机床的加工精度、表面质量和生产效率的重要因素。目前数控机床的伺服系统中，常用的位移执行部件有功率步进电动机、直流伺服电动机和交流伺服电动机。

（5）反馈系统：测量元件将数控机床各坐标轴的位移指令值检测出来并经反馈系统输入到机床的数控系统中，数控系统将反馈回来的实际位移值与设定值进行比较，并向伺服系统输出达到设定值所需的位移指令。

（6）辅助控制装置：辅助控制装置的主要作用是接收数控系统输出的主运动换向、变速、起停、刀具的选择和更换，以及其他辅助装置动作的指令信号，经过必要的编译、逻辑判别和运算，经过功率放大后直接驱动相应的电器，带动机床的机械部件、液压装置、气动装置等辅助装置完成指令规定的动作。同时机床上的限位开关等开关量信号经其处理后送回数控系统进行处理。由于可编程序控制器（PLC）响应快，性能可靠，易于使用、编程和修改，并可直接驱动机床电器，现已广泛作为数控机床的辅助控制装置。

（7）机床本体：与传统的车床相比较，数控车床本体仍然由主传动装置、进给传动装置、刀架、卡盘、床身及尾座、液压气动系统、润滑系统、冷却装置等组成，但数控车床本体的整体布局、外观造型（见图 2-6）、传动系统（见图 2-7）、刀具系统（见图 2-8）等结构以及操纵机构都发生了很大的改变，这种变化的目的是为了满足数控车床高精度、高速度、高效率以及高柔性的要求。

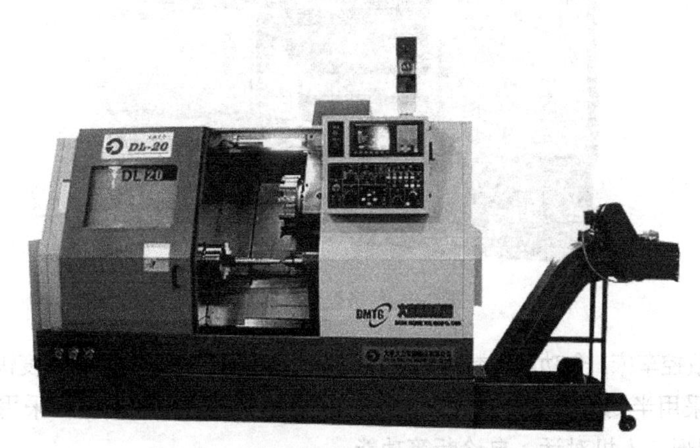

图 2-6　数控车床外观

图 2-7　数控车床传动装置

图 2-8　数控车床刀架系统

4．数控车床的分类

目前随着数控机械设备的不断发展，出现数控车床设备品种越来越多，分类方式也不相同。

（1）按数控系统的功能分类。

① 经济型数控车床。经济型数控车床（见图 2-9）结构布局多数与普通车床相似，一般采用步进电动机驱动的开环伺服系统，采用单板机或单片机实现控制功能。显示多采用数码管或简单的 CRT 字符显示。

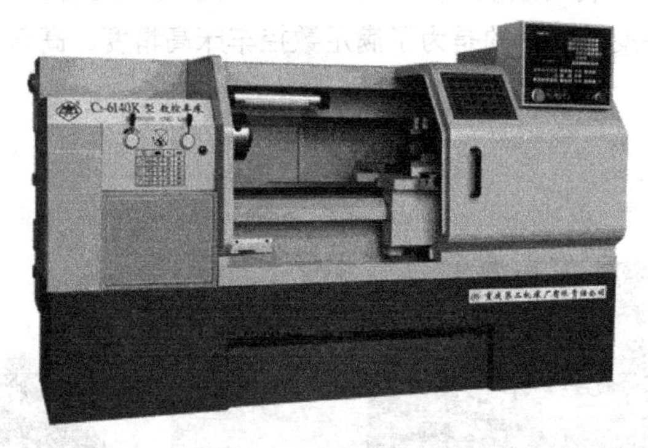

图 2-9　经济型数控车床

② 全功能型数控车床。全功能型数控车床（见图 2-10）分辨率高，进给速度快（一般为 15m/min 以上），进给多数采用半闭环直流或交流伺服系统，机床精度也相对较高，采用 CRT 显示器，不但有字符、还有图形、人机对话、自诊断等功能。

图 2-10　全功能型数控车床

③ 车削中心。车削中心（见图 2-11）是以全功能型数控车床为主体，并配置刀库、换刀装置、分度装置、铣削动力头和机械手等，实现多工序复合加工，在一次装夹后，它可以完成回转类零件的车、铣、钻、铰、攻螺纹等多工序加工，其功能全面，但价格较高。

图 2-11　车削中心

④ FMC 车床。FMC 数控车床（见图 2-12）实际上是一个由数控车床、机器人等构成的柔性加工单元，它能实现工件搬运、装卸的自动化和加工调整准备的自动化。

图 2-12　FMC 数控车床

（2）按主轴轴线位置形式分类。

① 卧式数控车床。卧式数控车床又分为数控水平导轨卧式车床和数控倾斜导轨卧式车床。其倾斜导轨结构可以使车床具有更大的刚性，并易于排除切屑。图 2-13 所示为水平导轨卧式车床。

② 立式数控车床。立式数控车床简称为数控立车，其车床主轴垂直于水平面，一个直径很大的圆形工作台，用来装夹工件。这类机床主要用于加工径向尺寸大、轴向尺寸相对较小的大型复

杂零件。图 2-14 所示为立式数控车床。

图 2-13 卧式数控车床

图 2-14 立式数控车床

5．数控车床加工对象

（1）高难度加工。成型面零件、非标准螺距（或导程）、变螺距、等螺距与变螺距或圆柱与圆锥螺旋面之间做平滑过渡的螺旋零件都可在数控车床上加工。图 2-15 所示为螺纹零件。

（2）高精度零件加工。零件的精度要求主要指尺寸、形状、位置和表面等精度要求，其中的表面精度主要指表面粗糙度。

（3）淬硬工件的加工。在大型模具加工中，有不少尺寸大且形状复杂的零件，这些零件热处理后的变形量较大，磨削加工有困难，而在数控车床上可以用陶瓷车刀车削加工淬硬后的零件，以车代磨，提高加工效率。

（4）高效加工。为了进一步提高车削加工的效率，通过增加车床的控制坐标轴，就能在一台数控车床上同时加工出两个工序的相同或不同的零件。图 2-16 所示为数控车床多工序零件。

图 2-15 数控车床螺纹零件

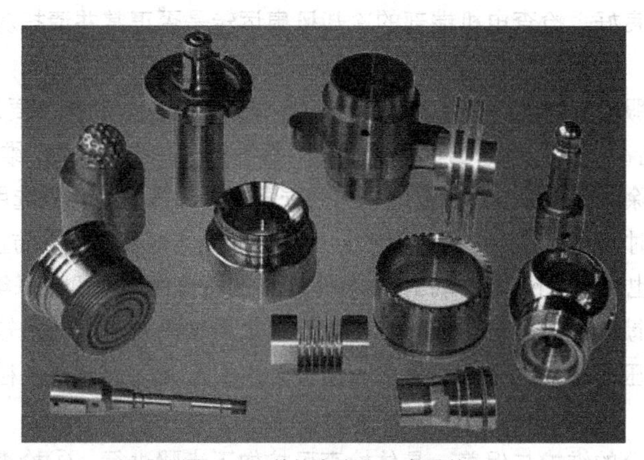

图 2-16 数控车床多工序零件

■ 知识二 数控车床的维护和保养

数控车床将机、电、液集于一身，具有技术密集和知识密集的特点，是一种自动化程度高、结构复杂且又昂贵的先进加工设备。为了充分发挥其效益，减少故障的发生，必须做好日常维护工作。

1．数控机床主要的日常维护与保养工作的内容

（1）选择合适的使用环境：数控车床的使用环境（如温度、湿度、振动、电源电压、频率及干扰等）会影响机床的正常运转，所以在安装机床时应严格要求做到符合机床说明书规定的安装条件和要求。在经济条件许可的条件下，应将数控车床与普通机械加工设备隔离安装，以便于维修与保养。

（2）应为数控车床配备数控系统编程、操作和维修的专门人员：这些人员应熟悉所用机床的机械部分、数控系统、强电设备、液压、气压等部分及使用环境、加工条件等，并能按机床和系统使用说明书的要求正确使用数控车床。

（3）长期不用数控车床的维护与保养：在数控车床闲置不用时，应经常将数控系统通电，在机床锁住情况下，使其空运行。在空气湿度较大的梅雨季节应该天天通电，利用电器元件本身发热驱走数控柜内的潮气，以保证电子部件的性能稳定可靠。

（4）数控系统中硬件控制部分的维护与保养：每年让有经验的维修电工检查一次。检测有关

的参考电压是否在规定范围内，如电源模块的各路输出电压、数控单元参考电压等，若不正常，则需清除灰尘；检查系统内各电器元件连接是否松动；检查各功能模块使用风扇运转是否正常并清除灰尘；检查伺服放大器和主轴放大器使用的外接式再生放电单元的连接是否可靠，清除灰尘；检测各功能模块使用的存储器后备电池的电压是否正常，一般应根据厂家的要求定期更换。对于长期停用的机床，应每月开机运行 4 小时，这样可以延长数控机床的使用寿命。

（5）机床机械部分的维护与保养：操作者在每班加工结束后，应清扫干净散落于拖板、导轨等处的切屑；在工作时注意检查排屑器是否正常以免造成切屑堆积，损坏导轨精度，危及滚珠丝杠与导轨的寿命；在工作结束前，应将各伺服轴回归原点后停机。

（6）机床主轴电机的维护与保养：维修电工应每年检查一次伺服电机和主轴电机。着重检查其运行噪声、温升，若噪声过大，应查明是轴承等机械问题还是与其相配的放大器的参数设置问题，并采取相应措施加以解决。对于直流电机，应对其电刷、换向器等进行检查、调整、维修或更换，使其工作状态良好。检查电机端部的冷却风扇运转是否正常并清扫灰尘；检查电机各连接插头是否松动。

（7）机床进给伺服电机的维护与保养：对于数控车床的伺服电动机，要每 10～12 个月进行一次维护保养，加速或者减速变化频繁的机床要每 2 个月进行一次维护保养。维护保养的主要内容有：用干燥的压缩空气吹除电刷的粉尘，检查电刷的磨损情况，如需更换，需选用规格相同的电刷，更换后要空载运行一定时间使其与换向器表面吻合；检查清扫电枢整流子以防止短路；如装有测速电机和脉冲编码器时，也要进行检查和清扫。数控车床中的直流伺服电机应每年至少检查一次。

（8）机床测量反馈元件的维护与保养：检测元件采用编码器、光栅尺较多，也有使用感应同步器、磁尺、旋转变压器等。维修电工每周应检查一次检测元件连接是否松动，是否被油液或灰尘污染。

（9）机床电气部分的维护与保养：具体检查可按如下步骤进行：①检查三相电源的电压值是否正常，有无偏相，如果输入的电压超出允许范围则进行相应调整；②检查所有电气连接是否良好；③检查各类开关是否有效，可借助于数控系统 CRT 显示的自诊断画面及可编程机床控制器（PMC）、输入输出模块上的 LED 指示灯检查确认，若不良应更换；④检查各继电器、接触器是否工作正常，触点是否完好，可利用数控编程语言编辑一个功能试验程序，通过运行该程序确认各元器件是否完好有效；⑤检验热继电器、电弧抑制器等保护器件是否有效；等等。以上电气保养应由车间电工实施，每年检查调整一次。电气控制柜及操作面板显示器的箱门应密封，不能用打开柜门使用外部风扇冷却的方式降温。操作者应每月清扫一次电气柜防尘滤网，每天检查一次电气柜冷却风扇或空调运行是否正常。

（10）机床液压系统的维护与保养：各液压阀、液压缸及管子接头是否有外漏；液压泵或液压马达运转时是否有异常噪声等现象；液压缸移动时工作是否正常平稳；液压系统的各测压点压力是否在规定的范围内，压力是否稳定；油液的温度是否在允许的范围内；液压系统工作时有无高频振动；电气控制或撞块（凸轮）控制的换向阀工作是否灵敏可靠；油箱内油量是否在油标刻线范围内；行位开关或限位挡块的位置是否有变动；液压系统手动或自动工作循环时是否有异常现象；定期对油箱内的油液进行取样化验，检查油液质量，定期过滤或更换油液；定期检查蓄能器的工作性能；定期检查冷却器和加热器的工作性能；定期检查和旋紧重要部位的螺钉、螺母、接头和法兰螺钉；定期检查更换密封元件；定期检查清洗或更换液压元件；定期检查清洗或更换滤芯；定期检查或清洗液压油箱和管道。操作者每周应检查液压系统压力有无变化，如果有变化，应查明原因，并调整至机床制造厂要求的范围内。操作者在使用过程中，应注意观察刀具自动换刀系统、自动拖板移动系统工作是否正常；液压油箱内油位是否在允许的范围内，油温是否正常，冷却风扇是否正常运转；每月应定期清扫液压油冷却器及冷却风扇上的灰尘；每年应清洗液压油过滤装置；检查液压油的油质，如果失效变质应及时更换，所用油品应是机床制造厂要求品牌或已经过确认可代用的品牌；每年检查调整一次主轴箱平衡缸的压力，使其符合出厂要求。

（11）机床气动系统的维护与保养：保证供给洁净的压缩空气，压缩空气中通常都含有水分、油分和粉尘等杂质。水分会使管道、阀和气缸腐蚀；油液会使橡胶、塑料和密封材料变质；粉尘造成阀体动作失灵。选用合适的过滤器可以清除压缩空气中的杂质。使用过滤器时应及时排除和清理积存的液体，否则，当积存液体接近挡水板时，气流仍可将积存物卷起。

（12）机床润滑部分的维护与保养：各润滑部位必须按润滑图定期加油，注入的润滑油必须清洁。润滑处应每周定期加油一次，找出耗油量的规律，发现供油减少时应及时通知维修工检修。操作者应随时注意 CRT 显示器上的运动轴监控画面，发现电流增大等异常现象时，及时通知维修工维修。维修工每年应进行一次润滑油分配装置的检查，发现油路堵塞或漏油应及时疏通或修复。底座里的润滑油必须加到油标的最高线，以保证润滑工作的正常进行。

（13）可编程机床控制器（PMC）的维护与保养：对 PMC 与 NC 完全集成在一起的系统，不必单独对 PMC 进行检查调整；对其他两种组态方式，应对 PMC 进行检查。主要检查 PMC 的电源模块的电压输出是否正常；输入输出模块的接线是否松动；输出模块内各路熔断器是否完好；后备电池的电压是否正常，必要时进行更换。对 PMC 输入输出点的检查可利用 CRT 上的诊断画面用置位复位的方式检查，也可用运行功能试验程序的方法检查。

2．数控车床维护与保养

表 2-2 所示数控车床的维护与保养的检查周期、检查部位和检查内容。

表 2-2　　数控车床维护与保养

序号	检查周期	检查部位	检查内容
1	每天	导轨润滑机构	油标、润滑泵，每天使用前手动打油润滑导轨
2	每天	导轨	清理切屑及脏物，滑动导轨检查有无划痕，滚动导轨润滑情况
3	每天	液压系统	油箱泵有无异常噪声，工作油面高度是否合适，压力表指示是否正常，有无泄漏
4	每天	主轴润滑油箱	油量、油质、温度，有无泄漏
5	每天	液压平衡系统	工作是否正常
6	每天	气源自动分水过滤器自动干燥器	及时清理分水器中过滤出的水分，检查压力
7	每天	电器箱散热、通风装置	冷却风扇工作是否正常，过滤器有无堵塞，及时清洗过滤器
8	每天	各种防护罩	有无松动、漏水，特别是导轨防护装置
9	每天	机床液压系统	液压泵有无噪声，压力表各接头有无松动，油面是否正常
10	每周	空气过滤器	坚持每周清洗一次，保持无尘、通畅，发现损坏及时更换
11	每周	各电气柜过滤网	清洗黏附的尘土
12	半年	滚珠丝杠	洗丝杠上的旧润滑脂，换新润滑脂
13	半年	液压油路	清洗各类阀、过滤器，清洗油箱底，换油
14	半年	主轴润滑箱	清洗过滤器、油箱，更换润滑油

续表

序号	检查周期	检查部位	检查内容
15	半年	各轴导轨上镶条，压紧滚轮	按说明书要求调整松紧状态
16	一年	检查和更换电机碳刷	检查换向器表面，去除毛刺，吹净碳粉，磨损过多的碳刷及时更换
17	一年	冷却油泵过滤器	清洗冷却油池，更换过滤器
18	不定期	主轴电动机冷却风扇	除尘，清理异物
19	不定期	运屑器	清理切屑，检查是否卡住
20	不定期	电源	供电网络大修，停电后检查电源的相序、电压
21	不定期	电动机传动带	调整传动带松紧
22	不定期	刀库	刀库定位情况，机械手相对主轴的位置
23	不定期	冷却液箱	随时检查液面高度，及时添加冷却液，太脏应及时更换

拓展知识

1．通过学习后谈谈数控车床与普通车床在工作原理上有什么区别？

2．生产要想保证数控车床的加工性能你会怎样保养和维护？

活动评价

根据自己在该任务中的学习表现，结合表 2-3 中活动评价项目进行自我评价。

表 2-3　　　　活动评价表

项　目	评价内容	评价等级（学生自我评价）		
		A	B	C
关键能力评价项目	1．安全意识强			
	2．着装仪容符合实习要求			
	3．积极主动学习			
	4．无消极怠工现象			
	5．爱护公共财物和设备设施			
	6．维护课堂纪律			
	7．服从指挥和管理			
	8．积极维护场地卫生			
专业能力评价项目	1．书、本等学习用品准备充分			
	2．工具、量具选择及运用得当			
	3．理论联系实际			

续表

项　　目	评价内容	评价等级（学生自我评价）		
		A	B	C
专业能力评价项目	4．积极主动参与数控车床结构认识训练			
	5．严格遵守操作规程			
	6．独立完成操作训练			
	7．独立完成工作页			
	8．学习和训练质量高			
教师评语		成绩评定		

训练二　认识数控车床的操作面板

要进行数控机床的操作，首先要从操作面板入手。操作面板上有许多按钮，这些按钮究竟具有哪些功能呢？下面让我们一起来认识数控车床的操作面板，了解这些按钮的主要用途，并完成机床的开、关电源、刀架进给、主轴转动、程序编辑与管理等基本操作。

■　**任务学习目标**

1．了解数控车床操作面板的组成，熟悉数控车床系统操作面板和控制面板上各功能按钮的含义与用途。

2．熟练掌握开机/关机、手轮/手动方式下刀架进给、手轮/手动/录入方式下主轴转动等数控车床的常用操作。

3．熟练掌握程序的管理与编辑方式。

■　**任务实施课时**

12课时。

■　**任务实施流程**

1．导入新课。

2．组织学生根据自身认识填写工作页。

3．根据操作步骤要求，组织学生观看影像资料和示范操作。

4．组织学生实际操作。

5．巡回指导练习。

6．结合实习要求和资料，讲解相关理论知识。

7．拓展问题讨论。

8．学习任务考试。

9．完成活动评价表。

10．学习任务情况总结。

■　**任务所需器材**

1．设备：数控车床、 装有GSK980TD仿真软件系统的电脑。

2．工具：数控车床及套筒、刀架扳手、加力杆等附件。

3．辅具：影像资料、课件。

课前导读

请完成表 2-4 中内容。

表 2-4 课前导读

序号	实施内容	答案选项	正确答案
1	GSK980T 是指？	A．广州数控 C．华中数控 B．北京航天数控	
2	M 功能是指？	A．辅助功能 C．进给功能 B．刀具功能	
3	此键是？	A．手动模式 C．增量模式 B．手轮模式	
4	开机后就可以直接按主轴正转来启动主轴吗？	A．能 B．不能	
5	此键是？	A．循环启动 C．暂停 B．程序停止	
6	G98 表示每分钟进给	A．对 B．错	
7	关机时，可以直接拉下电源总闸？	A．对 B．错	
8	刀架进给时，只能采用手动方式吗？	A．对 B．错	
9	能一次删除所有程序吗？	A．能 B．不能	
10	此键是？	A．快速指示灯 B．单段运行指示灯 C．空运行指示灯	
11	此键是？	A．机床锁指示灯 B．辅助功能锁指示灯 C．快速指示灯	
12	急停键和复位键功能一样吗？	A．对 B．错	
13	机床在加工时，能否编辑程序？	A．能 B．不能	
14	F 功能是指？	A．辅助功能 C．进给功能 B．刀具功能	
15	T 功能是指？	A．辅助功能 B．进给功能 C．刀具功能	
16	车床的电源接反了，刀架就不转	A．对 B．错	
17	数控车床上使用的回转刀架是一种最简单的自动换刀装置	A．对 B．错	
18	G97 状态，S300 指令是指恒线速主轴转速 300 r/min	A．对 B．错	
19	执行换刀时必须使刀架离开工件	A．对 B．错	

情景描述

期待已久的“真刀实枪”与数控车床亲密接触的第一次数控车工工艺与技能实习终于来临了！

小陈的心情非常激动，他深知，好的开始是成功的一半，因此，对于这次数控车床操作面板的实习，他是相当投入的，本次实习小陈都收获了什么知识呢，请看下面的内容。

任务实施

■ 任务实施一 广州数控系统 GSK980TD 开机、关机操作

开机、关机操作方法如表 2-5 所示。

表 2-5 开机、关机操作

任 务	操 作 步 骤	按 钮 图 标
开机	1．打开电源总闸	ON
	2．打开机床总电源	
	3．数控系统上电	
	4．检查急停按钮是否松开	
关机	1．手动或手轮方式下把工作台移到靠近尾座处	手动 Z X DOMENS X Y Z
	2．按下急停按钮	
	3．按系统停止按钮	
	4．切断机床电源	
	5．拉下电源总闸	OFF

■ 任务实施二 刀架进给

刀架进给方式有 3 种，分别是手动连续进给、快速进给及手轮进给。手动进给时，调整进给

倍率修调按钮，可实现手动进给快慢的修调。刀架进给方法操作见表2-6。

表2-6　　刀架进给操作

任务	操作步骤	按钮图标
手动连续与快速进给	1．在机床面板选择手动方式	
	2．按住进给轴及方向选择键中的X轴方向键或可使X轴向负向或正向进给，松开按键时运动停止；按住Z轴方向键或可使Z轴向负向或正向进给，松开按键时运动停止；也可同时按住X、Z轴的方向选择键实现两个轴的联动	
	3．如果要快速进给，则按住进给轴及方向选择键中的键，状态指示区的快速移动指示灯亮，再按下进给轴的方向按钮，即可实现手动快速进给；当进行手动速度移动时，按键，指示灯熄灭，快速移动无效，以手动速度进给	
手轮进给	1．在机床面板选择手轮方式	
	2．按、或键，选择移动增量，即手摇轮每转动1格滑板的移动量	0.001 0.01 0.1
	3．选择要移动的轴	X Y Z
	4．转动手摇脉冲发生器，使刀架按指定的方向和速度移动	NEMICON

注意：手轮切削进给过程中，要注意尽可能保持进给速度即手摇速度的一致性。手动调整刀具时，要用手轮确定刀尖的正确位置；试切削时，要一边用手轮微调进给速度，一边观察切削情况。

■ 任务实施三　换刀操作

装卸刀具、测量切削刀具的位置以及对工件进行试切削时，都要靠手动操作实现刀架的转位。换刀操作方法如表2-7所示。

表2-7　　换刀操作

任　务	操作步骤	按钮图标
手动换刀	1．按手动或手轮键	手动 手轮
	2．按换刀键，按顺序依次换刀	换刀
录入方式换刀（以换2号刀为例）	1．在机床面板按录入键，选择MDI方式	录入
	2．按程序键并按翻页键进入显示G、M、S、T、F状态的“程序状态”页面	程序 PRG
	3．输入“T0200”后，按输入键	T 0 2 0 0 输入 IN
	4．按循环启动键，刀架转位，使指定的2号刀具置于加工位置	运行

■ 任务实施四　主轴操作

通电后，可采用 MDI 录入方式操作主轴，亦可直接进行面板主轴操作。主轴操作方法如表 2-8 所示。

表 2-8　主轴操作

任　务	操 作 步 骤	按 钮 图 标
面板主轴操作	1．按手动或手轮键	手动 手轮
	2．按主轴正转键，主轴正转	正转
	3．按主轴停止键，主轴停止	停止
	4．按主轴反转键，主轴反转	反转
MDI 录入方式主轴操作	1．机床面板按键，选择 MDI 方式	录入
	2．按程序键并按翻页键进入“程序状态”页面	程序 PRG
	3．输入“M03”按输入键，再输入“S560”按输入键	输入 IN
	4．按“循环启动”键，主轴正转	运行
	5．输入“M05”后按输入键，再按“循环启动”键，主轴停止	输入 IN 运行

注意：通电后，由于机床系统处于初始状态，因此首次操作主轴启动要通过 MDI 方式操作主轴。

■ 任务实施五　程序的管理与编辑

程序管理与编辑方法如表 2-9 所示。

表 2-9　程序管理与编辑

任　务	操 作 步 骤
建立新程序号	1．在机床面板按编辑键 2．按PRG键，输入地址“O”，输入程序号（如“2012”），按EOB键
程序内容的输入	在建立完程序号后，直接在输入行按编制好的零件程序内容逐个输入，每输入一个字符，屏幕上立即显示输入的字符，一个程序段输入完毕，按EOB键结束，按此方式直到程序完整输入完
调用储存的程序号	1．在机床面板按编辑键 2．按PRG键，输入地址“O”，输入调用的程序号（如“2012”），按⇩键
删除整个程序内容	1．在机床面板按编辑键 2．按PRG键，输入地址“O”，输入删除的程序号（如“2012”），按DEL键
删除程序段内容	1．在机床面板按编辑键 2．按光标移动键⇧或⇩检索或扫描到要删除的程序段地址“N”，按DEL键
扫描检索程序内容	1．按光标移动键⇧或⇩，光标将上移或下移一行；按光标移动键⇦或⇨，光标将左移或右移一列；按翻页键或，光标将向前或向后翻页显示 2．在输入行输入要检索的数字或字母，按光标移动键⇧或⇩键，即可查找到所要内容

续表

任　　务	操 作 步 骤
跳到程序开头	按键可使光标跳到程序开头
插入一个程序字	扫描要插入位置前的字，键入要插入的地址字和数据，按键
字的替换	扫描到将要替换的字，键入要替换的地址字和数据，按键
字的删除	扫描到将要删除的字，按[删除 DEL]键
输入过程中字的取消	在程序字符输入过程中，如发现当前字符输入错误，则按一次[取消 CAN]键，删除一个当前输入的字符

相关知识

■ 知识一　车床数控系统介绍

数控机床加工的全面普及已成为趋势，机械行业相关从业者更应当熟悉数控机床、控制系统及加工过程，不断提高自己的业务能力。国内外常见的数控车床系统有 FANUC、SIEMENS、华中数控、广州数控系统等。

（1）FANUC 数控系统。FANUC 数控系统由日本富士通公司研制开发。当前，该数控系统在我国得到了广泛的应用。目前，在中国市场上，应用于车床的数控系统主要有 FANUC 18i TA/TB、FANUC 0i TA/TB/TC、FANUC 0 TD 等。FANUC 0i TA/TB/TC 数控系统操作界面如图 2-17 所示。

图 2-17　FANUC 0i TA/TB/TC 数控车床系统操作界面

（2）西门子数控系统。SIEMENS 数控系统由德国西门子公司开发研制，该系统在我国的数控机床中的应用也相当普遍。目前，在我国市场上，常用的数控系统除 SIMEMENS 840D/C、SIMEMENS 810T/M 等型号外，还有专门针对我国市场而开发的车床数控系统 SINUMERIK 802S/C base line、802D 等型号。其中 802S 系统采用步进电机驱动，802C/D 系统则采用伺服驱动，SIEMENS 802D 车床数控系统操作界面如图 2-18 所示。

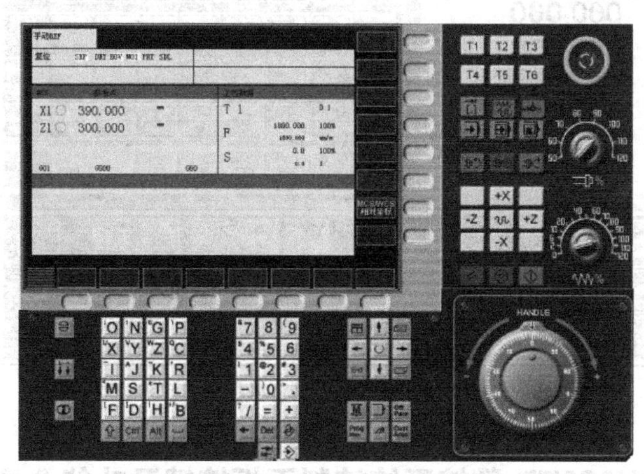

图 2-18　SIEMENS 802D 数控车床系统操作界面

（3）国产系统。自 20 世纪 80 年代初期开始，我国数控系统生产与研制得到了飞速的发展，并逐步形成了以航天数控集团、机电集团、华中数控、蓝天数控等以生产普及型数控系统为主的国有企业，以及北京–法那科、西门子数控（南京）有限公司等合资企业的基本力量。目前，常用于车床的数控系统有华中数控系统，如 HNC–21T 操作面板（见图 2-19）等；广州数控系统，如 GSK928T、GSK980TD 操作面板（见图 2-20）等；北京航天数控系统，如 CASNUC 2100 等；南京仁和数控系统，如 RENHE–32T/90T/100T 等。

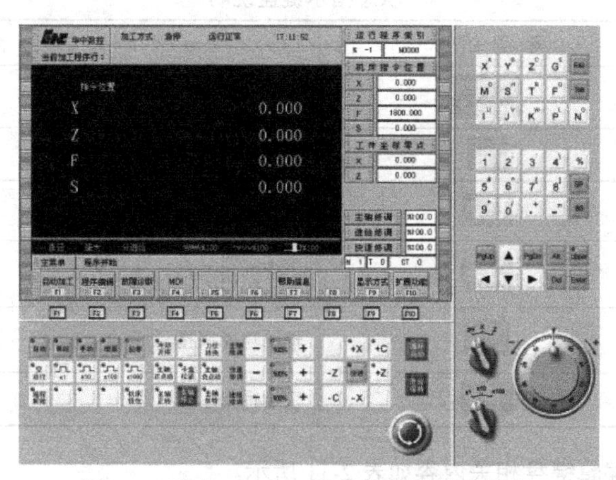

图 2-19　华中 HNC-21T 数控车床系统操作界面

（4）其他系统。除了以上三类主流数控系统外，国内使用较多的数控系统还有日本三菱数控系统和大森数控系统，法国施耐德数控系统，西班牙的法格数控系统和美国的 A–B 数控系统等。

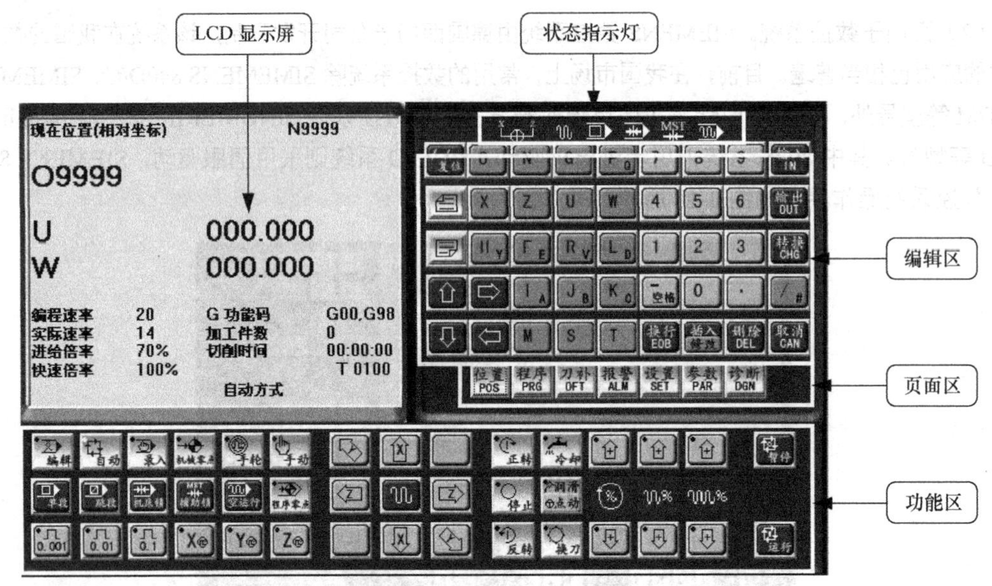

图 2-20 广州数控系统 GSK980TD 数控车床系统操作界面

■ 知识二 GSK980TD 数控系统控制面板按键及功能介绍

数控车床操作界面是由 CRT/MDI 操作面板和用户操作键盘组成。对于 CRT/MDI 操作面板只要数控系统相同，都是相同的；对于用户操作键盘，由于生产厂家不同而有所不同，主要是按钮和旋钮设置和编排方面有所不同，但操作方式大同小异，针对不同厂家的数控机床操作时要灵活掌握。下面以 GSK980TD 数控车床操作界面（见图 2-20）进行介绍。

（1）状态指示。状态指示键相关内容如表 2-10 所示。

表 2-10 状态指示键盘说明

序号	键盘图标	功能
1		X、Z 轴回零结束指示灯
2		快速指示灯
3		单段运行指示灯
4		机床锁指示灯
5		辅助功能锁指示灯
6		空运行指示灯

（2）编辑键盘。编辑键盘相关内容如表 2-11 所示。

表 2-11 编辑键盘说明

序号	键盘图标	功能
1		机床复位

续表

序　号	键盘图标	功　能
2		实现 CRT 中显示内容的向上翻页和向下翻页
3	⇧ ⇨ ⇩ ⇦	移动 CRT 中的光标位置。软键⇧实现光标的向上移动，软键⇩实现光标的向下移动，软键⇦实现光标的向左移动，软键⇨实现光标的向右移动
4	O N G P Q X Z U W H Y F E R V L D I A J B K C M S T	实现字母的输入，对于双地址按键，在两者间切换
5	7 8 9 4 5 6 1 2 3 - 空格 0 .	实现数字的输入
6	输入 IN	输入键，参数、补偿量等数据输入的确定
7	输出 OUT	启动通讯输出
8	转换 CHG	转换键，信息、显示的切换
9	插入 修改 删除 DEL	编辑时程序、字段等的插入、修改、删除（插入修改为复合键，在两功能间切换）
10	取消 CAN	取消在输入行状态下的字符
11	换行 EOB	程序段结束符的输入

（3）显示菜单。显示菜单键相关内容如表 2-12 所示。

表 2-12　显示菜单键盘说明

序　号	菜单键	备　注
1	位置 POS	进入位置界面，位置界面有相对坐标、绝对坐标、综合坐标、坐标&程序四个页面
2	程序 PRG	进入程序界面，程序界面有程序内容、程序目录、程序状态三个页面
3	刀补 OFT	进入刀补界面、宏变量界面（反复按键可在两界面间转换）。刀补界面可显示刀具偏值；宏变量界面显示 CNC 宏变量
4	报警 ALM	进入报警界面。报警界面有 CNC 报警、PLC 报警两个页面

续表

序　号	菜单键	备　注
5	设置 SET	进入设置界面、图形界面（反复按键可在两界面间转换）。设置界面有开关设置、数据备份、权限设置；图形界面有图形设置、图形显示两页面
6	参数 PAR	进入状态参数、数据参数、螺补参数界面（反复按键可在各界面间转换）
7	诊断 DGN	进入诊断界面、PLC 状态、PLC 数据、机床软面板、版本信息界面（反复按键可在各界面间转换）。诊断界面、PLC 状态、PLC 数据显示 CNC 内部信号状态、PLC 各地址、数据的状态信息；机床软面板可进行机床软键盘操作；版本信息界面显示 CNC 软件、硬件及 PLC 的版本号

（4）机床面板功能按键。机床面板功能按键相关内容如表 2-13 所示。

表 2-13　　机床面板功能按键说明

序　号	按　键	名　称	功能说明	功能有效时操作方式
1	运行	循环启动键	程序、MDI 代码运行启动	自动方式、录入方式
2	暂停	循环暂停键	程序、MDI 代码运行暂停	自动方式、录入方式
3	%	进给倍率键	进给速度的调整	自动方式、录入方式、编辑方式、机械回零、手轮方式、单步方式、手动方式、程序回零
4	%	快速倍率键	快速移动速度的调整	自动方式、录入方式机械回零
5	%	主轴倍率键	主轴速度调整（主轴转速模拟制方式有效）	自动方式、录入方式、编辑方式、机械回零、手轮方式、单步方式、手动方式、程序回零
6	换刀	手动换刀键	手动换刀	机械回零、手轮方式、单步方式、手动方式、程序回零
7	润滑 点动	点动开关键	主轴点动状态开/关	机械回零、手轮方式、单步方式、手动方式、程序回零
		润滑开关键	机床润滑开/关	
8	冷却	冷却液开关键	冷却液开/关	自动方式、录入方式、编辑方式、机械回零、手轮方式、单步方式、手动方式、程序回零
9	正转 停止 反转	主轴控制键	主轴正转 主轴停止 主轴反转	机械回零、手轮方式、单步方式、手动方式、程序回零

续表

序号	按键	名称	功能说明	功能有效时操作方式
10	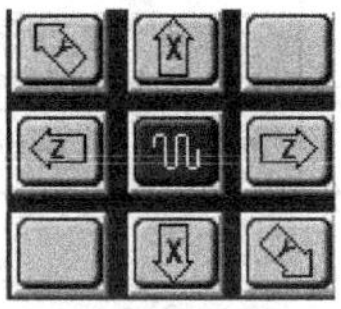	手动进给键	手动、单步操作方式X、Y、Z轴正向/负向移动	机械回零、单步方式、手动方式、程序回零
11		手轮控制轴选择键	手轮操作方式X、Y、Z轴选择	手轮方式
12		手轮/单步增量选择与快速倍率选择键	手轮每格移动0.001/0.01/0.1mm；单步每步移动0.001/0.01/0.1mm；快速倍率F0%、F50%、F100%	自动方式、录入方式、机械回零、手轮方式、单步方式、手动方式、程序回零
13		单段开关	程序单段运行/连续运行状态切换，单段有效时单段运行指示灯亮	自动方式、录入方式
14		程序段跳段开关	程序段首标有“/”号的程序段是否跳过状态切换，程序段选跳开关打开时，跳段指示灯亮	自动方式、录入方式
15		机床工作台锁住开关	机床锁住时机床锁住指示灯亮，X、Z轴输出无效	自动方式、录入方式、编辑方式、机械回零、手轮方式、单步方式、手动方式、程序回零
16		辅助功能锁住开关	空运行有效时空运行指示灯点亮，加工程序/MDI代码段空运行	自动方式、录入方式
17		空运行开关	空运行有效时空运行指示灯点亮，加工程序/MDI代码段空运行	自动方式、录入方式
18		编辑方式选择键	进入编辑操作方式	自动方式、录入方式、机械回零、手轮方式、单步方式、手动方式、程序回零
19		自动方式选择键	进入自动操作方式	录入方式、编辑方式、机械回零、手轮方式、单步方式、手动方式、程序回零
20		录入方式选择键	进入录入（MDI）操作方式	自动方式、编辑方式、机械回零、手轮方式、单步方式、手动方式、程序回零
21		机械回零方式选择键	进入机械回零操作方式	自动方式、录入方式、编辑方式、手轮方式、单步方式、手动方式、程序回零
22		单步/手轮方式选择键	进入单步或手轮操作方式（两种操作方式由参数选择其一）	自动方式、录入方式、编辑方式、机械回零、手动方式、程序回零
23		手动方式选择键	进入手动操作方式	自动方式、录入方式、编辑方式、机械回零、手轮方式、单步方式、程序回零

续表

序　号	按　键	名　称	功 能 说 明	功能有效时操作方式
24	程序零点	程序回零方式选择键	进入程序回零操作方式	自动方式、录入方式、编辑方式、机械回零、手轮方式、单步方式、手动方式

■ 知识三　数控车床系统的主要功能

数控系统常用的系统功能有准备功能、辅助功能、其他功能三种，这些功能是编制数控程序的基础，它由规定的文字、数字和符号组成。

1．准备功能

准备功能也叫 G 功能，是使数控机床作好某种操作准备的指令，它由地址 G 和后面的两位数字组成，ISO 标准中规定准备功能从 G00 至 G99 共 100 种，如 G01、G41 等。目前，随着数控系统功能的不断提高，有的数控系统已采用三位数的功能指令，如 SIEMENS 系统中的 G450、G451 等。准备功能用来规定数控轴的基本移动、程序暂停、刀具补偿、基准点返回、固定循环等多种加工操作。

虽然从 G00 到 G99 共 100 种 G 指令，但并不是每种指令都有实际意义。实际上，有些指令在国际标准（ISO）或我国机械工业部标准中并没有指定其功能，这些指令主要用于将来修改标准时指定新功能。还有一些指令，即使在修改标准时也永不指定其功能，这些指令可由机床设计者根据需要定义其功能，但必须在机床的出厂说明书中予以说明。

G 代码的使用方法如下。

（1）非模态 G 代码——也叫一次性 G 代码，只有在被指令的程序段中有效。例如：G04（暂停），G70～G75（复合型车削固定循环）等指令。

（2）模态 G 代码——是指相应指令或字段的值，一旦指定就一直有效，直至被其他程序段重新指定或由同组的指令代替。模态指令一旦指定，以后的程序若使用相同功能，可以不必再次输入该指令或字段。例如：G00（快速定位），G01、G02、G03（插补），G90、G92、G94（单一固定循环）等指令。模态指令的出现，避免了在程序中出现大量的重复指令，使程序变得清晰、明了。同样地，尺寸功能字如出现前后程序段的重复，则该尺寸功能字也可以省略。

例如：
```
G01  X20  Z20  F150
G01  X30  Z20  F150
G02  X30  Z-20  R20  F100
```

上例中有下划线的指令可以省略。因此，以上程序可写成如下形式：
```
G01  X20  Z20  F150
X30
G02  Z-20  R20  F100
```

（3）初态 G 代码——即系统里面已经设置好的，一开机就进入的状态。在上电复位时，具有初态特性的指令不需要编程就有效。初态也是模态，例如：G98（每分钟进给）、G00（快速定位）等指令。

2．辅助功能

辅助功能也叫 M 功能，它由地址 M 和后面的两位数字组成，从 M00 到 M99 共 100 种，这类指令主要是用于车床加工操作时的工艺性指令。如开、停冷却液，主轴正、反转，程序的结束等。常用的M指令有以下几种。

（1）M00：程序停止。在执行完M00指令程序段之后，主轴停转、进给停止、冷却液关闭、程序停止。当重新按下车床控制面板上的“循环启动”按钮之后，继续执行下一程序段。

（2）M02：程序结束。该指令用于程序全部结束，命令主轴停转、进给停止及冷却液关闭，常用于车床复位。

（3）M03、M04、M05：分别为主轴顺时针旋转、主轴逆时针旋转及主轴停转。

（4）M06：换刀。用于具有刀库的数控车床（如加工中心）的换刀。

（5）M08：冷却液开。

（6）M09：冷却液关。

（7）M30：程序结束并返回。在完成程序段的所有指令后，使主轴停转、进给停止并关闭冷却液，将程序指针返回到第一个程序段并停下来。

各种型号的数控装置具有辅助功能的多少差别很大，而且有许多是自定义的，必须根据说明书的规定进行编程。同一程序段中，既有M指令又有其他指令时，M指令与其他指令执行的先后次序由机床系统参数设定。因此，为保证程序以正确的次序执行，有一些M指令（如M30、M02、M98等）最好以单独的程序段进行编程。

3．其他功能

（1）坐标功能。坐标功能字（又称尺寸功能字）用来设定机床各坐标的位移量。它一般以X、Y、Z、U、V、W、P、Q、R（用于指定直线坐标尺寸），A、B、C、D、E（用于指定角度坐标）和I、J、K（用于指定圆心坐标点位置尺寸）等地址为首，在地址符号后紧跟“+”或“−”及一串数字，如X100.0、A+30.0、I−10.0等。

（2）进给功能。进给功能又称F功能，用来指定刀具相对于工件运动的速度。用地址F和其后缀数字组成。根据加工的需要，进给功能分每分钟进给和每转进给两种。

① 每分钟进给（G98）：直线运动的单位为毫米/分钟（mm/min），通过准备功能字G98来指定，系统在执行了一条含有G98的程序段后，再遇到F指令时，便认为F所指定的进给速度单位为mm/min。如F80表示进给速度为80 mm/min。

G98被执行一次后，系统将保持G98状态，即使断电也不受影响，直到系统又执行了含有G99的程序段，G98被取消，而G99将发生作用。

② 每转进给（G99）：在加工螺纹、镗孔过程中，常使用每转进给来指定进给速度，其指定的进给速度单位为毫米/转（mm/r），通过准备功能字G99来指定，若系统处于G99状态，则认为F所指定的进给速度单位为mm/r，如F0.2表示进给速度为0.2 mm/r。

要取消G99状态，必须重新指定G98。编程时，进给速度不允许用负值来表示，一般也不允许用F0来控制进给停止。但在实际操作过程中，可通过机床面板上的进给倍率开关来对进给速度值进行修正。因此，通过倍率开关，可以控制进给速度的值为0。

（3）主轴功能。用来控制主轴转速的功能称为主轴功能，亦称S功能，是用字母S和其后面的数字表示的。根据加工的需要，主轴的转速分为恒线速度V和主轴转速S两种。

① 转速S：转速S的单位是转/分钟（r/min），用准备功能G97来指定。此时，S指令的数值表示主轴每分钟的转数。

例如：G97 S1500　表示主轴转速为1500 r/min。

② 恒线速度 V：在车削表面粗糙度要求十分均匀的变径表面时，为保证工件表面质量，主轴常用恒线速度来指定。此时，车刀刀尖处的切削速度（线速度）随着刀尖所处直径的不同位置而相应地自动调整转速。这种功能即称为恒线速度。恒线速度的单位为米/分钟（m/min），由准备功能 G96 来指定。

例如：G96 S200　表示其恒线速度值为 200 m/min。

当需要恢复恒定转速时，可用 G97 指令对其注销，如 G97 S1200。

③ 线速度 V 与转速 n 之间的关系：线速度 V 与转速 n 之间可以相互换算，其换算关系如下：

$$V=\pi Dn/1\,000$$

式中，V——切削线速度，m/min；

D——工件直径，mm；

n——主轴转速，r/min。

④ 最高转速限定（G50）采用恒线速度进行编程时，为防止转速 S 过高引起的事故，很多系统都设有最高转速限定指令。G50 除有坐标系设定功能外，还有主轴最高转速设定的功能，即用 S 指定的数值设定主轴每分钟的最高转速。

例如：G50 S2000　表示把主轴最高转速设定为 2000 r/min。

⑤ 主轴的启、停在程序中，主轴的正转、反转、停转由辅助功能 M03/M04/M05 进行控制。其中，M03 表示主轴正转，M04 表示主轴反转，M05 表示主轴停转。

例如：G97 M03 S300　表示主轴正转，转速为 300 r/min。

（4）刀具功能。刀具功能是系统进行选刀和换刀的功能指令，亦称 T 功能。刀具功能用地址 T 及后缀的数字来表示，常用刀具功能指定方法有 T4 位数法和 T2 位数法。

① T4 位数法：T4 位数法可以同时指定刀具和选择刀具补偿，其四位数的前两位数用于指定刀具号，后两位数用于指定刀具补偿存储器号，刀具号与刀具补偿存储器号不一定要相同。目前，大多数数控车床采用 T4 位数法。

例如：T0101　表示选用 1 号刀具及选用刀具补偿存储器中 1 号的补偿值；

T0102　表示选用 1 号刀具及选用刀具补偿存储器中 2 号的补偿值；

T0300　表示选用 3 号刀具，无刀具补偿值。

② T2 位数法：T2 位数法仅能指定刀具号，刀具存储器号则由其他代码（如 D 或 H 代码）进行选择。同样，刀具号与刀具补偿存储器号不一定要相同。目前，绝大多数加工中心采用 T2 位数法。

例如：T05 D01　表示选用 5 号刀具及选用刀具补偿存储器号中 1 号的补偿值。

拓展知识

通过对广州数控系统 GSK980TD 操作界面的学习后，为了解其他数控系统（图 2-21 所示为法兰克数控系统、图 2-22 所示为西门子数控系统、图 2-23 所示为华中数控系统），读者可自行查找相关资料进行认识和比较。

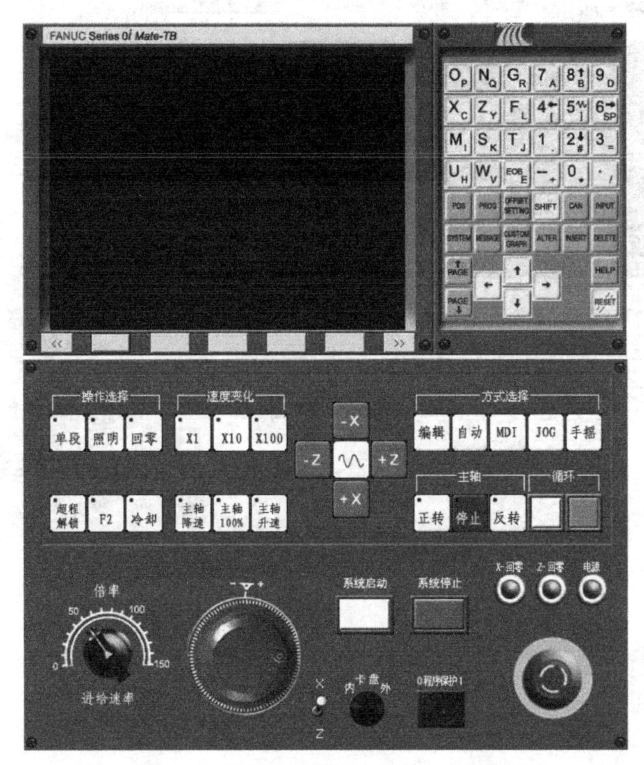

图 2-21　FANUC 0i TA/TB/TC 数控车床系统

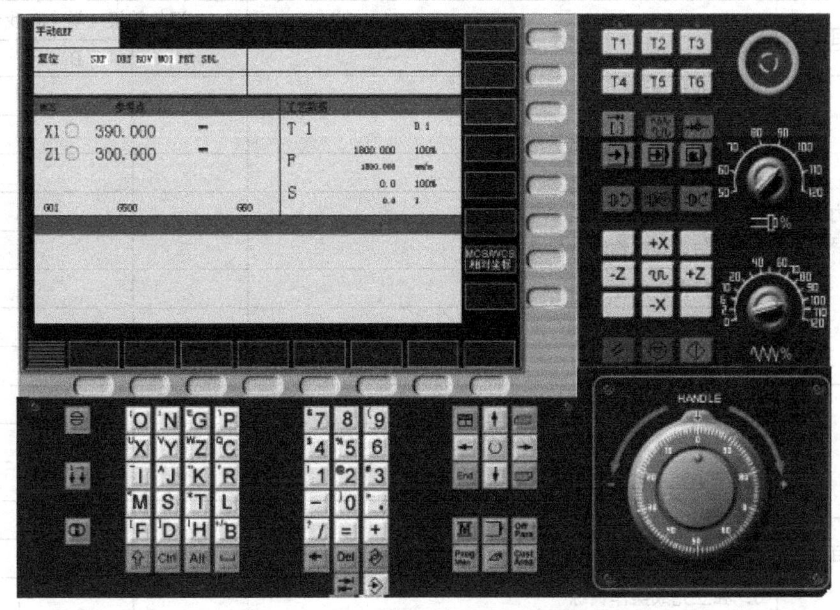

图 2-22　SIEMENS 802D 数控车床系统

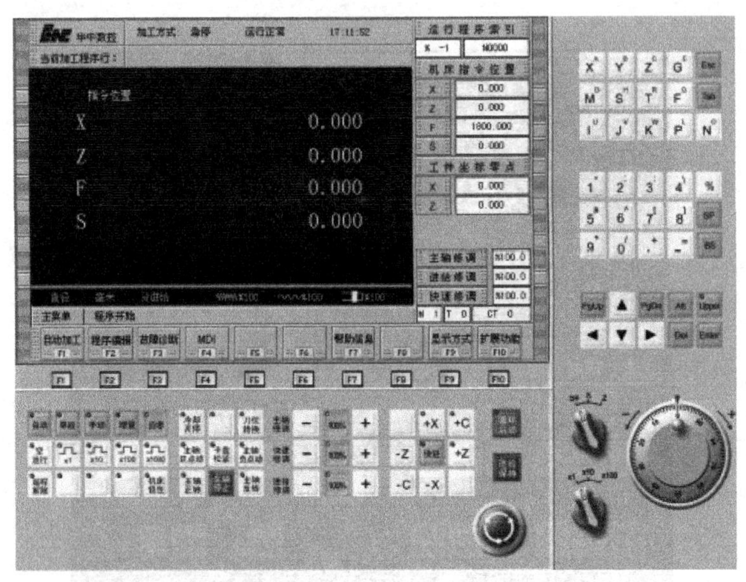

图 2-23　华中 HNC 21T 数控车床系统

活动评价

根据自己在该任务中的学习表现，结合表 2-14 中活动评价项目进行自我评价。

表 2-14　活动评价表

项　目	评 价 内 容	评价等级（学生自我评价）		
		A	B	C
关键能力评价项目	1. 安全意识强			
	2. 着装仪容符合实习要求			
	3. 积极主动学习			
	4. 无消极怠工现象			
	5. 爱护公共财物和设备设施			
	6. 维护课堂纪律			
	7. 服从指挥和管理			
	8. 积极维护场地卫生			
专业能力评价项目	1. 书、本等学习用品准备充分			
	2. 工具、量具选择及运用得当			
	3. 理论联系实际			
	4. 积极主动参与操作面板的实习训练			
	5. 严格遵守操作规程			
	6. 独立完成操作训练			
	7. 独立完成工作页			
	8. 学习和训练质量高			
教师评语		成绩评定		

小锥度芯轴的加工

训练一　数控车床的对刀

对刀操作亦是数控车床加工必须掌握的基本操作之一，在整个加工过程中的作用非常重要，将直接影响到加工的精度。若对刀错误，有发生生产事故的危险，直接危害机床和操作者的安全。所以，要规范、正确、熟练掌握数控车床的对刀方法。

■　任务学习目标

1．了解完成本任务要涉及到的数控车床的坐标系、数控车床坐标系中的各原点、工件坐标系等概念；明确刀位点与手动对刀原理及对刀方法等理论知识。

2．正确安装刀具与工件。

3．熟悉机床操作面板，正确建立工件坐标系并熟练掌握试切对刀的方法与步骤。

■　任务实施课时

12 课时。

■　任务实施流程

1．导入新课。

2．组织学生根据自身认识填写工作页。

3．根据操作步骤要求，组织学生观看影像资料和示范操作。

4．组织学生进行实际操作。

5．巡回指导练习。

6．结合实习要求和资料，讲解相关理论知识。

7．拓展问题讨论。

8．学习任务考试。

9．完成活动评价表。

10．学习任务情况总结。

■　任务所需器材

1．设备：数控车床、装有 GSK980TD 仿真软件系统的电脑。

2．工具：数控车床套筒、刀架扳手、加力杆等附件；90° 外圆车刀、60° 螺纹车刀、*B*（刀宽）=3mm 切断刀若干套；0～150mm 游标尺、0～25mm 千分尺若干把。

3．辅具：影像资料、课件。

课前导读

请完成表 3-1 中内容。

表 3-1 课前导读

序号	实施内容	答案选项	正确答案
1	在数控车床中为了提高径向尺寸精度，X 向的脉冲当量取为 Z 向的______	A．1/2 C．2/3 B．1/3 D．1/4	
2	加工程序结束之前必须使系统（刀尖位置）返回到______	A．加工原点 B．工件坐标系原点 C．机械原点 D．机床坐标系原点	
3	车床数控系统中，混合编程是指在同一程序中可同时使用______	A．G00、G01 B．X、W C．F、S、T D．M	
4	在 GSK928 数控系统中，G27 指令执行后将消除系统的______	A．系统坐标偏置 B．刀具偏置 C．系统坐标偏置和刀具偏置	
5	GSK980T 数控系统车床可以控制________个坐标轴	A．1 C．3 B．2 D．4	
6	所谓对刀就是在手动方式下按照 CNC 系统的操作得出各把刀的长度偏置	A．对 B．错	
7	在任何系统的程序中，既可以用绝对值编程，又可以用增量值编程	A．对 B．错	
8	X、Z 值是模态的	A．对 B．错	
9	装刀时，必须保证刀具的切削刃与工件的中心________同一高度的位置，然后将刀具压紧	A．在 B．不在	
10	由外圆向中心进给车端面时，切削速度是________	A．由低到高 B．不变 C．小于	
11	精车刀修光刃的长度应______进给量	A．大于 B．等于 C．快速指示灯	
12	尽管毛坯表面的重复定位精度差，但对粗加工精度基本无影响	A．对 B．错	
13	在标准公差等级中，IT18 级公差等级最高	A．对 B．错	
14	机械效率值永远是______	A．小于 1 B．大于 1 C．等于 1 D．负数	
15	对切削抗力影响最大的是______	A．工件材料 C．刀具角度 B．切削深度	
16	数控车床上使用的回转刀架是一种最简单的自动换刀装置	A．对 B．错	
17	工件应在夹紧后定位	A．对 B．错	
18	含碳量在 0.25%～0.6%的钢，称为______	A．低碳钢 B．中碳钢 C．高碳钢 D．合金钢	

情景描述

近几天，小陈一直在思考一个问题：在零件的加工过程中，需要用到多把刀具，而每把刀具的安装位置是不一样的。数控车床是如何做到无论调用哪把刀具，其刀尖的开始切入点都处于同一点的坐标位置的？这个困扰小陈多天的问题，在今天的对刀课实习中终于得到了解答。

任务实施

■ 任务实施一　车刀的装夹

（1）根据刀具卡，准备好加工要用的刀具，机夹式刀具要认真检查刀片与刀体的接触和安装是否正确无误，螺钉是否已经拧牢固。

（2）按照刀具卡的刀号分别将相应的刀具安装在刀架上。装刀时要一把一把地装，通过试切工件的端面，不断地调整垫片的高度，保证刀具的切削刃与工件的中心在同一高度的位置，然后将刀具压紧。

注意：刀具与刀号的关系一定要与刀具卡一致，如果相应的刀具错误，将会发生碰撞危险，造成工件报废，机床受损，甚至造成人身伤害。

■ 任务实施二　建立加工坐标系（工件原点设定在工件右端面的回转中心）

加工坐标系建立方法如表 3-2 所示。

表 3-2　　加工坐标系的建立

图　示	步　骤
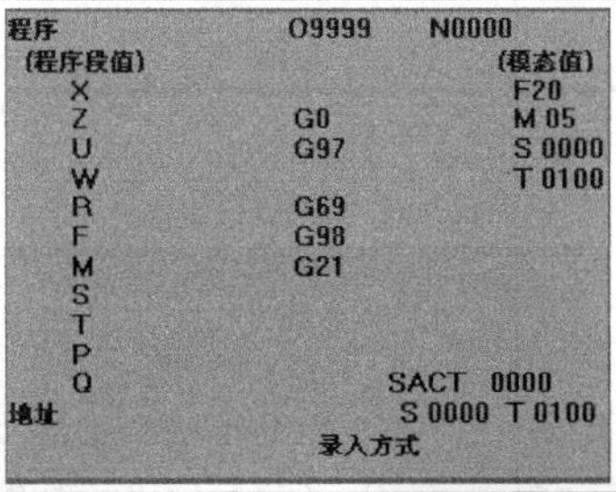	① 在机床面板按“录入”键，再按“程序 PRG”键，然后按键进入“程序状态”页面，输入“T0100”后按“运行”键运行
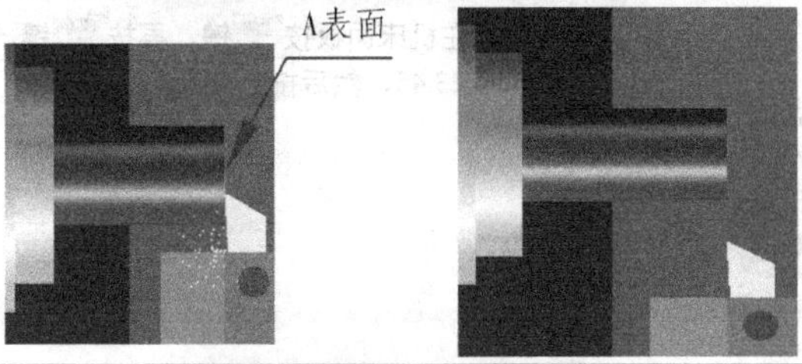	② 主轴正转，在手轮方式下移动坐标轴沿 A 表面进行切削，然后在 Z 轴不动的情况下沿 X 轴退出刀具
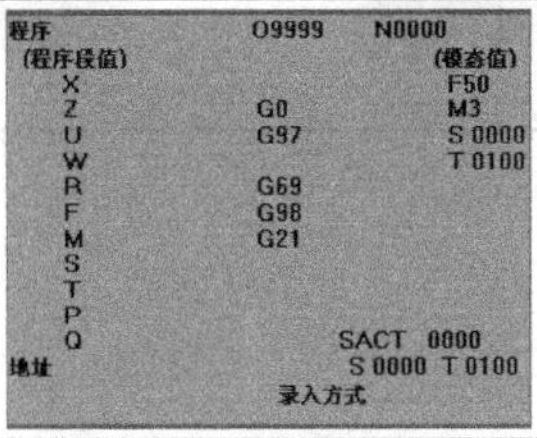	③ 在机床面板按“录入”键，再按“程序 PRG”键，输入“G50 Z0”，然后按“运行”键运行

续表

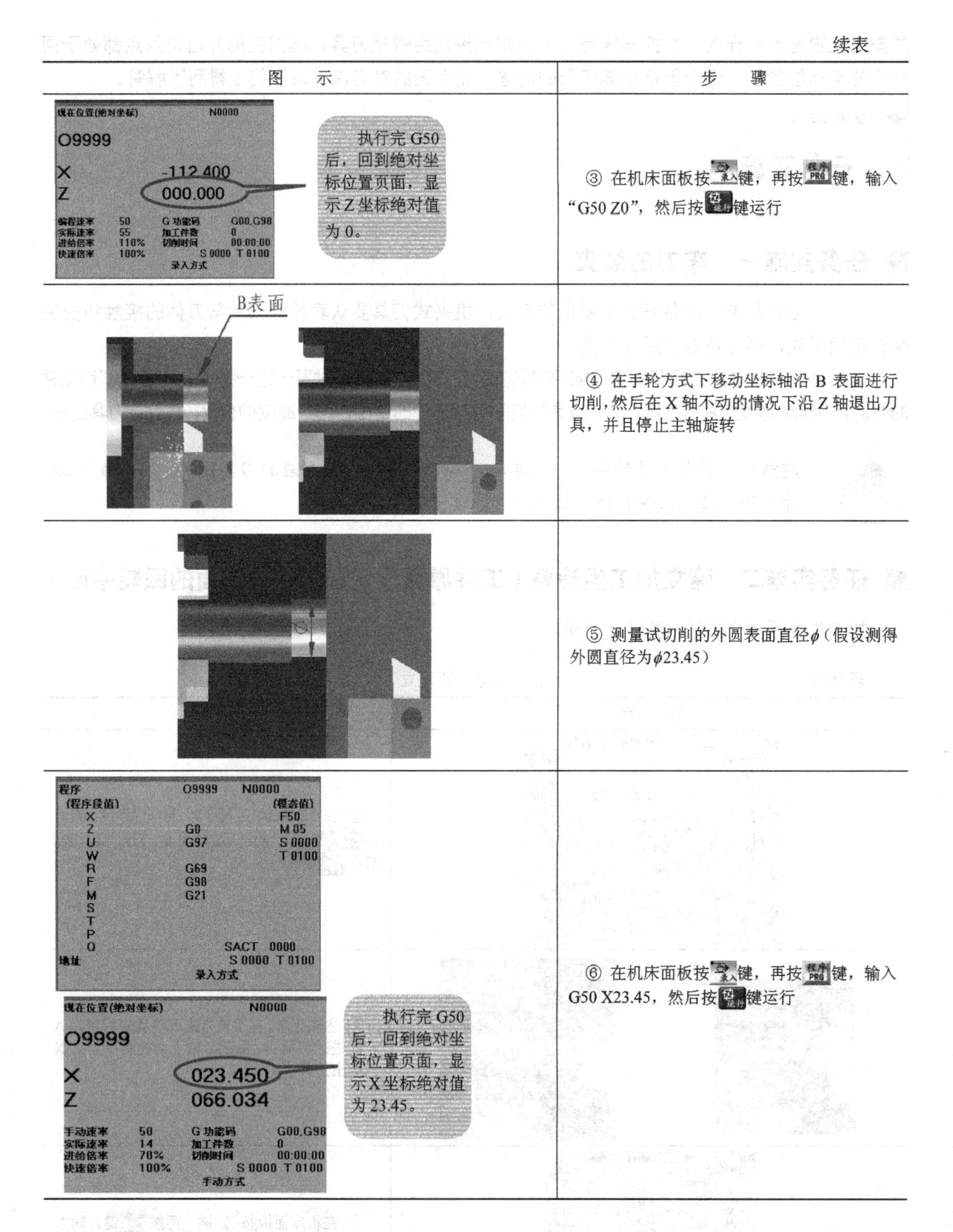

图　示	步　骤
	③ 在机床面板按录入键，再按程序PRG键，输入“G50 Z0”，然后按循环启动键运行
	④ 在手轮方式下移动坐标轴沿B表面进行切削，然后在X轴不动的情况下沿Z轴退出刀具，并且停止主轴旋转
	⑤ 测量试切削的外圆表面直径ϕ（假设测得外圆直径为ϕ23.45）
	⑥ 在机床面板按录入键，再按程序PRG键，输入G50 X23.45，然后按循环启动键运行

■ 任务实施三　试切对刀

试切对刀的操作方法如表3-3所示。

表 3-3　　　　试切对刀的操作方法

项目	图示	操作步骤
对基准刀	用基准刀先建立加工坐标系。操作流程如上述 G50 设定工件编程原点的方法及步骤	
对切断刀	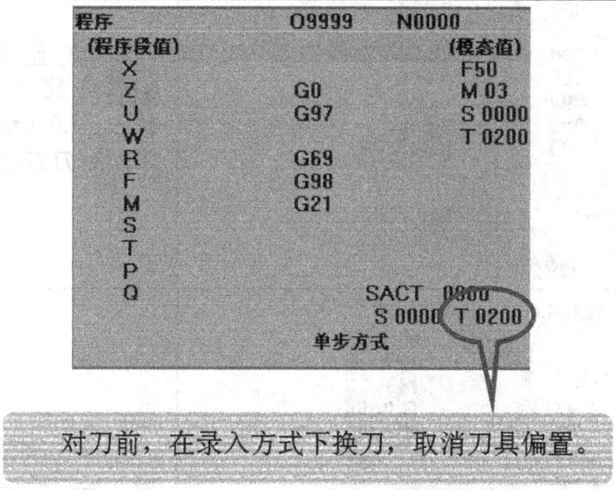 程序 O9999 N0000 (程序段值) (模态值) X F50 Z G0 M 03 U G97 S 0000 W T 0200 R G69 F G98 M G21 S T P Q SACT 0000 S 0000 T 0200 单步方式 对刀前，在录入方式下换刀，取消刀具偏置。	① 在机床面板按[录入]键，再按[程序 PRG]键并按[▤]键进入“程序状态”页面，输入“T0200”后按[运行]键运行
		② 切断刀主切削刃接触工件外径（假设工件外径 ϕ23.45）
	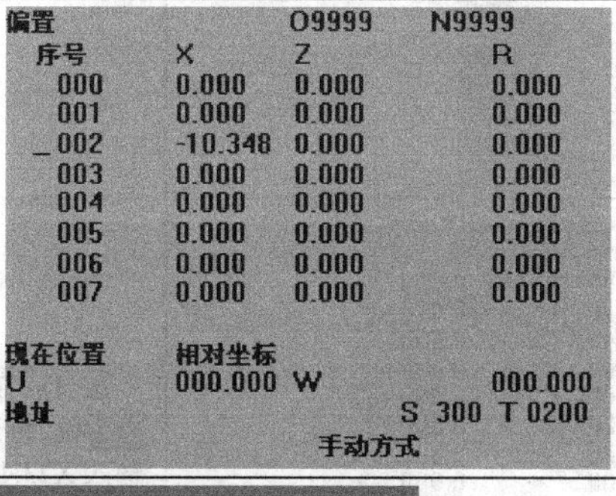 偏置 O9999 N9999 序号 X Z R 000 0.000 0.000 0.000 001 0.000 0.000 0.000 _002 -10.348 0.000 0.000 003 0.000 0.000 0.000 004 0.000 0.000 0.000 005 0.000 0.000 0.000 006 0.000 0.000 0.000 007 0.000 0.000 0.000 现在位置 相对坐标 U 000.000 W 000.000 地址 S 300 T 0200 手动方式	③ 按[刀补 OFT]键，按[▤]键，再按[⇩]键，将光标移动到 002 的位置，输入 X23.45
	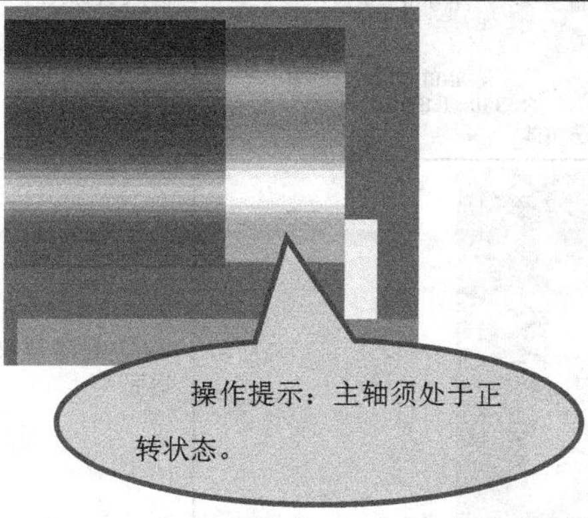 操作提示：主轴须处于正转状态。	④ 切断刀左刀尖切削刃接触工件左端面

续表

项目	图示	操作步骤
对切断刀	偏置 O9999 N9999 序号 X Z R 000 0.000 0.000 0.000 001 0.000 0.000 0.000 _002 -10.348 7.042 0.000 003 0.000 0.000 0.000 004 0.000 0.000 0.000 005 0.000 0.000 0.000 006 0.000 0.000 0.000 007 0.000 0.000 0.000 现在位置 相对坐标 U 000.000 W 000.000 地址 S 300 T 0200 手动方式	⑤ 按刀补OFT键，按▤键，再按⇩键，将光标移动到002的位置，输入Z3.0（切断刀刀宽B=3 mm），本次对刀刀位点为右刀尖
对螺纹刀	程序 O9999 N0000 (程序段值) (模态值) X F50 Z G0 M3 U G97 S 0000 W T 0300 R G69 F G98 M G21 S T P Q SACT 0000 地址 S 0000 T 0300 录入方式	① 在机床面板按录入键，按程序PRG键并按▤键进入“程序状态”页面。输入“T0300”后按运行键运行
		② 螺纹刀刀尖接触工件外径（如前所示，假设工件外径ϕ23.45）
	偏置 O9999 N9999 序号 X Z R 000 0.000 0.000 0.000 001 0.000 0.000 0.000 002 -10.348 7.042 0.000 _003 39.998 0.000 0.000 004 0.000 0.000 0.000 005 0.000 0.000 0.000 006 0.000 0.000 0.000 007 0.000 0.000 0.000 现在位置 相对坐标 U 000.000 W 000.000 地址 S 300 T 0300 录入方式	③ 按刀补OFT键，按▤键，再按⇩键，将光标移动到003的位置，输入X23.45
		④ 目测螺纹刀刀尖对正工件左端面

续表

项目	图示	操作步骤
对螺纹刀	偏置 O9999 N9999 序号 X Z R 000 0.000 0.000 0.000 001 0.000 0.000 0.000 002 -10.348 7.042 0.000 _003 39.998 8.842 0.000 004 0.000 0.000 0.000 005 0.000 0.000 0.000 006 0.000 0.000 0.000 007 0.000 0.000 0.000 现在位置 相对坐标 U 000.000 W 000.000 地址 S 300 T 0300 录入方式	⑤ 按 刀补 OFT 键，按 键，再按 ⇩ 键，将光标移动到 003 的位置，输入 Z0
校验刀具偏置参数	在 MDI 方式下选刀，并调用刀具偏置补偿，在 POS 画面下，手动移动刀具靠近工件，观察刀具与工件间的实际相对位置，对照屏幕显示的绝对坐标，判断刀具偏置参数设定是否正确	

相关知识

■ 知识一　数控车床工装夹具

① 工装夹具的概念。在数控车床上用于装夹工件的装置称为车床夹具。

② 夹具作用。在数控车削加工过程中，夹具是用来装夹被加工工件使其在加工过程中有正确的位置，因此必须保证被加工工件的定位精度，并尽可能做到装卸方便、快捷。

③ 夹具的分类。车床夹具可分为通用夹具和专用夹具两大类。通用夹具是指能够装夹两种或两种以上工件的夹具,例如车床上的三爪卡盘、四爪卡盘、弹簧卡套和通用心轴等；专用夹具是专门为加工某一特定工件的某一工序而设计的夹具。

1．数控车床通用夹具

（1）三爪卡盘。三爪卡盘是最常用的车床也是数控的通用卡具，三爪卡盘最大的优点是可以自动定心，它的夹持范围大，但定心精度不高，不适合于同轴度要求高的零件二次装夹。三爪卡盘常见的有机械式（见图 3-1）和液压式（见图 3-2）两种，液压卡盘装夹迅速，方便，但夹持范围小，尺寸变化大时需要重新调整卡爪位置。数控车床经常采用液压卡盘，液压卡盘特别适用于批量加工。

图 3-1　机械式三爪卡盘

图 3-2　液压式三爪卡盘

（2）软爪（见图 3-3）。由于三爪卡盘定心精度不高，当加工同轴度要求较高的工件，或者进行工件的二次装夹时，常使用软爪进行装夹。由于普通三爪卡盘的卡爪是进行热处理，硬度较高，很难用常用刀具切削，而软爪则可以改变上述不足，是一种具有较好切削性能的卡爪。

图 3-3 软爪

加工软爪时要注意以下几方面的问题。

① 软爪要在与使用时相同的夹紧状态下进行车削，以免在加工过程中松动和由于反向间隙而引起定心误差。车削软爪内定位表面时，要在软爪尾部夹持一适当的圆盘，以消除卡盘端面螺纹的间隙。

② 当被加工工件以外圆定位时，软爪夹持直径应比工件外圆直径略小，其目的是增加软爪与工件的接触面积。软爪内径大于工件外径时，会造成软爪与工件形成三点接触，此种情况下夹紧牢固度较差，所以应尽量避免。当软爪内径过小时，会形成软爪与工件的六点接触，不仅会在被加工表面留下压痕，而且软爪接触面也会变形，这在实际使用中都应该尽量避免。

（3）卡盘加顶尖。在车削质量较大的工件时，一般把工件一端用卡盘夹持，另一端用后顶尖支承。为了防止工件由于切削力的作用而产生轴向位移，必须在卡盘内装一限位支承，或者利用工件的台阶面进行限位[见图 3-4（a）、（b）]。此种装夹方法比较安全可靠，能够承受较大的轴向切削力，安装刚性好，所以在数控车削加工中应用较多。

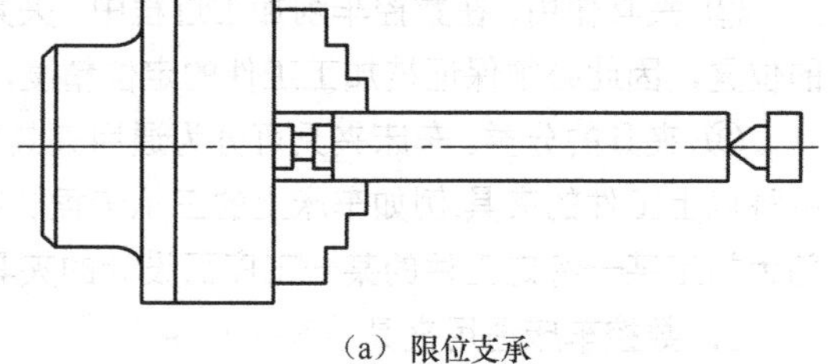

（a）限位支承

（b）工件台阶支承

图 3-4 卡盘加顶尖装夹

（4）芯轴和涨心芯轴。当工件用已加工过的孔作为定位基准时，可采用芯轴装夹。这种装夹方法可以保证工件内外表面的同轴度，适用于批量生产。芯轴的种类很多。常见的芯轴有：圆柱芯轴、小锥度芯轴（见图 3-5），这类芯轴的定心精度不高。涨心芯轴（见图 3-6）既能定心，又能夹紧，是一种定心夹紧装置。

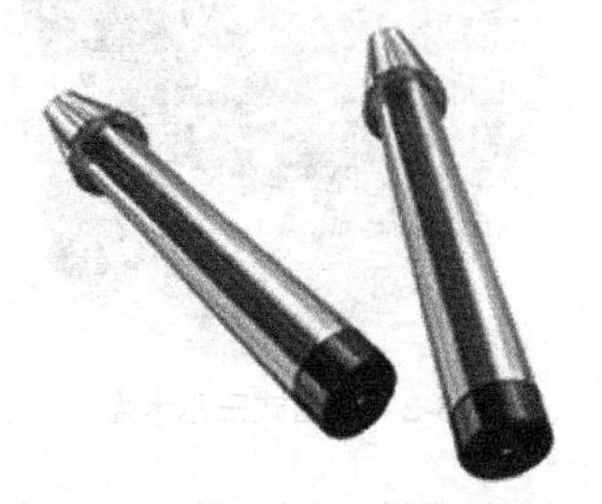

图 3-5 锥度芯轴

图 3-6 涨心芯轴

（5）弹簧夹套。弹簧夹套定心精度高，装夹工件快捷方便，常用于精加工的外圆表面定位。它特别适用于尺寸精度较高、表面质量较好的冷拔圆棒料的夹持。它夹持工件的内孔是规定的标准系列，并非任意直径的工件都可以进行夹持，如图 3-7 所示。

图 3-7 弹簧夹套

（6）四爪卡盘。加工精度要求不高、偏心距较小、零件长度较短的工件时，可以采用四爪卡盘（见图 3-8）进行装夹。四爪卡盘的四个卡爪是各自独立移动的，通过调整工件夹持部位在车床主轴上的位置，使工件加工表面的回转中心与车床主轴的回转中心重合。但是，四爪卡盘的找正繁琐费时，一般用于单件小批量生产。四爪卡盘的卡爪有正爪和反爪两种形式。

图 3-8 单动四爪卡盘

（7）两顶尖拨盘。两顶尖定位的优点是定心正确可靠，安装方便，主要用于精度要求较高的零件加工。两顶尖装夹工件为：先使用对分夹头或鸡心夹头夹紧工件一端的外圆，再将拨杆旋入三爪卡盘，并使拨杆伸向对分夹头或鸡心夹头的端面。车床主轴转动时，带动三爪卡盘转动，随之带动拨杆同时转动，由拨杆拨动对分夹头或鸡心夹头，拨动工件随三爪卡盘而转动。两顶尖只对工件有定心和支撑作用，必须通过对分夹头或鸡心夹头的拨杆带动工件旋转，如图 3-9 所示。

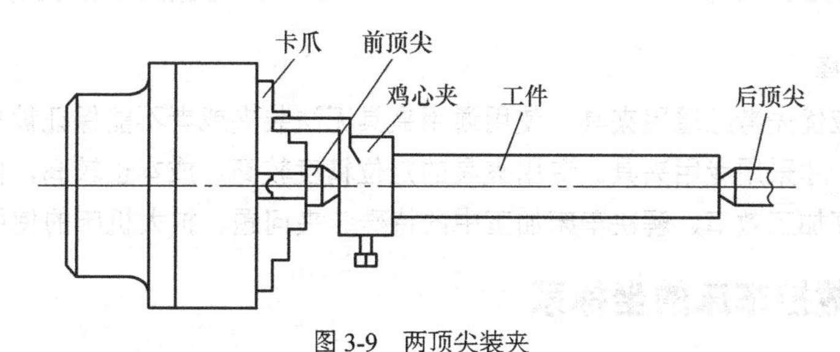

图 3-9 两顶尖装夹

使用两顶尖装夹工件时需要注意以下事项。

① 前后顶尖的连线应该与车床主轴中心线同轴，否则会产生不应有的锥度误差。

② 尾座套筒在不与车刀干涉的前提下，应尽量伸出短些，以增加刚性和减小振动。

③ 中心孔的形状应正确，表面粗糙度应较好。

④ 两顶尖中心孔的配合应该松紧适当。

（8）拨动顶尖。车削加工中常用的拨动顶尖有外拨动顶尖（见图 3-10）和端面拨动顶尖（见图 3-11）两种。

① 外拨动顶尖：这种顶尖的锥面带齿，能嵌入工件，拨动工件旋转。

② 端面拨动顶尖：这种顶尖用端面拨爪带动工件旋转，适合装夹直径在ϕ50～ϕ150mm 的工件。

（9）花盘和角铁。数控车削加工中有时会遇到一些形状复杂和不规则的零件，不能用三爪和四爪卡盘装夹，需要借助其他工装夹具，如花盘、角铁等夹具。当被加工零件回转表面的轴线与基准面相垂直，且外形表面复杂的零件可以装夹在花盘上加工。当被加工零件回转表面的轴线与基准面相平行，且外形表面复杂的零件可以装夹在角铁上加工（见图 3-12、图 3-13）。

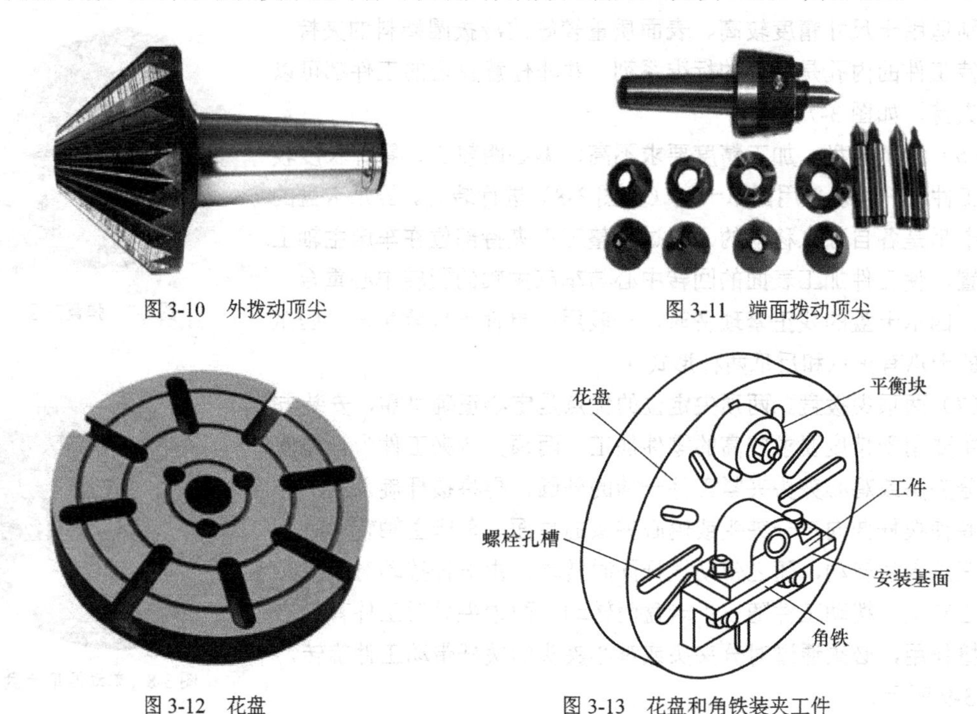

图 3-10　外拨动顶尖

图 3-11　端面拨动顶尖

图 3-12　花盘

图 3-13　花盘和角铁装夹工件

2．夹具的选择

选择夹具时应优先考虑通用夹具，使用通用夹具无法装夹或者不能保证被加工工件与加工工序的定位精度时，才采用专用夹具。专用夹具的定位精度较高，成本也较高，但专用夹具可以保证产品质量、提高加工效率、解决车床加工中的特殊装夹问题、扩大机床的使用范围。

■ 知识二　数控车床的坐标系

数控车床的坐标系统，包括坐标原点、坐标轴和运动方向。建立车床坐标系是为了确定刀具或工件在车床中的位置，确定车床运动部件的位置及其运动范围。

1．机床坐标系

（1）机床坐标系的规定。为了简化编程和保证程序的通用性，国际上已经对数控机床的坐标系和方向命名制定了统一的标准。数控车床的坐标系采用右手笛卡儿直角坐标系，如图 3-14 所示。基本坐标轴为 *X*、*Y*、*Z*，相对于每个坐标轴的旋转运动坐标轴为 *A*、*B*、*C*。右手的大拇指、食指和中指保持相互垂直，大拇指方向为 *X* 轴的正方向，食指为 *Y* 轴的正方向，中指为 *Z* 轴的正方向。

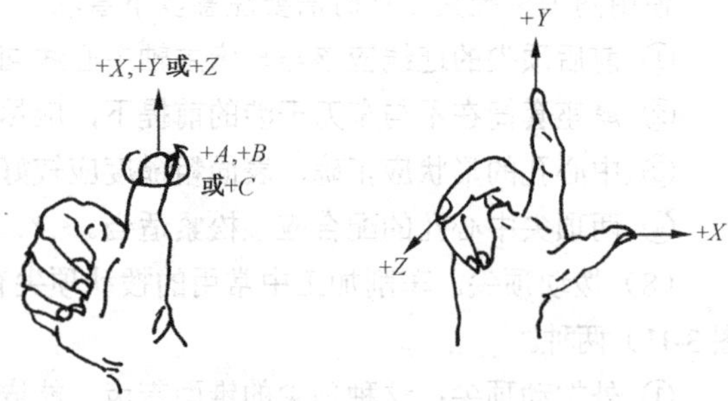

图 3-14　右手笛卡儿直角坐标系

（2）机床坐标系的方向。数控车床的加工动作主要分为刀具的运动和工件的运动两部分。因此，在确定机床坐标系的方向时规定：永远假定刀具相对于静止的工件而运动。对于机床坐标系的方向，统一规定：增大工件与刀具间距离的方向为正方向。

① Z 轴的确定。Z 轴定义为平行于车床主轴的坐标轴，其正方向为刀具远离工件的方向。

② X 轴的确定。X 轴一般为水平方向并垂直于 Z 轴。数控车床的 X 坐标方向在工件的径向上且平行于车床的横滑座。同时也规定刀具离开工件旋转中心的方向为 X 轴正方向。

③ Y 轴的确定。Y 轴垂直于 X、Z 坐标轴。当 X 轴、Z 轴确定之后，按笛卡儿直角坐标系右手定则法来确定。

注意： 普通数控车床没有 Y 轴方向的移动，但+Y 方向在判断圆弧顺逆及判断刀补方向时起作用。

④ 旋转坐标轴 A、B 和 C。旋转坐标轴 A、B 和 C 的正方向相应地在 X、Y、Z 坐标轴正方向上，按右手螺旋前进的方向来确定。

数控车床上两个运动的正方向如图 3-15 所示。

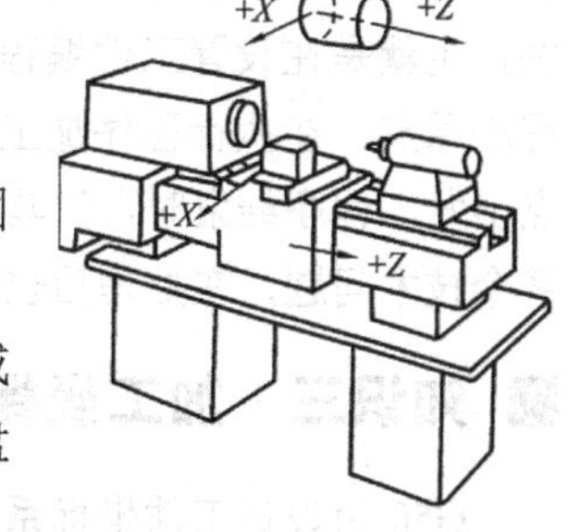

图 3-15 车床运动方向

2．车床原点与车床参考点

（1）车床原点。车床原点又称机械原点，是车床上设置的一个固定点，即车床坐标系的原点。它在机床装配、调试时就已经调整好，一般情况下，不允许用户进行更改。车床原点是数控车床进行加工或位移的基准点。一般数控车床的机床原点设置在主轴旋转中心与卡盘后端面的交点处，如图 3-16 所示。

（2）车床参考点。车床参考点是数控车床上一个固定的点，它是用机械挡块或电气装置来限制刀架移动的极限位置。对于大多数数控车床，开机第一步总是先使车床返回参考点（即所谓的机械回零）。当车床处于参考点位置时，系统显示屏上的车床坐标系显示系统参数中设定的数值（即参考点与车床原点的距离值）。开机回参考点的目的就是为了建立车床坐标系，即通过参考点当前的位置和系统参数中设定的参考点与机床原点的距离值（见图 3-17）来反推出车床原点的位置。机床坐标系一经建立后，只要机床不断电，将永远保持不变，且不能通过编程来对它进行改变。

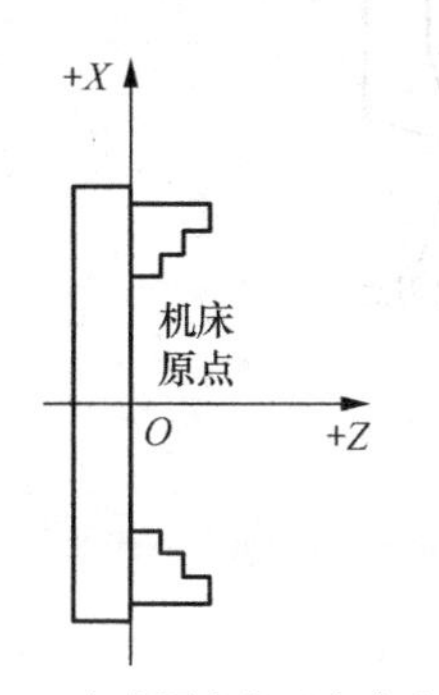

图 3-16 车床原点位于卡盘中心

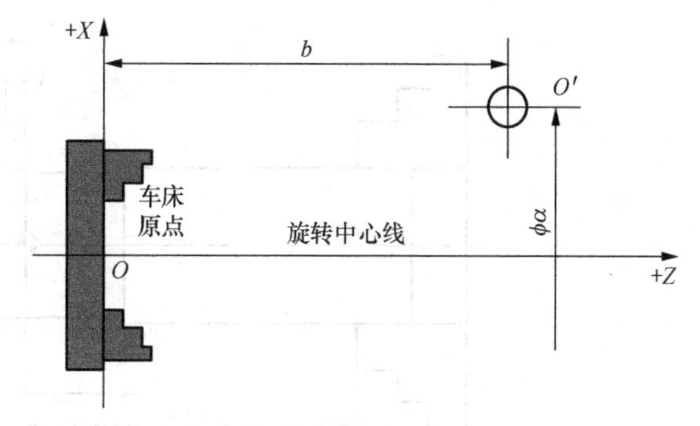

图 3-17 车床参考点

3．工件坐标系

（1）工件坐标系。车床坐标系的建立保证了刀具在机床上的正确运动。但是，加工程序的编制通常是针对某一工件并根据零件图样进行的，为了便于尺寸计算与检查，加工程序的坐标原点一般都尽量与零件图样的尺寸基准相一致。这种针对某一工件并根据零件图样建立的坐标系称为工件坐标系。

（2）工件坐标系原点。工件坐标系原点亦称编程原点，该点是指工件装夹完成后，选择工件上的某一点作为编程或工件加工的基准点。数控车床工件坐标系原点选取如图 3-18 所示。X 向一般选在工件的回转中心，而 Z 向一般选在加工工件的右端面（O'点）或左端面（O 点）。采用左端面作为 Z 向工件原点时，有利于保证工件的总长；而采用右端面作为 Z 向工件原点时，则有利于对刀。

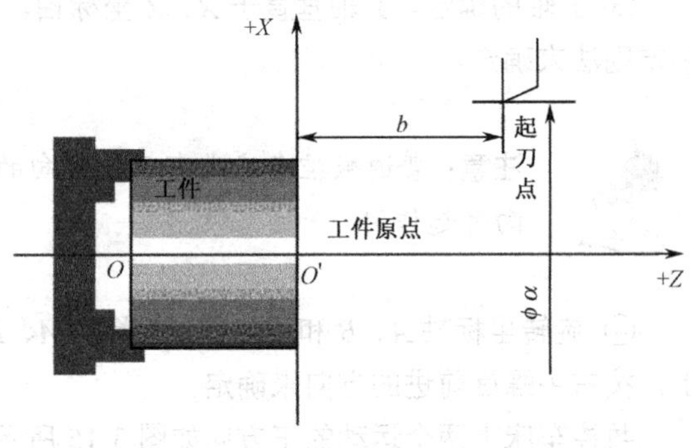

图 3-18　工件原点

（3）程序原点。程序原点是指刀具执行程序运行时的起点，也叫程序起点，即图 3-18 中的起刀点。程序原点的位置与工件编程原点相关，也就是在设置工件编程原点时，同时设置程序原点。在执行程序加工时，刀具从程序原点出发，程序结束时，刀具又回到程序原点，等待加工下一个相同零件。如果在程序加工中出现某个技术问题，在处理后也可让刀具返回到程序原点，重新开始程序的加工。

■ 知识三　加工坐标系的设定

G50 为设定工件坐标系，也称编程坐标系。其设定格式为：

G50　Xα　Zβ;

格式中 Xα Zβ 为基准刀具试切时，对刀点到工件坐标系原点的有向距离。

G50 指令建立工件坐标系后，数控系统会记忆基准刀对刀点坐标值为（α，β）的坐标系，其后的加工程序就在此坐标系中运行。该指令建立坐标系时，刀具并没有产生运动，但系统会自动存储用来建立工件坐标系的基准刀具的补偿值。G50 为非模态指令，执行一次建立一个工件坐标系。

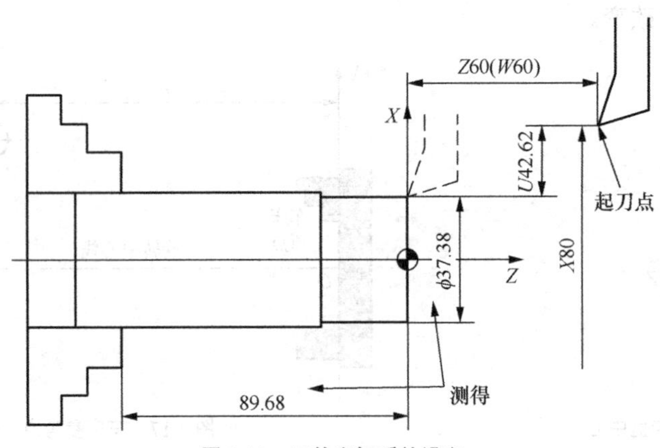

图 3-19　工件坐标系的设定

如图 3-19 所示，起刀点的位置可用 G50 设置为：

G50　X80　Z60

■ 知识四 车刀的装夹

将车刀装夹在刀架上，这一操作过程就是车刀的装夹。车刀安装得正确与否，将直接影响切削能否顺利进行和工件的加工质量。安装车刀时，应注意下列几个问题。

（1）车刀安装在刀架上，伸出部分不宜太长，伸出量一般为刀杆高度的1～1.5倍。伸出过长会使刀杆刚性变差，切削时易产生振动，影响工件的表面粗糙度。

（2）车刀垫铁要平整，数量要少，垫铁应与刀架对齐。车刀至少要用两个螺钉压紧在刀架上，并逐个轮流拧紧，如图3-20所示。

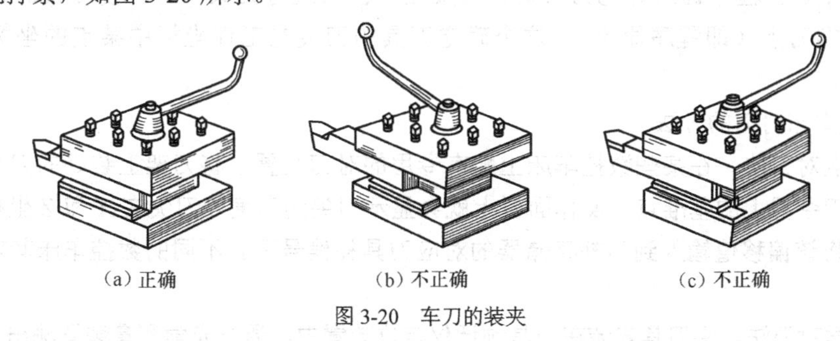
（a）正确　（b）不正确　（c）不正确

图3-20　车刀的装夹

（3）车刀刀尖应与工件轴线等高［见图3-21（a）］，否则会因基面和切削平面的位置发生变化，而改变车刀工作时的前角和后角的数值。当车刀刀尖高于工件轴线［见图3-21（b）］时，使后角减小，增大了车刀后刀面与工件间的摩擦；当车刀刀尖低于工件轴线［见图3-21（c）］时，使前角减小，切削力增加，切削不顺利。

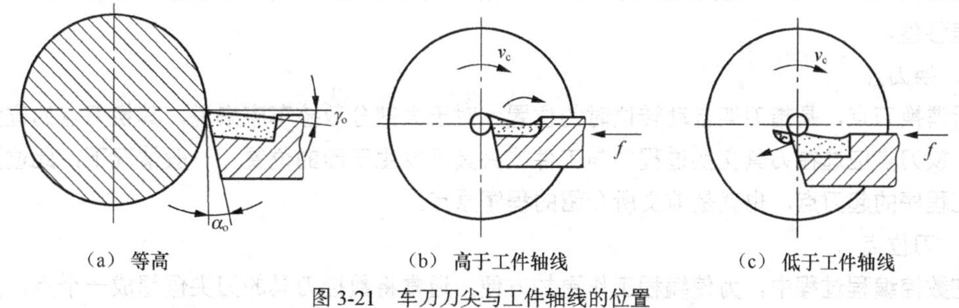

（a）等高　（b）高于工件轴线　（c）低于工件轴线

图3-21　车刀刀尖与工件轴线的位置

车端面时，车刀刀尖高于或低于工件中心，车削后工件端面中心处留有凸头。使用硬质合金车刀时，如不注意这一点，车削到中心处会使刀尖崩碎。

（4）车刀刀杆中心线应与进给方向垂直，否则会使主偏角和副偏角的数值发生变化，如图3-22所示。如螺纹车刀安装歪斜，会使螺纹牙型半角产生误差。

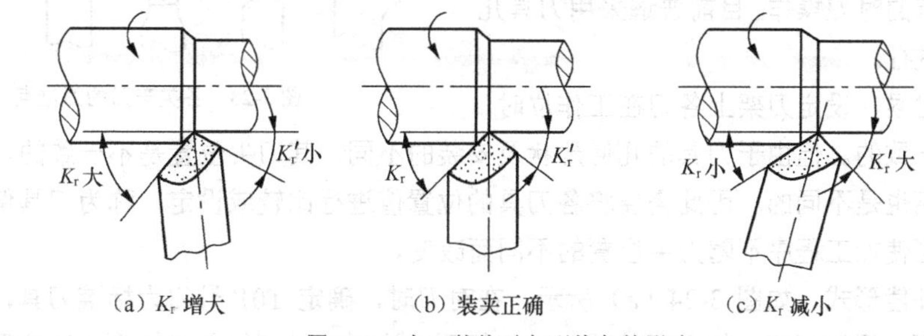

（a）K_r 增大　（b）装夹正确　（c）K_r 减小

图3-22　车刀装偏对主副偏角的影响

■ 知识五　数控车床的对刀

在用程序自动加工零件时，需要确定刀具的刀尖在工件坐标系中的坐标位置，使刀尖的运动轨迹与加工零件的编程轨迹相同。如果在零件的加工程序中使用多把刀具进行加工，要求无论调用哪把刀具，其刀尖的开始切入点应处于同一点的坐标位置，否则各刀具按程序加工的实际轨迹就不一致。为了使加工零件的程序轨迹不受刀具安装位置的影响，必须在程序加工前调整每把刀具的刀尖对准工件某一点位置，并将每把刀具的刀尖偏移值存储到对应刀号的存储器中。当程序调用每把刀具时，刀架在转位后进行刀具偏移，使刀具的刀尖位置会重合在同一换刀点（即程序原点），这个确定刀具的刀尖在工件坐标中某点的坐标位置的过程称为对刀。

1．数控车床对刀的方法

（1）定点对刀法。在某些数控车床上配有专用的对刀装置，将刀架上装好的刀具移动，使刀尖对准对刀装置上的基准点，操作面板上就会显示刀尖的高度和刀尖在 X 和 Z 坐标方向的偏移值，然后将该偏移值输入到刀补存储器的对应刀具补偿号下。不同的数控车床其对刀操作方法不尽相同。

（2）光学对刀法。将刀具安装在刀具预调仪定位装置中，通过光学测量装置测出刀尖点在 X 和 Z 坐标方向的偏移值，记录并手动输入到数控车床的刀补存储器中相应刀补号下。

（3）试切对刀法。在没有专用刀具预调仪和机床上无对刀装置情况下，可采用试切对刀法。试切对刀法是先用基准刀试切端面和外圆建立工件坐标系，然后移动其他刀具的刀尖与基准刀试切的基面对准，输入试切表面的实测尺寸，数控系统会自动计算出与基准刀的差值作为该把刀的偏移值。

2．换刀点

所谓换刀点，是指刀架自动转位时的位置。对于大部分数控车床来说，其换刀点的位置是任意的，换刀点应选在刀具交换过程中与工件或夹具不发生干涉的位置。一般情况下，此位置就是该加工程序的起刀点，也就是前文所介绍的程序原点。

3．刀位点

在数控编程过程中，为使编程工作更加方便，通常将数控刀具的刀尖假想成一个点，该点称为刀位点或刀尖点。刀位点是表示刀具特征的点，也是对刀和加工的基准点。对于尖形车刀，刀位点一般为刀具刀尖，对于圆弧车刀，刀位点在圆弧圆心。各类数控车刀的刀位点如图 3-23 所示。

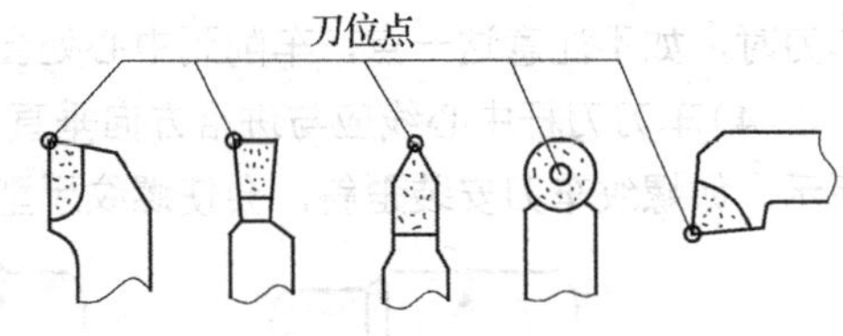

图 3-23　各类车刀的刀位点

4．刀具偏置补偿

对数控车床的对刀操作，目前普遍采用刀具几何偏置的方法进行。

在编程的时候，设定刀架上各刀在工作位时，其刀尖位置是一致的。但由于刀具的几何形状及安装的不同，其刀尖位置是不一致的，其相对于工件原点的距离也是不同的。因此需要将各刀具的位置值进行比较或设定，称为刀具偏置补偿。刀具偏置补偿可使加工程序不随刀尖位置的不同而改变。

（1）相对补偿形式。如图 3-24（a）所示，在对刀时，确定 T01 号刀为标准刀具，并以其刀尖位置 A 为依据，通过对刀，输入刀偏值建立坐标系。这样，当其他各刀转到加工位置时，刀尖

位置 B 相对标准刀刀尖位置 A 就会出现偏置，原来建立的坐标系就不再适用。因此应对非标刀具相对于标准刀具之间的偏置值 ΔX、ΔZ 进行补偿，使刀尖位置 B 移至刀尖位置 A。

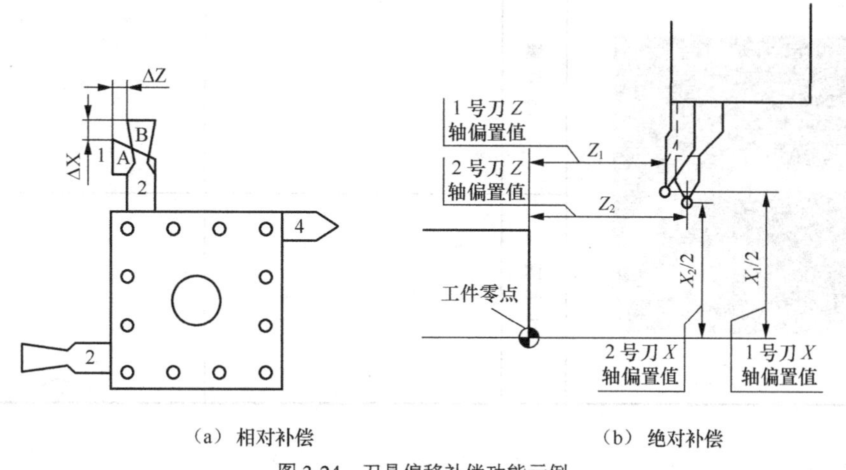

（a）相对补偿　　（b）绝对补偿

图 3-24　刀具偏移补偿功能示例

（2）绝对补偿形式。如图 3-24（b）所示，即工件坐标零点，相对于刀架工作位上各刀刀尖位置的有向距离。当执行刀偏补偿时，各刀以此值设定各自的加工坐标系。

移动指令和 T 代码在同一程序段中时，移动指令和 T 代码同时开始执行。

拓展知识

（1）数控车床加工有车床原点、工件原点、程序原点、机械原点等，请根据图 3-25 数控车床的坐标原点所示，写出 2、5、6、7 点分别对应的坐标原点的名称。

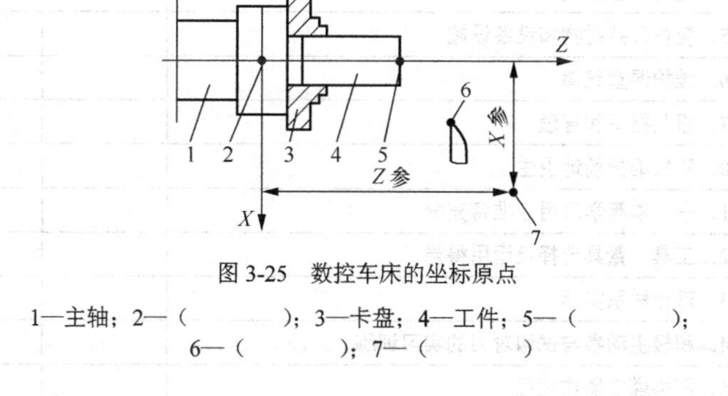

图 3-25　数控车床的坐标原点

1—主轴；2—（　　　　）；3—卡盘；4—工件；5—（　　　　）；
6—（　　　　）；7—（　　　　）

（2）数控车床刀架上装有 3 把刀。1 号刀为 90° 基准外圆车刀、2 号刀为 60° 螺纹车刀、3 号刀为刀宽 3 mm 的切断刀，其中 90° 基准外圆车刀已经对好（图示如下），请简述其余 2 把车刀的对刀方法和步骤，并作简要绘图表示。

已对好的基准刀（其中测得ϕ=28.55）	另两把刀的对刀步骤及方法		简要图示
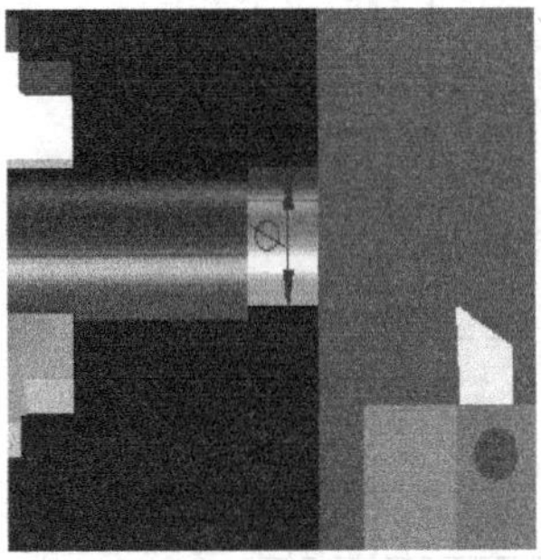	螺纹刀		
	切断刀		

活动评价

评价内容与实际比对，能做到的根据程度量在表 3-4 相应等级栏中打“√”号。

表 3-4　　活动评价表

项　目	评 价 内 容	评价等级（学生自我评价）		
		A	B	C
关键能力评价项目	1．安全意识强			
	2．着装仪容符合实习要求			
	3．积极主动学习			
	4．无消极怠工现象			
	5．爱护公共财物和设备设施			
	6．维护课堂纪律			
	7．服从指挥和管理			
	8．积极维护场地卫生			
专业能力评价项目	1．书、本等学习用品准备充分			
	2．工具、量具选择及运用得当			
	3．理论联系实际			
	4．积极主动参与试切对刀的实习训练			
	5．严格遵守操作规程			
	6．独立完成操作训练			
	7．独立完成工作页			
	8．学习和训练质量高			
教师评语		成绩评定		

训练二 小锥度芯轴的加工

前面学习了数控车床面板的操作和对刀的方法，本次任务综合运用前面所学的方法，结合外圆粗加工、直线精加工程序指令，加工一个简单的小锥度芯轴类零件。

■ 任务学习目标

1．掌握数控车床编程常用功能指令的格式及特点；了解车床编程的程序与程序段格式；巩固数控编程中基点的相关知识，根据零件图样标注，正确给出基点坐标。

2．掌握数控车床加工零件的操作流程。

3．掌握小锥度芯轴的加工方法。

■ 任务实施课时

18 课时。

■ 任务实施流程

1．导入新课。

2．组织学生根据自身认识填写工作页。

3．根据操作步骤要求，组织学生观看影像资料和示范操作。

4．组织学生项目实际操作。

5．巡回指导练习。

6．结合实习要求和资料，讲解相关理论知识。

7．拓展问题讨论。

8．学习任务考试。

9．完成活动评价表。

10．学习任务情况总结。

■ 任务所需器材

1．设备：数控车床、装有 GSK980TD 仿真软件系统的电脑。

2．工具：数控车床套筒、刀架扳手、加力杆等附件；90° 外圆车刀、60° 螺纹车刀、*B*（刀宽）=3 mm 切断刀若干套；0～150 mm 游标尺、0～25 mm 千分尺若干把

3．辅具：影像资料、课件。

课前导读

请完成表 3-5 中内容。

表 3-5 课前导读

序号	实 施 内 容	答 案 选 项	正确答案
1	根据结构形状的不同，轴类零件可分为？	A．光轴 B．阶梯轴 C．空心轴 D．异形轴	
2	G97 状态，S300 指令是指恒线速主轴转速 300 r/min	A．对 B．错	
3	G00 属于辅助功能	A．对 B．错	

续表

序号	实 施 内 容	答 案 选 项	正确答案
4	进给功能字一般规定为____	A. F B. S C. T	
5	G00 指令的移动速度受 S 字段值的控制	A. 对 B. 错	
6	“N80 G27 M02”这一条程序段中，有______个地址字	A. 1 B. 2 C. 3 D. 4	
7	在 G90 X(U)___ Z(W)__ F___中，F 表示？	A. 主轴转速 B. 进给量 C. 切削深度 D. 切削速度	
8	在锥度加工中 G90 X(U)_____ Z(W)_______ R___ F____R 是指？	A. 起点半径减终点半径 B. 终点半径减起点半径 C. 起点直径减终点直径 D. 终点直径减起点直径	
9	在锥度加工中 G90 X(U)__Z(W)___ R___ F R 是否有正负之分？	A. 对 B. 错	
10	X、Z 值是模态的	A. 对 B. 错	
11	GSK980T 数控系统的加工程序代码为 ISO 代码	A. 对 B. 错	
12	FMS 是指？	A. 直接数控系统 B. 自动化工厂 C. 柔性制造系统 D. 计算机集成制造系统	
13	按______就可以自动加工	A. SINGLE+运行 B. BLANK+运行 C. AUTO+运行 D. RUN+运行	
14	CNC 系统常用软件插补方法中，有一种是数据采样法，计算机执行插补程序输出的是数据而不是脉冲，这种方法适用于______	A. 开环控制系统 B. 闭环控制系统 C. 点位控制系统 D. 连续控制系统	
15	CNC 系统主要由______	A. 计算机和接口电路组成 B. 计算机和控制系统软件组成 C. 接口电路和伺服系统组成 D. 控制系统硬件和软件组成	
16	哪个不是切削用量的三要素？	A. 主轴转速 B. 进给量 C. 切削深度 D. 切削速度	
17	切削用量中，切削深度的符号是？	A. f B. a_p C. v_c D. n	
18	切削速度 v_c 的单位是？	A. mm/min B. mm/r C. m/min	
19	粗加工时，首先要考虑的切削用量是？	A. 主轴转速 B. 进给量 C. 切削深度 D. 切削速度	
20	精加工时，首先要考虑的切削用量是？	A. 主轴转速 B. 进给量 C. 切削深度 D. 切削速度	

情景描述

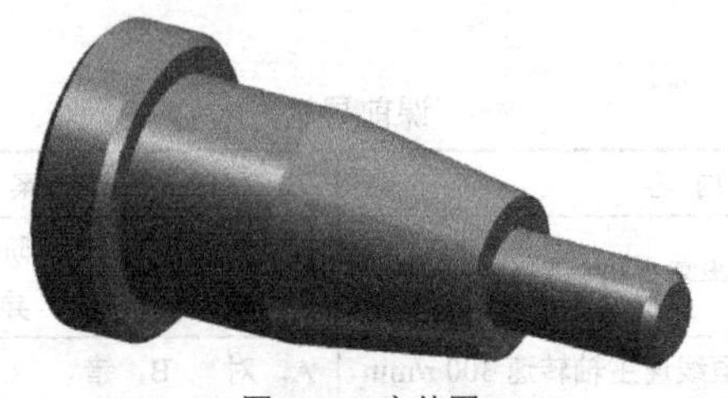

图 3-26 实体图

某精密五金加工厂张老板拿来一个如图 3-26 所示的零件，交给徒弟小陈加工。小陈接过以后很茫然，因为他以前都没加工过零件，只是学了些理论知识，对过刀，但是还没真正用机床自动加工过工件，所以小陈不知道从何下手。于是请教曾师傅，曾师傅说：“小陈，你数车的知识还是学得太少了，你还得从编程、切削用量、加工等方面下工夫。今天我再传授你一些新的知识，你要是能理解，便能把这个工件加工好了。”那到底曾师傅教小陈什么了呢？我们一起来学习。

任务实施

根据图 3-27 所示零件图样要求加工零件。

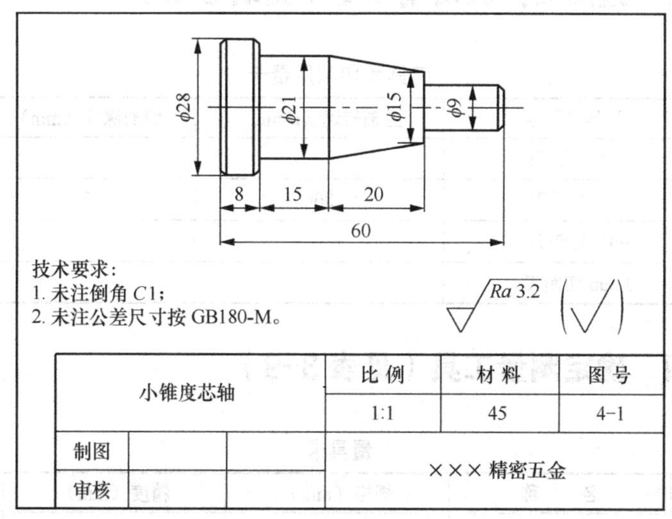

图 3-27 小锥度芯轴零件图

■ 任务实施一 分析零件图样（见表 3-6）

表 3-6 小锥度芯轴零件图样分析卡

分 析 项 目	分 析 内 容
结构分析	该图为小锥度芯轴，由三个 ______和一个锥度________组成的小芯轴
确定毛坯材料	根据图样形状和尺寸大小， 此零件确定加工可选用φ____×_____圆棒料，材料为 45 钢
精度要求	图样上要求的尺寸公差是：_________，要求的表面粗糙度是：_________
确定装夹方案	三爪卡盘自定心夹紧，伸出________mm ××

■ 任务实施二　确定加工工艺路线和指令选用（见表 3-7）

表 3-7　　加工工艺步骤和指令卡

序号	工 步 内 容	加 工 指 令
1	粗车台阶轴外轮廓	
2	粗车锥度	G90
3	精车外轮廓	
4	倒角切断	

■ 任务实施三　选用刀具和切削用量（见表 3-8）

表 3-8　　刀具和切削用量卡

工 步 序 号	刀 具 规 格	主轴转速（r/min）	切削深度（mm）	进给量（mm/r）
1	90° 外圆刀			
2	90° 外圆刀	800	3	100
3	90° 外圆刀			
4	3 mm 切断刀			

■ 任务实施四　确定测量工具（见表 3-9）

表 3-9　　量具卡

序　　号	名　　称	规格（mm）	精度（mm）	数　　量
1	游标卡尺	0～150	0.02	1
2	外径千分尺			1
3	外径千分尺	25～50	0.01	1

■ 任务实施五　加工操作步骤（见表 3-10）

表 3-10　　加工步骤示意图卡

序号	加 工 步 骤	示 意 图
1	粗车台阶轴外轮廓： O0001 G0 X99 Z99 M3 S_____ T0101 G0 X31 Z2 G90 X26 Z-52 F100 _______ X17 Z-17 _______ X9.5	

续表

序号	加工步骤	示意图
2	粗车锥度： 将锥度、Z 轴各延长 1 mm G0 X23 Z-16 G90 X21.3 Z-38 R-3.3	
3	精车外轮廓： G0 X99 Z99 M3 S____ T0101 G0 X31 Z2 G0 X0 G1 Z0 F80 ______________ ______________ ______________ ______________ X21 W-20 ______________ ______________ X28 W-1 Z-65 G0 X99 Z99 M5 M0	
4	倒角切断：(3 mm 右刀尖编程) 白钢刀 分别为：步骤 1（定位）→步骤 2（切槽）→步骤 3（定位）→步骤 4（倒角）→步骤 5（切断） M3 S____ T0202 G0 X31 Z-60　步骤 1（定位） G1 ____F10　步骤 2（切槽） G0 X30 ______　步骤 3（定位） G1________　步骤 4（倒角） G1 X0　步骤 5（切断） G0 X32 G0 X99 Z99 M5 M30	步骤 1　步骤 2　步骤 3　步骤 4

■ 任务实施六　零件评价和检测

将加工完成零件按表 3-11 中的要求进行检测。

表 3-11　　评分表

序号	考核项目	考核内容	配分	评分标准	检测结果	自我得分	原因分析	小组检测	小组评分	老师核查
1	外圆尺寸	ϕ9	20	不合格不得分						
2		ϕ21	20	不合格不得分						
3		ϕ28	20	不合格不得分						
4	锥度	锥度	20	不合格不得分						
5	长度	8	5	不合格不得分						
6		60	5	不合格不得分						
7	表面粗糙度	*Ra*3.2	10	不合格不得分						
8	文明生产	按安全文明生产规定，每违反一项扣 3 分，最多扣 20 分								

相关知识

■ 知识一　坐标点的表示

数控加工程序中表示几何点的坐标位置有绝对坐标、增量坐标及混合坐标三种方式。绝对坐标是以“工件原点”为依据来表示坐标位置，在数控编程中表示工件坐标系原点到当前指令终点的距离。增量坐标是以相对于“前一点”位置坐标尺寸的增量来表示坐标位置，在数控编程中相对坐标表示前一个指令终点到当前指令终点的距离；相对坐标为负值表示沿坐标轴负向运行，相对坐标为正值表示沿坐标轴正向运行。在数控程序中如果在不同程序段或同一程序段中混合使用相对坐标和绝对坐标，则称为混合坐标。编程时要根据零件的加工精度要求及编程方便与否选用坐标类型。使用原则主要是看何种方式编程更方便。

在 FANUC 数控车床系统中，绝对值坐标以地址 X、Z 表示，增量值的坐标以地址 U、W 分别表示 *X*、*Z* 轴向的增量。*X* 轴向的坐标不论是绝对值还是增量值，一般都用直径值表示（称为直径编程），这样会给编程带来方便，这时刀具的实际移动距离是直径值的一半。

为了能正确计算工件轮廓上各点的坐标值和方便以后编程，建议在工件轮廓的各点上依次标明 A、B、C、D 等代号，然后列表计算出各点的坐标值。图 3-28 所示工件各点的绝对值坐标和相对值坐标如表 3-12 所示。

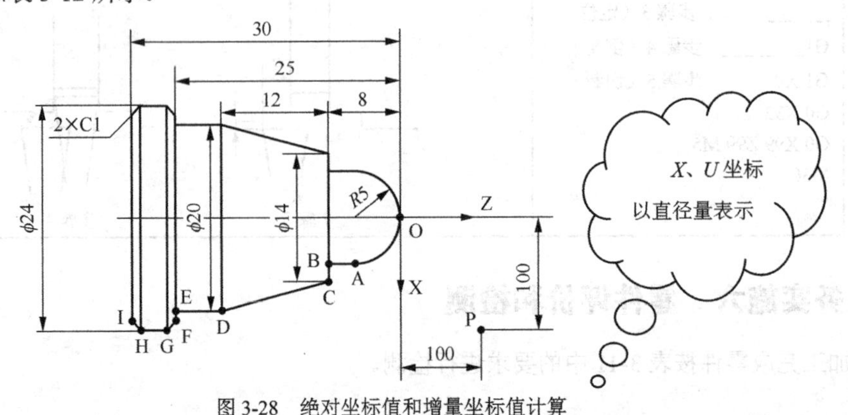

图 3-28　绝对坐标值和增量坐标值计算

表 3-12　　绝对坐标值和增量坐标值

绝对坐标			相对坐标			
坐标点	X	Z	前一点	坐标点	U	W
P	200	100				
A	10	−5	P	A	−190	−105
B	10	−8	A	B	0	−5
C	14	−8	B	C	4	0
D	20	−20	C	D	6	−12
E	20	−25	D	E	0	−5
F	22	−25	E	F	2	0
G	24	−26	F	G	2	−1
H	24	−29	G	H	0	−3
I	22	−30	H	I	−2	−1

■ 知识二　程序的构成

每一种数控系统，根据系统本身的特点与编程的需要，都有一定的程序格式。对于不同的数控系统，其程序格式也不尽相同。因此，编程人员在按数控程序的常规格式进行编程的同时，还必须严格按照车床说明书的规定格式进行编程。

1. 程序的组成

一个完整的程序，一般由程序号、程序内容和程序结束三部分组成。

例如：

```
程序号      O0002
          N10 G28 U0 W0
          N20 G97 S600 T0101 M04
          N30 M08
          N40 G00 X100.0 Z100.0 G99
程序内容    N50 G00 X40.0 Z10
          N60 G32 Z6.000 F2
          ………………
          N240 G00 X100.0 Z100.0
          N250 M09
程序结束    N260
          M30
```

上面的程序中，O0002 表示加工程序号，N10～N250 程序段是程序内容，N260 程序段是程序结束。

（1）程序号。程序号用作加工程序的开始标识，每个工件的加工程序都有自己的专用程序号，又称为程序名，所以同一数控系统中的程序号（名）不能重复。不同的数控系统，程序号地址码也不相同，常用的有%、P、O 等符号，编程时一定要按照系统说明书的规定去指定，否则系统不识别。程序号写在程序的最前面，必须单独占一行。

FANUC 系列数控系统中，程序号的编写格式为“O××××”，其中 O 为地址符，其后为四位数字，数值从 O0000 到 O9999，在书写时其数字前的零可以省略不写，如 O0020 可写成 O20。

（2）程序内容。程序内容由加工顺序、刀具的各种运动轨迹和各种辅助动作的若干个程序段组成，是整个加工程序的核心。它由许多程序段组成，每个程序段由一个或多个指令构成，它表示数控车床加工中除程序结束外的全部动作。

（3）程序结束。结束部分由程序结束指令构成，它必须写在程序的最后。可以作为程序结束标记的 M 指令有 M02 和 M30，它们代表零件加工程序的结束。为了保证最后加工程序段的正常执行，通常要求 M02/M30 单独占一行。

2．程序段的组成

程序段的基本格式。在上例中，每一行程序即为一个程序段。每个程序段由若干个数据字构成，而数据字又由表示地址的英文字母、特殊文字和数字构成，如 X30.0、G50 等。

程序段格式是指一个程序段中字、字符、数据的排列、书写方式和顺序。数控车床系统中，常见的程序段格式有字—地址程序段格式，其格式为如下：

N____	G____	X____ Y_____ Z____	F_____	S____	T____	M______
程序段号	准备功能	尺寸字	进给功能	主轴功能	刀具功能	辅助功能

例如：N50 G01 X40.0 Z-30.0 F50 S1120 T0101 M03

程序段的组成。程序段由程序段号和程序段内容组成。程序段号由地址符“N”开头，其后为若干位数字。在大部分系统中，程序段号仅作为“跳转”或“程序检索”的目标位置指示。因此，它的大小及次序可以颠倒，也可以省略。程序段在存储器内以输入的先后顺序排列，而程序的执行是严格按信息在存储器内以输入的先后顺序一段一段执行，也就是说，执行的先后次序与程序段号无关。但是，当程序段号省略时，该程序段将不能作为“跳转”或“程序检索”的目标程序段。

程序段号也可以由数控系统自动生成，程序段号的递增量可以通过“机床参数”进行设置，一般可设定增量值为 10。

程序段的中间部分是程序段的内容，程序内容应具备六个基本要素，即准备功能字、尺寸功能字、进给功能字、主轴功能字、刀具功能字、辅助功能字。但并不是所有程序段都必须包含所有功能字，有时一个程序段内仅包含一个或几个功能字也是允许的。

3．程序字

工件加工程序是由程序段构成的，每个程序段是由若干个程序字组成，每个字是数控系统的具体指令，它是由表示地址的英文字母（指令字符）、特殊文字和数字集合而成。程序中不同的指令字符及其后的数据确立了每个指令字符的含义，在数控程序段中包含的常用地址见表 3-13。

表 3-13 指令字符一览表

功　能	指令字符	意　义
程序号	O	程序编号（0～9999）
程序段顺序号	N	程序段顺序号（N0～N…）
准备功能	G	由 G 后面两位数字决定该程序段意义
进给功能	F	进给速度指定
主轴转速功能	S	指定主轴转速
刀具功能	T	刀具编号选择

续表

功　能	指令字符	意　义
辅助功能	M	指定车床上的辅助功能
尺寸字	X、Y、Z	坐标轴地址指令
	U、V、W	附加轴地址指令
	A、B、C	附加回转轴地址指令
	I、J、K	圆弧起点相对于圆弧中心的坐标指令
	R	圆弧半径、固定循环的参数
暂停	P、X	暂停时间指定
子程序号指定	P	子程序号指定
重复次数	L	子程序的重复次数
参数	P、Q、R、U、W、I、K、C、A	车削复合循环参数
倒角控制	C、R	自动倒角参数

■ 知识三　快速定位指令（G00）

1．指令格式

G00　X(U)　Z(W)

X(U)　Z(W)：刀具运动终点坐标。终点坐标值可以用增量值也可用绝对值，甚至可以混用。绝对值用 X、Z 表示，为终点相对于工件原点的坐标值、增量值用 U、W 表示，为终点相对于运动起点的增量坐标。如果目标点与起点有一个坐标值没有变化，此坐标值可以省略。如两轴同时移动 G00 X30.0 Z10.0、单轴移动 G00 X40（*Z* 轴不动）或 G00 Z-20（*X* 轴不动）。

2．功能

使刀具从当前点快速移动至指定的坐标点位置。用于刀具进行加工以前的空行程移动或加工完成的快速退刀。该指令使刀具快速运动到指定点，以提高加工效率，不能进行切削加工。

3．指令说明

（1）G00 不用指定移动速度，其移动速度由机床系统参数设定。在实际操作时，也能通过机床面板上的按钮“F0”“F25”“F50”“F100”对 G00 移动速度进行调节。

（2）在执行 G00 指令时，*X* 轴和 *Z* 轴同时从起点以各自的快速移动速度移动到终点，两轴是以各自独立的速度移动，短轴先到达终点，长轴独立移动剩下的距离，其合成轨迹不一定是直线，通常为折线型轨迹。如图 3-29 所示，刀具从当前位置到达指令终点位置，其实际轨迹是一条折线。

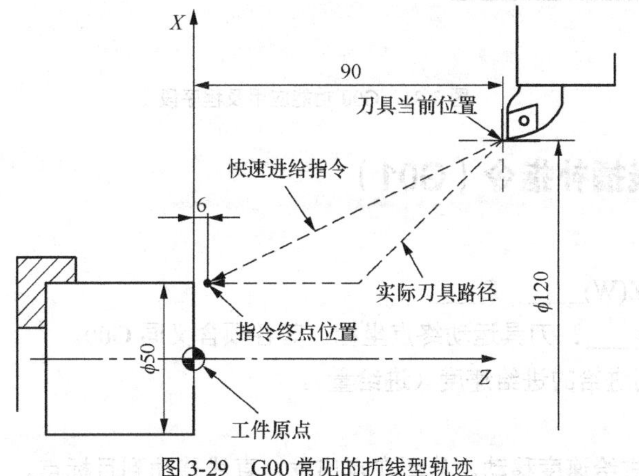

图 3-29　G00 常见的折线型轨迹

（3）G00 为模态功能，可由 G01、G02、G03 等功能注销。

4．编程实例

（1）轨迹实例。如图 3-30 所示，需将刀具从起点 O 快速定位到目标点 A 和从起点 B 快速定位到目标点 D，其编程方法及刀具轨迹如表 3-14 所示。

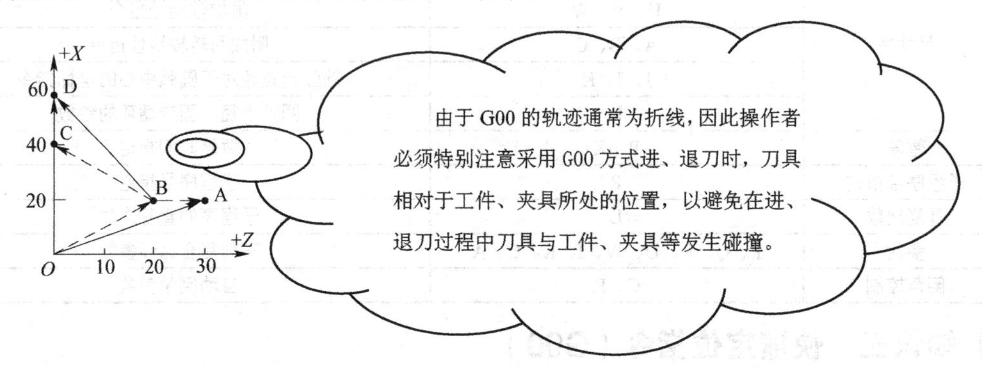

图 3-30　G00 运动轨迹

表 3-14　G00 轨迹实例 1 说明

刀具要执行的动作	运行轨迹	轨 迹 说 明	编　程
从 O 快速定位到 A	O→B→A	刀具在移动过程中先在 X 和 Z 轴方向移动相同的增量，即图中的 OB 轨迹，然后再从 B 点移动至 A 点。	G00　X20.0 Z30.0
从 B 快速定位到 D	B→C→D	刀具在移动过程中先在 X 和 Z 轴方向移动相同的增量，即图中的 BC 轨迹，然后再从 C 点移动至 D 点	G00　X60.0 Z0

（2）功能应用实例：如图 3-30 所示，刀尖从换刀点（刀具起点）A 快进到 B 点，准备车外圆，其 G00 的程序段如图 3-31 所示。

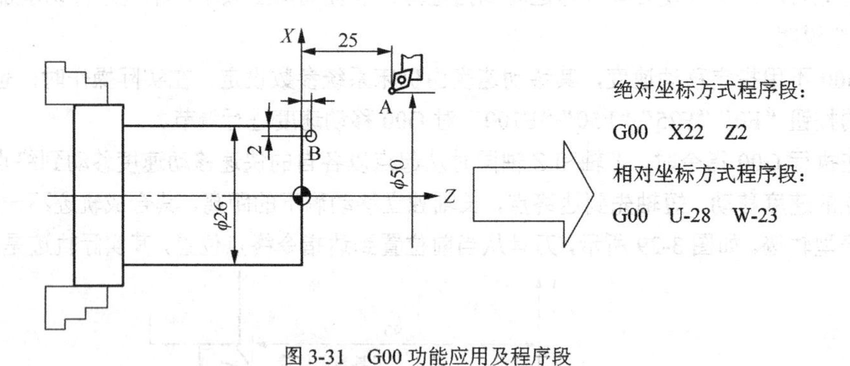

图 3-31　G00 功能应用及程序段

■ 知识四　直线插补指令（G01）

1．指令格式

G01 X(U)____　Z(W)____　F____

X(U)____　Z(W)____：刀具运动终点坐标，其各项含义同 G00。

F____为刀具切削进给的进给速度（进给量）。

2．功能

使刀具以指定的进给速度移动，从所在点出发，直线移动到目标点。

3．指令说明

（1）G01 指令是直线运动指令，它命令刀具在两坐标轴间以插补联动的方式按指定的进给速度作任意斜率的直线运动。因此，执行 G01 指令的刀具轨迹是直线型轨迹，它是连接起点和终点的一条直线。

（2）在 G01 程序段中必须含有 F 指令。如果在 G01 程序段中没有 F 指令，而在 G01 程序段前也没有指定 F 指令，则机床不运动，有的系统还会出现系统报警。F 指令属模态指令，F 中指定的进给速度一直有效，直到指定新的数值，因此不必对每个程序段都指定 F 值。

（3）G01 也是模态指令，如果后续的程序段不改变加工的线型，可以不再写这个指令。

4．编程实例

（1）轨迹实例：如图 3-32 所示，要求刀尖从 C 点直线移动到 D 点，切削运动轨迹 CD 的程序段为：

G01　X40.0　Z0　F0.2

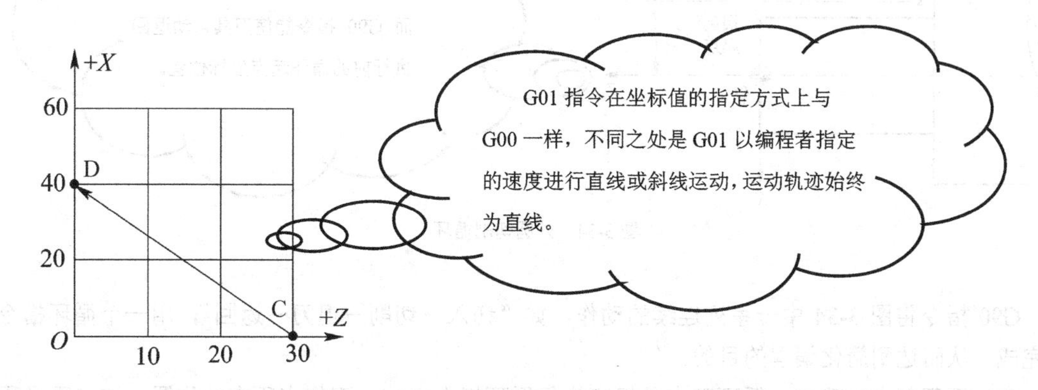

图 3-32　G01 轨迹实例

（2）G01 外圆车削外圆实例。如图 3-33 所示，要求刀尖从 A 点直线移动到 B 点，完成车外圆，其 G01 程序段如图 3-33 右侧所示。

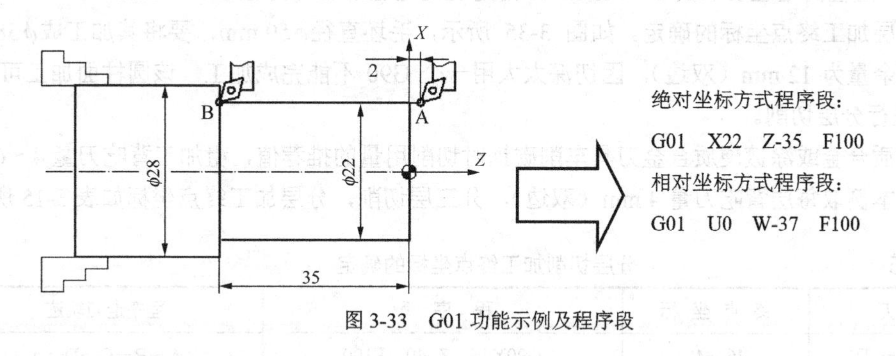

图 3-33　G01 功能示例及程序段

■ 知识五　单一切削循环指令（G90）

1．圆柱面切削循环

（1）指令格式。

G90　X(U)____　Z(W)____　F____

X(U)____　Z(W)____：圆柱面切削终点坐标。

F____：循环切削过程中的进给速度，该值可沿用到后续程序中去，也可沿用循环程序前已经指定的F值。

（2）指令的运动轨迹及工艺说明。圆柱面切削循环（即矩形循环）的执行过程如图3-34所示。刀具从循环起点开始，径向（*X*轴）进刀，轴向（*Z*轴）切削，实现柱面切削循环，循环起点和循环终点相同。循环过程按矩形1R→2F→3F→4R循环。其中R表示按G00快速移动，F表示按指定的进给速度移动。

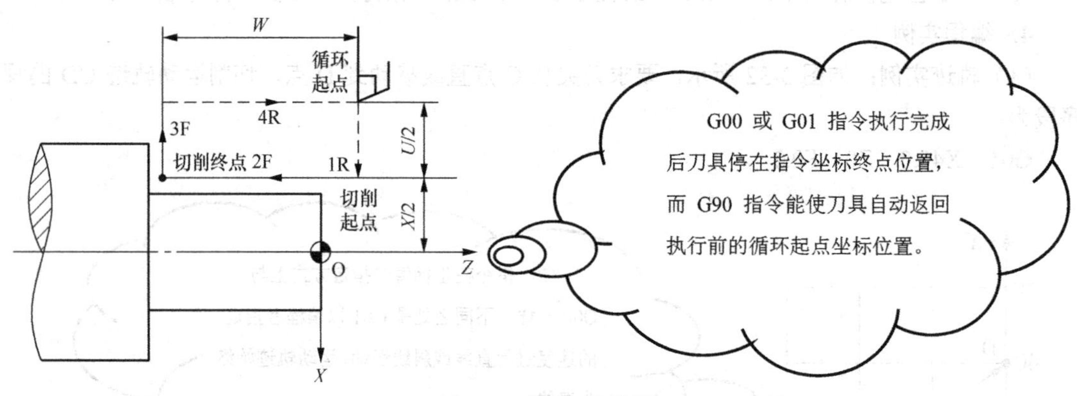

图3-34　外圆切削循环

G90指令将图3-34中一系列连续的动作，如“切入→切削→退刀→返回”，用一个循环指令来完成，从而达到简化编程的目的。

（3）循环起点的确定。循环起点是机床执行循环指令之前，刀位点所在的位置，该点既是程序循环的起点，又是程序循环的终点。对于该点，考虑快速进刀的安全性。一般情况下，在加工外圆表面时，*Z*向定位离毛坯右端面2～3 mm，*X*向定位比毛坯或工件外径大1～2mm；在加工内孔时，*Z*向定位离毛坯右端面2～3 mm，*X*向定位比毛坯或工件内径小1～2mm。

（4）分层加工终点坐标的确定。如图3-35所示，毛坯直径ϕ50 mm，要将其加工成ϕ38 mm圆柱，加工余量为12 mm（双边）。因切深太大用一个G90不能完成加工，该圆柱面加工可用若干个G90进行分层切削。

根据硬质合金或涂镀硬质合金刀具车削碳钢时切削用量的推荐值，粗加工背吃刀量4～6 mm（双边量）。本例取每层背吃刀量4 mm（双边），分三层切削，分层加工终点坐标如表3-15所示。

表3-15　分层切削加工终点坐标的确定

走　刀	终 点 坐 标	程　序　段	程序走刀轨迹
粗加工第一刀	46, -40	G90X46　Z-40　F100	A→B→C→D→A
第二刀	42 -40	G90X42　Z-40　F100	A→E→F→D→A
第三刀	38, -40	G90X38　Z-40　F100	A→G→H→D→A

（5）编程实例。如图3-35所示，对外圆切削循环编程。

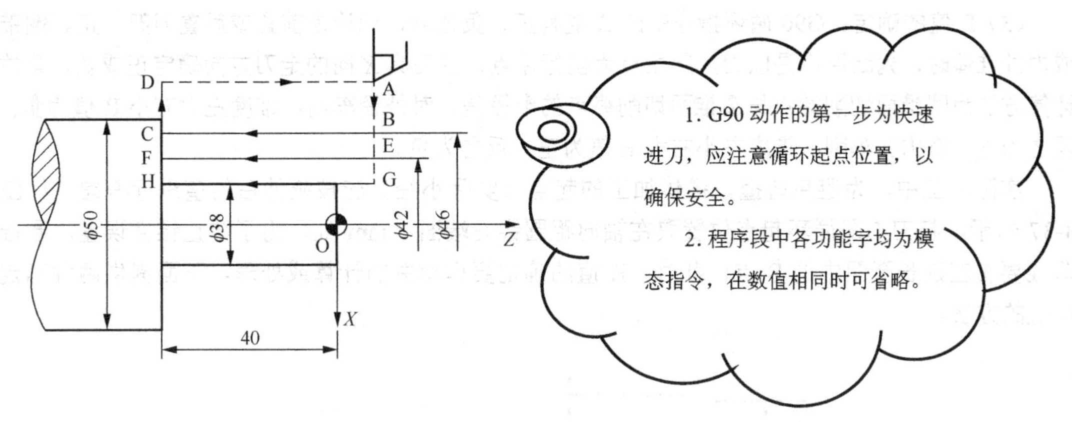

图 3-35　外圆切削循环实例

…………

G00　X52　Z2	（快速走刀至循环起点）
G90　X44　Z-40　F100	（调用 G90 循环车削圆柱面）
X38、	（模态调用，下同）
X32	
G00　X100.0　Z100.0	（快速退刀）

…………

2．圆锥面切削循环

（1）指令格式。

G90　X(U)____　Z(W)____　R____　F____

X(U)____　Z(W)____：圆锥面切削终点坐标值。

F____：圆锥面切削过程中的进给速度。

R____：被加工圆锥面切削始点与圆锥面切削终点的半径差，有正、负号。

（2）指令的运动轨迹及工艺分析。圆锥面切削循环的执行过程如图 3-36 所示。刀具从循环起点开始按 1R→2F→3F→4R 循环，最后又回到循环起点。其中 R 表示按 G00 快速移动，F 表示按指定的进给速度移动。

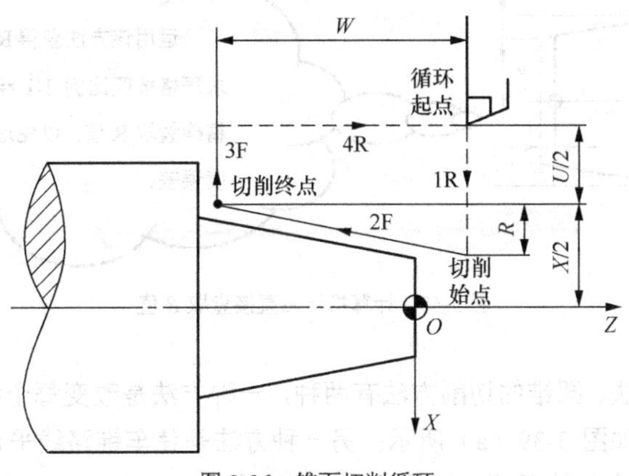

图 3-36　锥面切削循环

（3）R 值的确定。G90 循环指令中的 R 值有正、负之分，无论是前置或后置刀架，正、倒锥或内外锥体时，判断原则是以刀具起始点为坐标原点，以刀具 *X* 向的走刀方向确定正或负。具体计算方法为圆锥面切削始点与圆锥面切削终点的半径差。对外径车削，锥度左大右小 R 值为负；反之为正。对内孔车削，锥度左小右大 R 值为正；反之为负。

实际加工中，为避免碰撞，锥体加工的起点（实际小径）应按延伸后的值进行考虑。如图 3-37 所示，起刀点即循环起点位置取在轴向距圆锥右端面 3 mm 处，为了防止锥度误差，圆锥母线要相应延长至图中的 B 点，此时，R 值的确定要作相关的计算或处理，下面提供两种确定 R 值的方法。

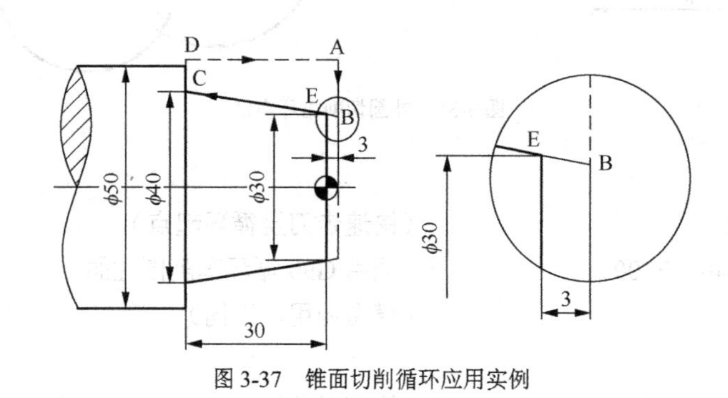

图 3-37　锥面切削循环应用实例

① 数学计算的方法。根据锥度的定义，圆锥面的锥度 *C* 为圆锥大、小端直径之差与长度之比，即：$C=(D-d)/L$

代入图纸上相关数据，

（40−30）/30=$\Delta/(30+3)$

Δ=11（mm）

即 R 值=$-\Delta/2$=−5.5（mm）

② 电脑绘图的方法。利用计算机辅助设计 Auto CAD 或 CAXA 等软件，绘制加工图样，量取相关尺寸，直接量取 R 值，如图 3-38 所示。R 值正负的区分如前面介绍的方法。

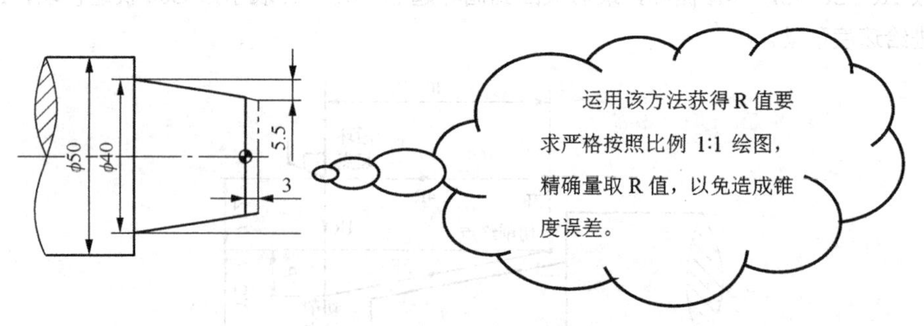

图 3-38　计算机绘图直接量取 *R* 值

（4）圆锥的切削方法。圆锥的切削方法有两种，一种方法是改变每个程序段的 R 值，保持 *X*、*Z* 终点坐标位置不变，如图 3-39（a）所示；另一种方法是使车锥路线平行于锥体母线，*R*、*Z* 尺寸不变，每个程序段只改 *X* 的尺寸，如图 3-39（b）所示。

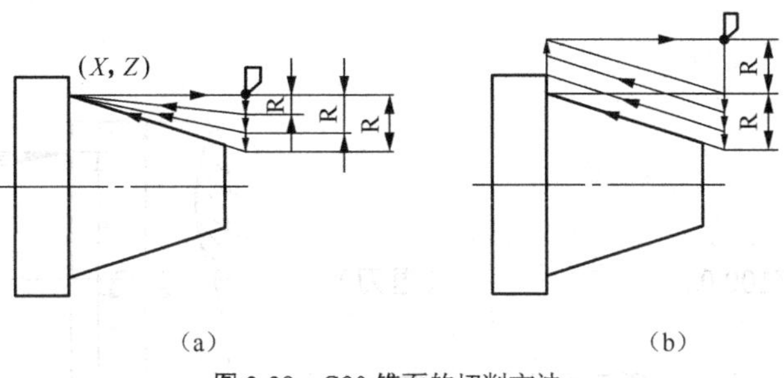

图 3-39 G90 锥面的切削方法

（5）分层切削起点和终点坐标的确定。圆锥车削应按照最大切除余量确定走刀次数，避免第一刀的切深过大。图 3-40 所示为采用平行于锥体母线的方法进行车削的，最大双边加工余量为：50−29=21 mm，粗加工背吃刀量取 3mm（双边），确定分层切削粗加工次数为 7 次。分层切削起点的 *X* 坐标如表 3-16 所示，表中终点 *X* 坐标值=起点 *X* 坐标+大小端直径差（考虑锥度延长部分）。

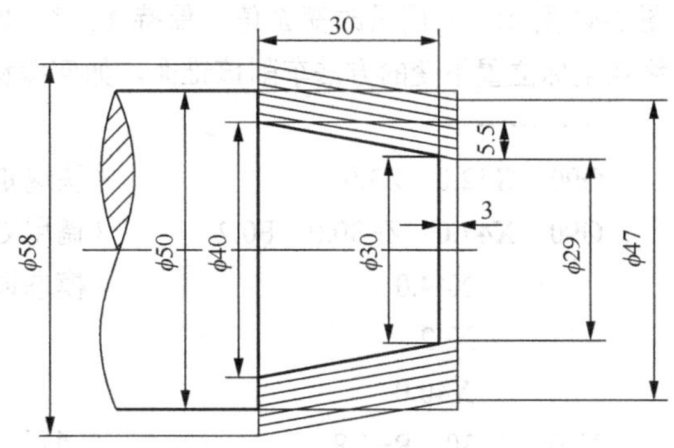

图 3-40 平行于锥体母线分层切削示意图

表 3-16 圆锥面分层切削加工终点坐标的确定

走　刀	圆锥起点坐标	圆锥终点坐标	程 序 段
第一刀	X47,Z3	X58,Z−30	G90 X58 Z−30 R−5.5 F0.2
第二刀	X44,Z3	X55,Z−30	G90 X55.0 Z−30 R−5.5 F0.2
第三刀	X41,Z3	X52,Z−30	G90 X52.0 Z−30 R−5.5 F0.2
第四刀	X38,Z3	X49,Z−30	G90 X49.0 Z−30 R−5.5 F0.2
第五刀	X35,Z3	X46,Z−30	G90 X46.0 Z−30 R−5.5 F0.2
第六刀	X32,Z3	X43,Z−30	G90 X43.0 Z−30 R−5.5 F0.2
第七刀	X29,Z3	X40,Z−30	G90 X40.0 Z−30 R−5.5 F0.2

该零件分层切削如图 3-40 所示。

注意：车锥路线平行于锥体母线时，刀具每次切削的背吃刀量相等，但编程时需计算刀具的起点和终点坐标。采用这种加工路线时，加工效率高，但计算麻烦。

（6）编程实例。

【例 3-1】 加工如图 3-41 所示的零件，加工方法如图 3-40 所示，使车锥路线平行于锥体母线，*R*、*Z* 尺寸不变，每个程序段只改变 *X* 的尺寸，如何编程?

…………

G00 X52.0 Z3.0 （快速走刀至循环起点）

G90 X58.0 Z−30.0 R−5.5 F0.2 （调用 G90 循环车削圆锥面）

X55.0 （模态调用，下同）

```
        X52.0
        X49.0
        X46.0
        X43.0
        X40.0
G00  X100.0  Z100.0                  （退刀）
…………
```

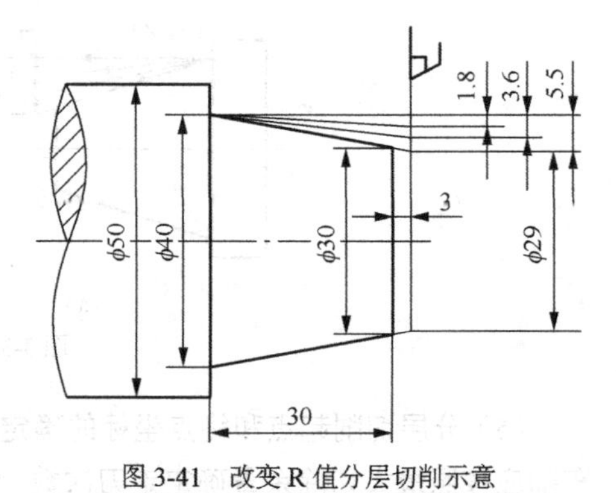

图 3-41　改变 R 值分层切削示意

【例 3-2】 加工如图 3-41 所示的零件，加工方法如图 3-41 所示，采用只改变 *R* 值，保持 *X*、*Z*（40，−30）终点坐标位置不变的方法车削该锥面，如何编程？

```
…………
G00  X52.0  Z3.0                 （快速走刀至循环起点）
G90  X47.0  Z−30.0  F0.2         （调用 G90 循环车削圆柱面至φ40）
        X44.0                    （模态调用，下同）
        X42
        X40.0
X40  Z−30  R−1.8                 （调用 G90 循环车削圆锥面，终点坐标不变，改变 R 值）
        R−3.6
        R−5.5
G00  X100.0  Z100.0              （退刀）
…………
```

■ 知识六　切削用量

在切削过程中工件上形成图 3-42 所示的三个表面。

（1）已加工表面：切削后得到的表面。

（2）加工表面：正在被切除的表面。

（3）待加工表面：即将被切除的表面。

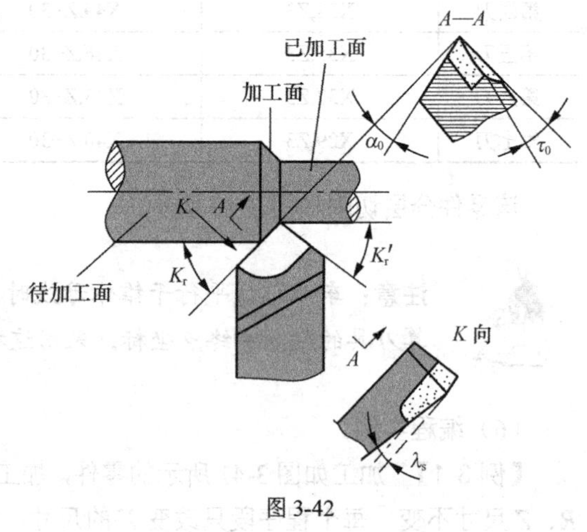

图 3-42

切削用量是指切削深度（a_p）、进给量（*f*）、切削速度（v_c）三者的总称，可称为切削用量三要素。指定切削用量就是要在已经选择好刀具材料和几何角度的基础上，合理地确定切削深度 a_p、进给量 *f* 和切削速度（v_c）。

所谓合理的切削用量是指充分利用刀具的切削性能和机床性能，在保证加工质量的前提下，获得高的生产率和低的加工成本的切削用量。

（1）切削深度（a_p）。工件上已加工表面和待加工表面间的垂直距离，也就是每次进给时车刀切入工件的深度。

（2）进给量（*f*）。进给速度是指单位时间内，刀具沿进给方向移动的距离，单位为 mm/min，对应 G98 指令；也可表示为主轴旋转一周刀具的进给量，单位为 mm/r，对应 G99 指令。如图 3-43 所示进给速度 v_f 的计算：

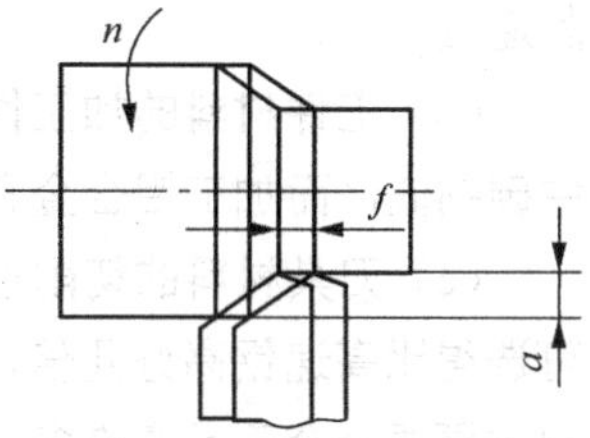

$$v_f = nf$$

式中：n——车床主轴的转速，r/min；

f——刀具的进给量，mm/r，工件每转一周，车刀沿进给方向移动的距离。

图 3-43

（3）切削速度(v_c) 在进行切削时，刀具切削刃上的某一点相对于待加工表面在主运动方向上的瞬时速度，也可以理解为车刀在一分钟内车削工件表面的理论展开直线长度（单位 m/min）。

① 切削速度 v_c：切削速度由工件材料、刀具材料及加工性质等因素所确定。

② 切削速度计算公式：

$$v_c = \Pi dn/1000 \text{ (m/min)}$$

式中：d——工件或刀尖的回转直径，单位：mm；

n——工件或刀具的转速，单位：r/min。

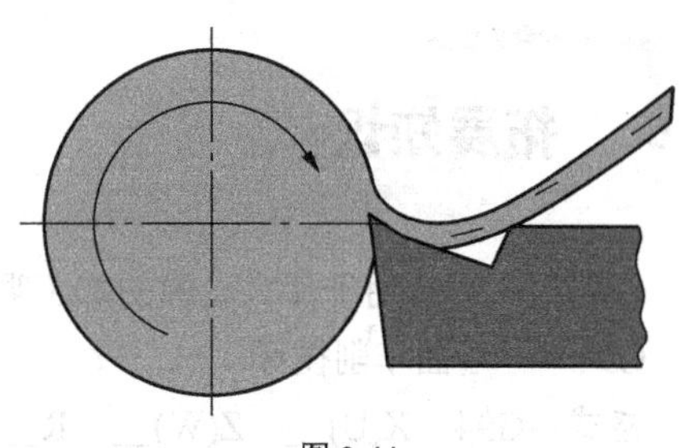

图 3-44

③ 切削用量（见图 3-44）选择原则。不同的加工性质，对切削加工的要求是不一样的。因此，在选择切削用量时，考虑的侧重点也应有所区别。粗加工时，应尽量保证较高的金属切除率和必要的刀具耐用度，故一般优先选择尽可能大的切削深度 a_p，其次选择较大的进给量 f，最后根据刀具耐用度要求，确定合适的切削速度。精加工时，首先应保证工件的加工精度和表面质量要求，故一般选用较小的进给量 f 和切削深度 a_p，而尽可能选用较高的切削速度 v_c。

④ 切削深度 a_p 的选择。切削深度应根据工件的加工余量来确定。粗加工时，除留下精加工余量外，一次走刀应尽可能切除全部余量。当加工余量过大，工艺系统刚度较低，机床功率不足，刀具强度不够或断续切削的冲击振动较大时，可分多次走刀。切削表层有硬皮的铸锻件时，应尽量使 a_p 大于硬皮层的厚度，以保护刀尖。

半精加工和精加工的加工余量一般较小时，可一次切除，但有时为了保证工件的加工精度和表面质量，也可采用二次走刀。

多次走刀时，应尽量将第一次走刀的切削深度取大些，一般为总加工余量的 2/3～3/4。

在中等功率的机床上，粗加工时的切削深度可达 8～10 mm；半精加工（表面粗糙度为 Ra6.3～3.2μm）时，切削深度取为 0.5～2 mm；精加工（表面粗糙度为 Ra1.6～0.8μm）时，切削深度取为 0.1～0.4 mm。

⑤ 进给量 f 的选择。切削深度选定后，接着就应尽可能选用较大的进给量 f。粗加工时，由于作用在工艺系统上的切削力较大，进给量的选取受到下列因素限制："机床—刀具—工件"系统的刚度，机床进给机构的强度，机床有效功率与转矩，以及断续切削时刀片的强度。

半精加工和精加工时，最大进给量主要受工件加工表面粗糙度的限制。工厂中，进给量一般多根据经验按一定表格选取（详见车、钻、铣等各章有关表格），在有条件的情况下，可通过对切削数据库进行检索和优化。

⑥ 切削速度 v_c 的选择。在 a_p 和 f 选定以后，可在保证刀具合理耐用度的条件下，用计算的方法或用查表法确定切削速度 v_c 的值。在具体确定 v_c 值时，一般应遵循下述原则：

（a）粗车时，切削深度和进给量均较大，故选择较低的切削速度；精车时，则选择较高的切削速度。

（b）工件材料的加工性能较差时，应选较低的切削速度。故加工灰铸铁的切削速度应较加工中碳钢低，而加工铝合金和铜合金的切削速度则较加工钢高得多。

（c）刀具材料的切削性能越好时，切削速度也可选得越高。因此，硬质合金刀具的切削速度可选得比高速钢高好几倍，而涂层硬质合金、陶瓷、金刚石及立方氮化硼刀具的切削速度又可选得比硬质合金刀具高许多。

此外，在确定精加工、半精加工的切削速度时，应注意避开积屑瘤和鳞刺产生的区域；在易发生振动的情况下，切削速度应避开自激震动的临界速度。在加工带硬皮的铸锻件时，加工大件、细长件和薄壁件时，以及断续切削时，应选用较低的切削速度。

拓展知识

G94 指令适合用于什么轮廓的加工呢？加工具有那些特点呢？

G94——端面车削循环

格式：G94　X(U)__　Z(W)__　R__　F__

参数说明：

X、Z——终点坐标的绝对值；

U、W——终点坐标的相对值；

F——进给速度；

R——切削起点 B 相对于切削终点 C 的 Z 向有向距离。

答：

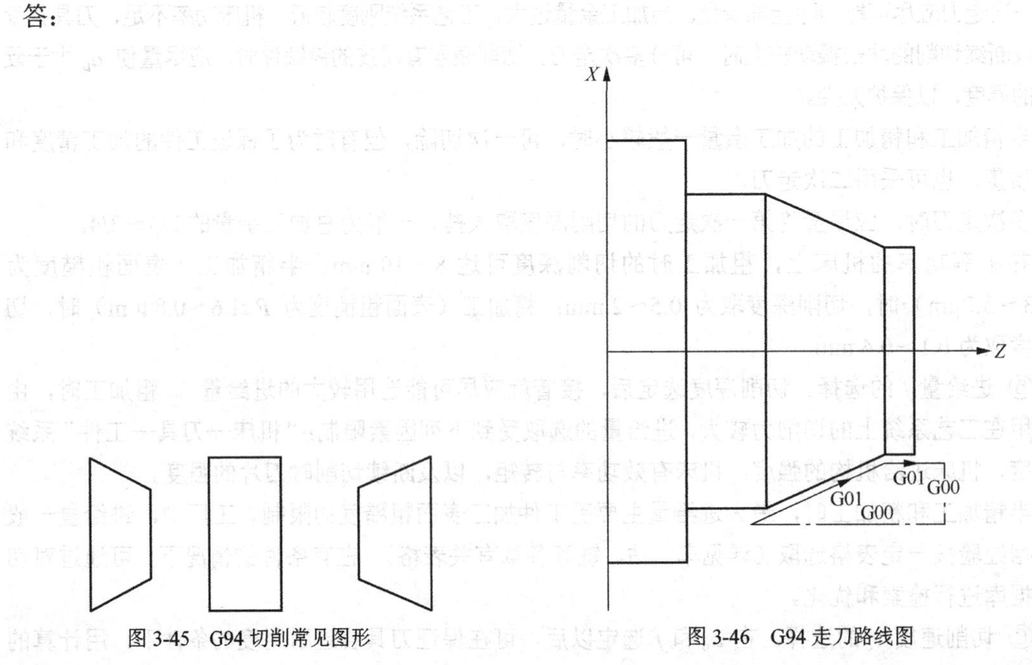

图 3-45　G94 切削常见图形　　　　图 3-46　G94 走刀路线图

活动评价

评价内容与实际比对，能做到的根据程度量在表 3-17 相应等级栏中打“√”号。

表 3-17　　活动评价表

项目	评价内容	评价等级（学生自我评价）		
		A	B	C
关键能力评价项目	1. 安全意识强			
	2. 着装仪容符合实习要求			
	3. 积极主动学习			
	4. 无消极怠工现象			
	5. 爱护公共财物和设备设施			
	6. 维护课堂纪律			
	7. 服从指挥和管理			
	8. 积极维护场地卫生			
专业能力评价项目	1. 书、本等学习用品准备充分			
	2. 工具、量具选择及运用得当			
	3. 理论联系实际			
	4. 积极主动参与小锥度芯轴加工训练			
	5. 严格遵守操作规程			
	6. 独立完成操作训练			
	7. 独立完成工作页			
	8. 学习和训练质量高			
教师评语		成绩评定		

任务四 槽类零件的加工

数控车削加工中，经常会遇到各种带有槽的零件。根据槽的宽度不同，槽可以分为宽槽和窄槽两种。槽的宽度不大，切槽刀切削过程中不沿 Z 向移动就可以车出的槽一般叫窄槽。槽宽度大于切槽刀的宽度，切槽刀切槽过程中需要沿 Z 向移动才能切出的槽一般叫宽槽。

训练一 窄槽加工

■ 任务学习目标

1．熟悉切槽加工中的相关工艺知识，按加工要求合理确定加工方案和加工路线。

2．运用 G94、G01 指令编写退刀槽加工程序并完成切槽加工。

■ 任务建议课时

12 课时。

■ 任务教学流程

1．导入新课。

2．组织学生根据自身认识填写工作页。

3．根据操作步骤要求，组织学生观看影像资料和示范操作。

4．组织学生实际操作。

5．巡回指导练习。

6．结合实习要求和资料，讲解相关理论知识。

7．拓展问题讨论。

8．学习任务考试。

9．完成活动评价表。

10．学习任务情况总结。

■ 任务教学准备

1．设备：数控车床、装有 GSK980TD 仿真软件系统的电脑。

2．工具：车刀、量具、工具。

3．辅具：影像资料、课件。

课前导读

请完成表 4-1 中内容。

表 4-1 课前导读

序号	实 施 内 容	答 案 选 项	正确答案
1	根据槽的宽度不同，槽可以分为宽槽和窄槽两种	A. 对 B. 错	
2	螺纹退刀槽加工要求一般不高	A. 对 B. 错	
3	切槽刀具安装时刀刃与工件中心要（ ）	A. 等高 B. 略高 C. 略低	
4	切槽刀主切削刃要（ ）	A. 平直 B. 倾斜	
5	车精度不高且宽度较窄的矩形沟槽时，可用刀宽（ ）槽宽的车槽刀	A. 等于 B. 大于	
6	切槽刀切削刃长，切削阻力大，应尽可能（ ）刀具悬伸量	A. 增大 B. 减小	
7	切槽中发现有振动及异响时应停机检查工件及刀具的装夹情况，并予以调整	A. 对 B. 错	
8	切槽加工过程中应根据工艺要求取（ ）的进给速度	A. 较小 B. 较大	
9	切槽刀除有主切削刃外，还有左、右副切削刃	A. 对 B. 错	
10	调质的目的是提高材料的硬度和耐磨性	A. 对 B. 错	
11	恒线速控制原理是工件的直径越大，进给速度越慢	A. 对 B. 错	
12	程序段 N200 G3 U-20 W30 R10 不能执行	A. 对 B. 错	
13	工件材料的强度、硬度越高，则刀具寿命越低	A. 对 B. 错	
14	检测装置是数控机床必不可少的装置	A. 对 B. 错	
15	闭环系统比开环系统具有更高的稳定性	A. 对 B. 错	
16	为保障人身安全，在正常情况下，电气设备的安全电压规定为 36V 以下	A. 对 B. 错	
17	操作人员若发现电动机或电器有异常时，应立即停车修理，然后再报告值班电工	A. 对 B. 错	
18	在 G94 X(U) ___ Z(W)_____F___ 中，F 表示（ ）	A. 主轴转速 B. 进给量 C. 切削深度 D. 切削速度	
19	在锥度加工中 G94 X(U)_____Z(W)______ R___ F___ R 是指（ ）	A. 起点半径减终点半径 B. 终点半径减起点半径 C. 起点直径减终点直径 D. 终点直径减起点直径	
20	在锥度加工中 G94 X(U)__Z(W)__R__ F____ R 是否有正负之分（ ）	A. 对 B. 错	

情景描述

小陈现在全力投入到数车工艺与技能的实习课程中。为了理论联系实际，晚自习时，小陈在课室复习轴套类零件的相关知识，从课本上看到图 4-1 所示的退刀槽零件，突然灵感一来，这种窄槽我也可以加工呀。说干咱就干，第二天，小陈就开始行动了，他是如何加工窄槽的呢？请看下面的内容。

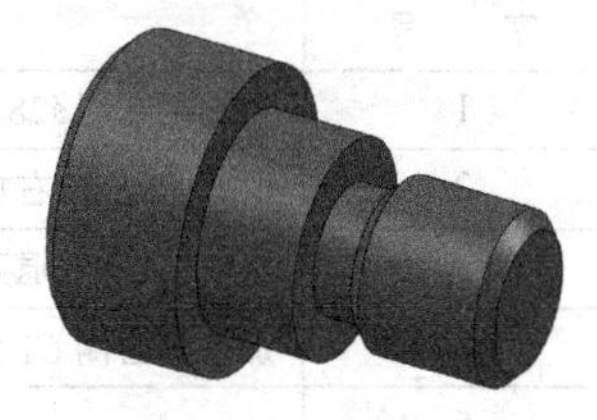

图 4-1 窄槽零件

任务实施

根据如图 4-2 所示零件图样要求加工零件。

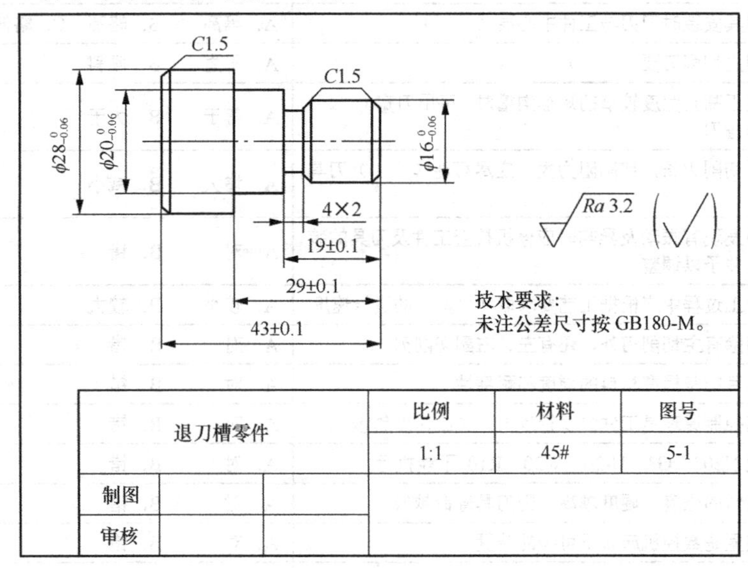

图 4-2　退刀槽零件图

■ 任务实施一　分析零件图样（见表 4-2）

表 4-2　　零件图样分析卡

分析项目	分析内容
结构分析	该零件由φ28、______、________三个外圆柱面及一槽底直径φ______mm、宽______mm 的退刀槽组成
确定毛坯材料	根据图样形状和尺寸大小，此零件加工可选用φ________圆棒料
精度要求	该零件圆柱面的尺寸要求是：上极限偏差_____、下极限偏差______，表面粗糙度要求为______μm，退刀槽未注尺寸公差，精度要求不高
确定装夹方案	以零件______为定位基准，零件加工零点设在零件左端面和______的中心，卡盘装夹定位

■ 任务实施二　确定加工工艺路线和指令选用（见表 4-3）

表 4-3　　加工工艺步骤和指令卡

序　号	工步内容	加工指令
1	粗加工右端φ28、φ20、φ16 外圆轮廓	G90
2	(　　) 加工右端φ28、φ20、φ16 外圆轮廓	G01
3	粗加工 4×2 退刀槽	G94
4	加工槽右侧 C1.5 倒角，并保证 4×2 退刀槽至图纸要求尺寸	G01
5	(　　)	G01

■ 任务实施三　选用刀具和切削用量（见表 4-4）

表 4-4　　刀具和切削用量卡

工步序号	刀具规格	主轴转速（r/min）	切削深度（mm）	进给量（mm/r）
1	93° 外圆机夹刀	n=（　　）	a_p=1～2	f=（　　）
2	（　　）刀	n=1200	a_p=0.5	f=0.1
3	B=3 mm 切断刀	n=（　　）		f=0.1
4	（　　）刀	n=200		f=0.1
5	B=3 mm 切断刀	n=200		f=（　　）

■ 任务实施四　确定测量工具（见表 4-5）

表 4-5　　量具卡

序号	名称	规格（mm）	精度（mm）	数量
1	游标卡尺	0～150	0.02	1
2	外径千分尺	0～25，25～50	0.01	各 1

■ 任务实施五　加工操作步骤（见表 4-6）

表 4-6　　加工步骤示意图卡

序　号	加 工 步 骤	示 意 图
1	粗加工右端ϕ28、ϕ20、ϕ16 外圆轮廓，编写加工程序	Z X
2	精加工右端ϕ28、ϕ20、ϕ16 外圆轮廓，编写加工程序	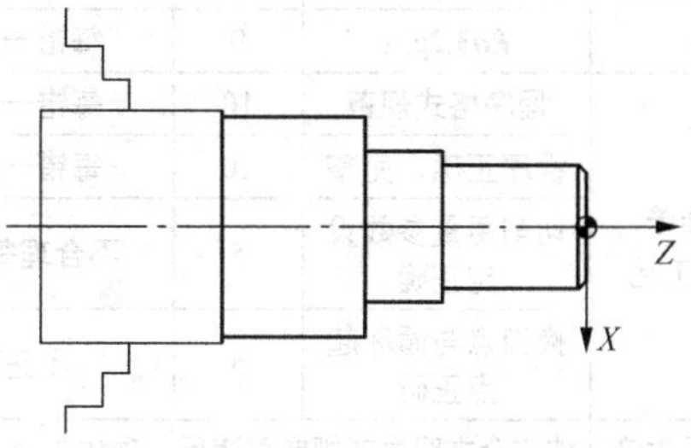 Z X
3	粗加工 4×2 退刀槽，编写加工程序	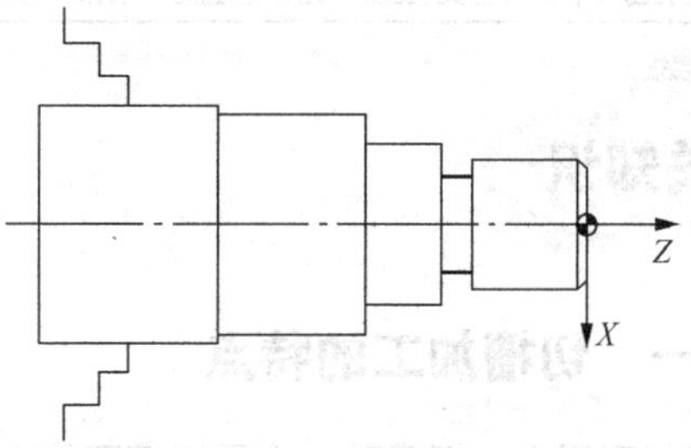 Z X

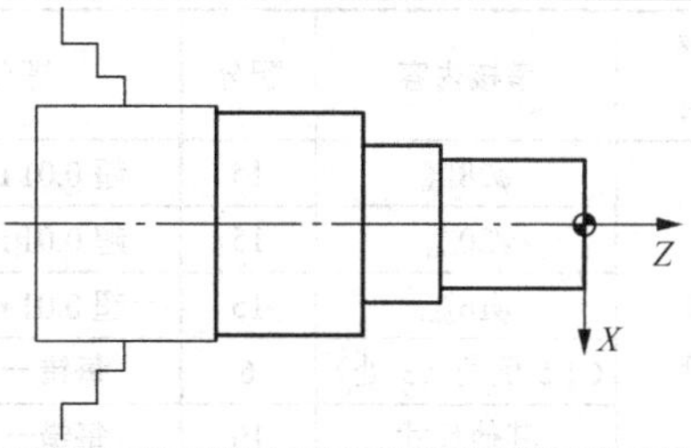

续表

序号	加工步骤	示意图
4	加工退刀槽右侧 $C1.5$ 倒角，精加工 4×2 退刀槽至尺寸要求	
5	切断 编写加工程序	

■ 任务实施六　零件评价和检测

将加工完成零件按表 4-7 评分表中的要求进行检测。

表 4-7　　评分表

序号	考核项目	考核内容	配分	评分标准	检测结果	自我得分	原因分析	小组检测	小组评分	老师核查
1	加工操作	$\phi28^{0}_{-0.06}$	15	超 0.01 mm 扣 5 分						
2		$\phi20^{0}_{-0.06}$	15	超 0.01 mm 扣 5 分						
3		$\phi16^{0}_{-0.06}$	15	超 0.01 mm 扣 2 分						
4		$C1.5$ 倒角（3 处）	6	每错一处扣 3 分						
5		其他尺寸	10	每错一处扣 2 分						
6		$Ra3.2\mu m$	9	每错一处扣 2 分						
7	程序与工艺	程序格式规范	10	每错一处扣 2 分						
8		程序正确、完整	10	每错一处扣 2 分						
9		切削用量参数设定正确	5	不合理每处扣 3 分						
10		换刀点与循环起点正确	5	不正确全扣						
11	文明生产	按安全文明生产规定每违反一项扣 3 分，最多扣 20 分								

相关知识

■ 知识一　切槽加工的特点

（1）切削变形大。切槽时，由于切槽刀的主切削刃和左、右副切削刃同时参加切削，切屑排出时，受到槽两侧的摩擦、挤压作用，随着切削的深入，切槽处直径逐渐减小，相对的切削速度逐渐减小，挤压现象更为严重，以致切削变形大。

（2）切削力大。由于切槽过程中切屑与刀具、工件的摩擦，另外由于切槽时被切金属的塑性变形大，所以在切削用量相同的条件下，切槽时的切削力一般比车外圆的切削力大。

（3）切削热比较集中。切槽时，塑性变形比较大，摩擦剧烈，故产生切削热也多。另外，切槽刀处于半封闭状态下工作，同时刀具切削部分的散热面积小，切削温度较高，使切削热集中在刀具切削刃上，因此会加剧刀具的磨损。

（4）刀具刚性差。通常切槽刀主切削刃宽度较窄（一般在 2～6 mm），刀头狭长，所以刀具刚性差，切槽过程中容易产生振动。

（5）排屑困难。切槽时，切屑是在狭窄的切槽内排出的，受到槽壁摩擦阻力的影响，切屑排出比较困难、并且断碎的切屑还可能卡塞在槽内，引起振动和损坏刀具。所以，切槽时要使切屑按一定的方向卷曲，使其顺利排出。

■ 知识二　切槽加工方法

（1）对于宽度、深度值不大，且精度要求不高的槽，可采用与槽等宽的刀具直接切入一次成型的方法加工，如图 4-3 所示，刀具切入到槽底后可利用延时指令使刀具短暂停留，以修整槽底圆度，退出过程可采用工进速度。

（2）对于宽度值不大，但深度值较大的深槽零件，为了避免切槽过程中由于排屑不畅，使刀具前部压力过大出现扎刀和折断刀具的现象，应采用分次进刀的方式。刀具在切入工件一定深度后，停止进刀并回退一段距离，达到断屑和排屑的目的，如图 4-4 所示，同时注意尽量选择强度较高的刀具。

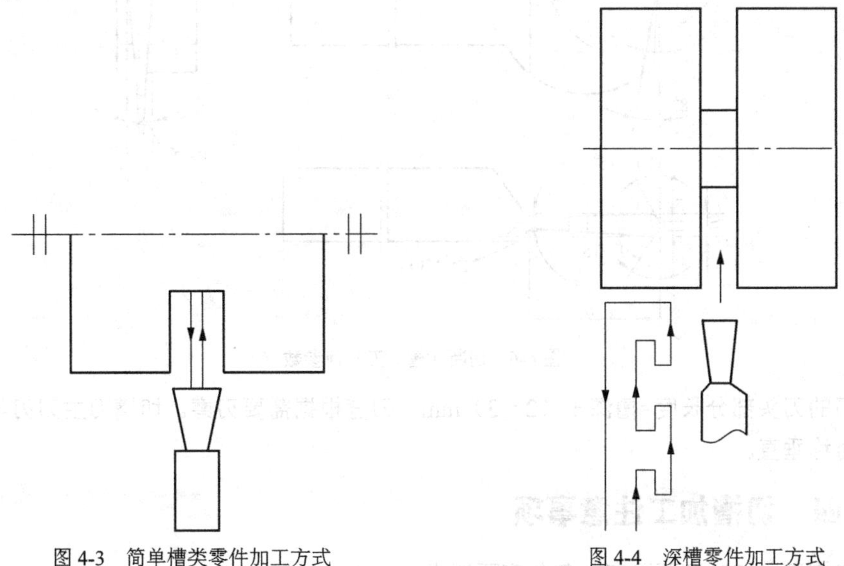

图 4-3　简单槽类零件加工方式　　　图 4-4　深槽零件加工方式

（3）宽槽的切削。宽槽的宽度、深度等精度要求及表面质量要求相对较高，在切削宽槽时常采用多次直进法车削，每次车削轨迹在宽度上略有重叠，并在槽壁及槽的外径留出精加工余量，最后精车槽侧和槽底。加工时需要一次粗加工，两次精加工，即第一次进给车槽时，槽壁及底面留精加工余量，第二次进给时修整。宽槽的切削方式如图 4-5 所示。

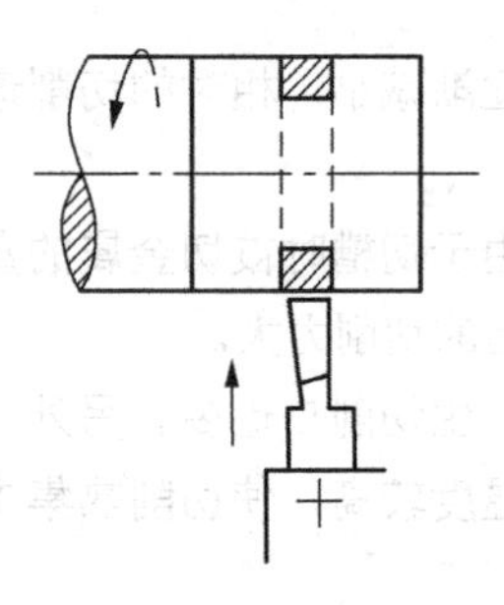

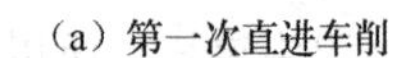
（a）第一次直进车削

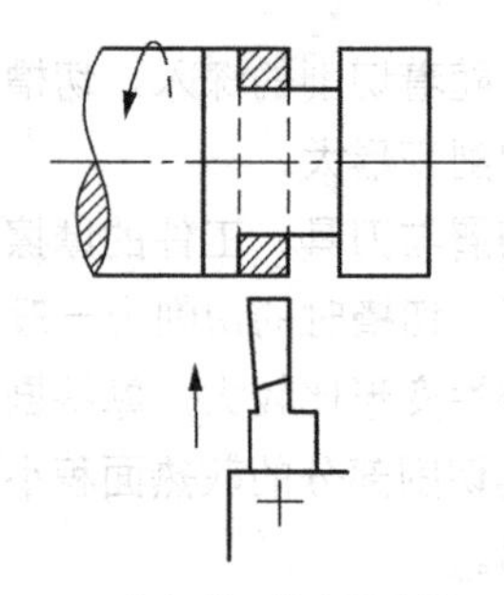
（b）第二次直进车削

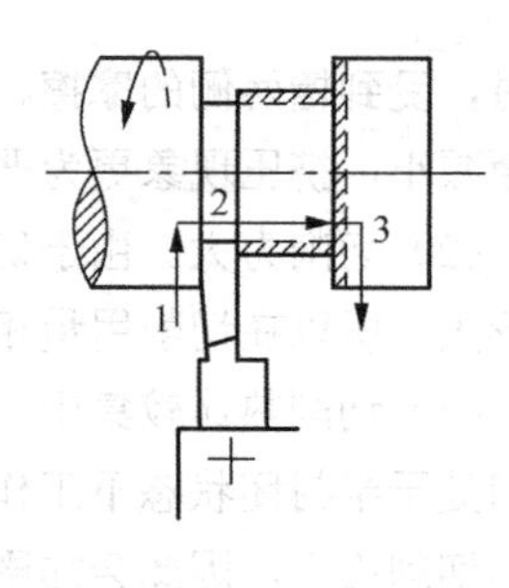

（c）最后一次直进车削
后再横向车削

图 4-5　宽槽的切削

（4）异形槽的加工。对于异形槽的加工，大多采用先切槽然后修整轮廓的方法进行。

■ 知识三　切槽刀具

1．切槽刀的材料

目前广泛采用的切槽刀材料，一般有高速钢和硬质合金两类。其中，硬质合金以其高硬度、耐磨性好、耐高温等特性，在高速切削的数控加工中得到了广泛的应用。

2．切槽刀几何参数

数控加工中，常用焊接式和机夹式切槽（断）刀，刀片材料一般为硬质合金或硬质合金涂层刀片。硬质合金外切断（槽）刀的几何角度如图 4-6 所示。

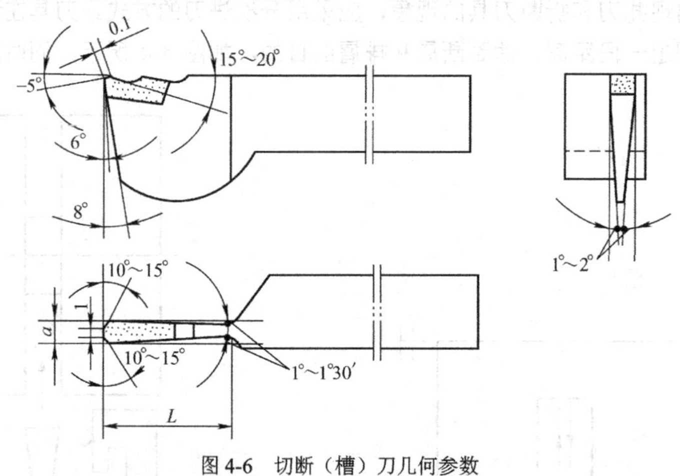

图 4-6　切断（槽）刀几何参数

切槽刀的刀头部分长度=槽深＋（2～3）mm，刀宽根据需要刃磨。切槽刀主刀刃与两侧副刀刃之间应对称垂直。

■ 知识四　切槽加工注意事项

（1）切槽刀主切削刃要平直，各角度要适当。

（2）刀具安装时刀刃与工件中心要等高，主切削刃要与轴心线平行。

（3）要合理选择转速与进给量。

（4）要正确使用切削液。

（5）槽侧与槽底要平直、清角。

■ 知识五　切槽加工中进退刀路线的确定

进退刀路线的确定是使用 G00、G01 指令编程加工中的一个关键点，切槽加工中尤其应注意合理选择进、退刀路线。综合考虑安全性和进退刀路线最短的原则，建议采用图 4-7（b）所示的进退刀方式。

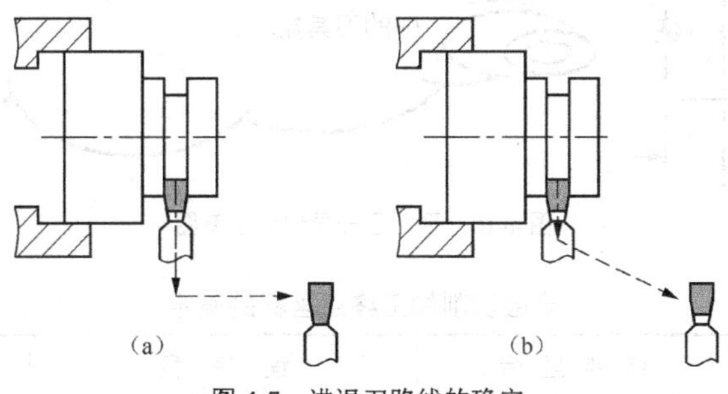

图 4-7　进退刀路线的确定

■ 知识六　端面切削单一固定循环 G94

1．平端面切削循环

这里所指的端面即与 X 轴坐标平行的端面，称为平端面。

（1）指令格式。

G94　X(U)__　Z(W)__　F__

各指令字含义均同 G90。

（2）指令运动轨迹。平端面切削循环的运动轨迹如图 4-8 所示。刀具从循环起点开始，轴向（Z 轴）进刀，径向（X 轴）切削，实现端面切削循环，循环起点和循环终点相同。循环过程按图示 1R→2F→3F→4R 循环，其中 R 表示按 G00 快速移动，F 表示按指定的进给速度移动。

（3）循环起点的确定。G94 平端面切削的循环起点取值同 G90 循环。

（4）分层加工的确定。如图 4-9 所示，毛坯直径 ϕ50 mm，要将其加工成 ϕ20 mm 圆柱，Z 向粗加工余量为 8 mm。因切深太大用一个 G94 不能完成加工，该圆柱面加工可用若干个 G94 进行分层切削。本例取每层背吃刀量 3 mm，分三层切削，其分层切削示意图如图 4-10 所示，分层加工终点坐标如表 4-8 所示。

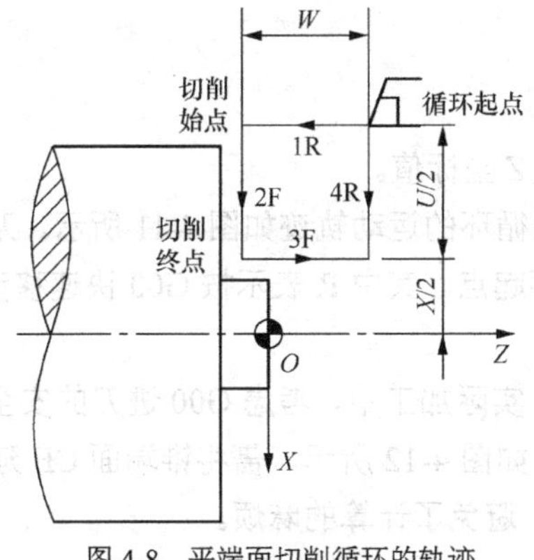

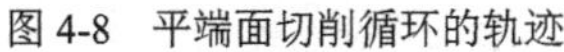

图 4-8　平端面切削循环的轨迹

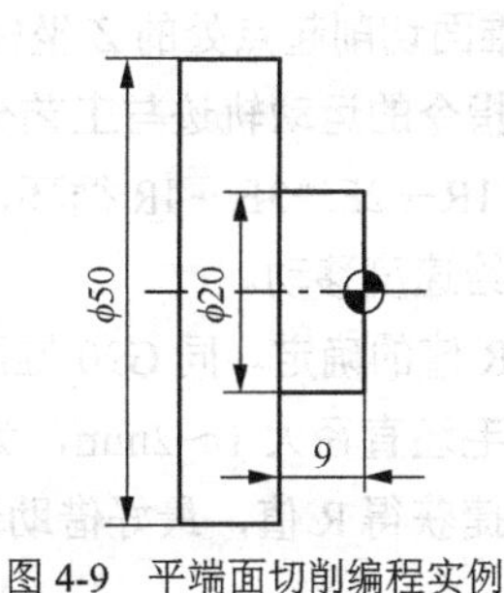

图 4-9　平端面切削编程实例

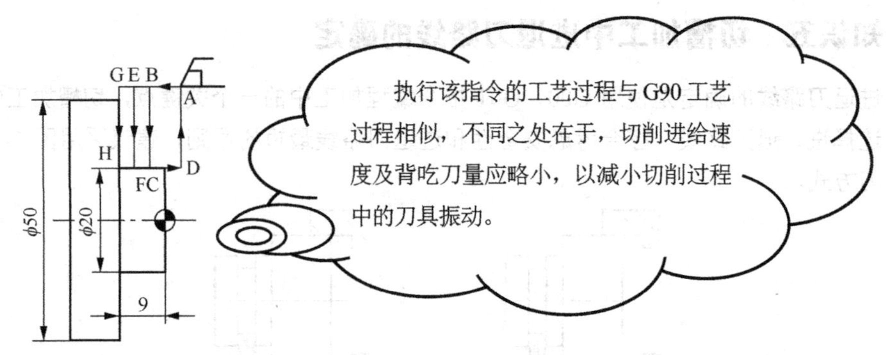

图 4-10　平端面分层切削示意图

表 4-8　　　　　　　　　　　　分层切削加工终点坐标的确定

走　刀	终 点 坐 标	程　序　段	程序走刀轨迹
粗加工第一刀	X20，Z-3	G94X20　Z-3 F10	A→B→C→D→A
第二刀	X20，Z-6	G94X20　Z-6F10	A→E→F→D→A
第三刀	X20，Z-9	G94X38　Z-40F10	A→G→H→D→A

（5）编程实例。

【例 4-1】　试用 G94 指令编写图 4-11 所示工件的加工程序。

```
…………
G00   X52.0   Z2.0                    （快速走刀至循环起点）
    G94   X20   Z−3.0 F10             （调用 G94 循环车削圆柱面）
      Z−6.0;                          （模态调用，下同）
      Z−9.0;
    G00X100.0Z100.0;                  （退刀）
  …………
```

2．锥端面切削循环

这里指的锥端面是，当圆锥母线在 *X* 轴上的投影长大于其在 *Z* 轴上的投影长时，该端面即为锥端面。

（1）指令格式。

G94　X(U)__　Z(W)__　R__　F__

X(U)__　Z(W)__、F 含义同前。

R：锥面切削起点处的 *Z* 坐标减去其终点处的 *Z* 坐标值。

（2）指令的运动轨迹与工艺分析。锥端面切削循环的运动轨迹如图 4-11 所示。刀具从循环起点开始按 1R→2F→3F→4R 循环，最后又回到循环起点。其中 R 表示按 G00 快速移动，F 表示按指定的进给速度移动。

（3）R 值的确定。同 G90 锥面切削循环一样，实际加工中，考虑 G00 进刀的安全性，循环起点一般比毛坯直径大 1～2mm，为避免锥度误差，如图 4-12 所示，需将锥端面 CE 延长至 B 点。为方便快捷获得 R 值，最好借助计算机辅助软件，避免了计算的麻烦。

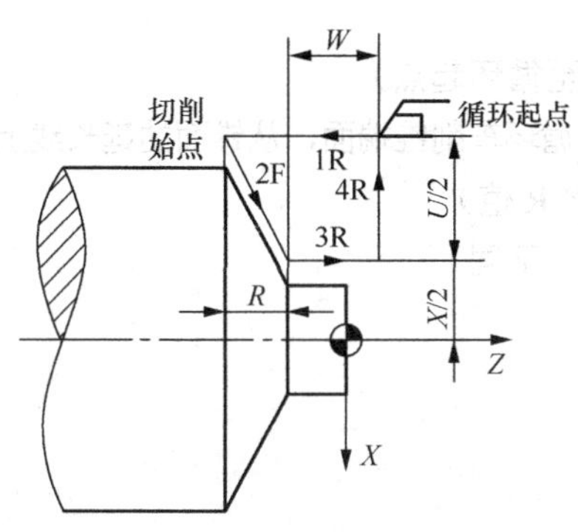

图 4-11 锥端面切削循环的轨迹

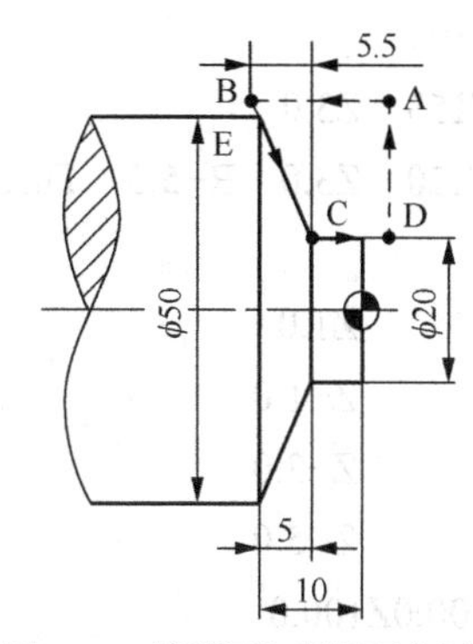

图 4-12 锥端面切削循环实例

（4）锥端面的切削方法。与 G90 圆锥的切削方法类似，锥端面的切削方法亦有两种，一种方法是改变每个程序段的 R 值，保持 *X*、*Z* 终点坐标位置不变，如图 4-13（a）所示；另一种方法是使车锥端面的路线平行于锥体母线，*R*、*X* 尺寸不变，每个程序段只改变 *Z* 的尺寸，如图 4-13（b）所示。

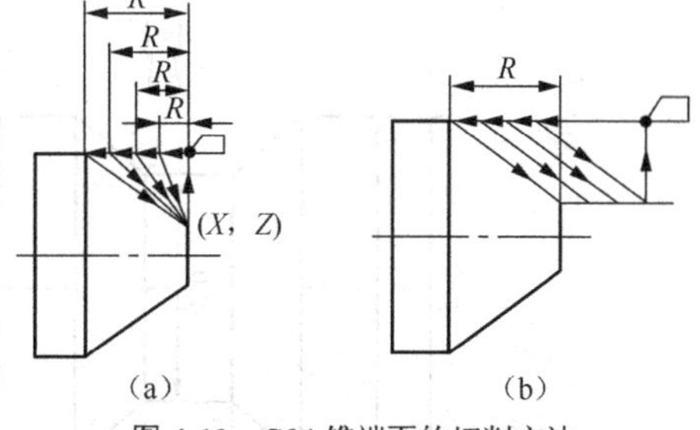

图 4-13 G94 锥端面的切削方法

（5）分层加工终点坐标的确定。圆锥车削应按照最大切除余量确定走刀次数，避免第一刀的切深过大。图 4-12 所示例题中，粗加工背吃刀量取 2mm，根据 *Z* 向最大切除余量 10 mm，确定分层切削粗加工次数为 5 次。同 G90 锥面切削循环类似，分层切削起点的 *Z* 坐标如表 4-9 所示，表中终点 *Z* 坐标值=起点 *Z* 坐标+大小端长度差（不考虑锥度延长部分）。

表 4-9 G94 锥端面分层切削加工终点坐标的确定

走　　刀	圆锥起点坐标	圆锥终点坐标	程　序　段
第一刀	X50，Z−2	X20，Z3	G94X20Z3　R−5.5F0.15
第二刀	X50，Z−4	X20，Z1	G94X20Z1　R−5.5F0.15
第三刀	X50，Z−6	X20，Z−1	G94X20Z−1　R−5.5F0.15
第四刀	X50，Z−8	X20，Z−3	G94X20Z−3　R−5.5F0.15
第四刀	X50，Z−10	X20，Z−5	G94X20Z−5　R−5.5F0.15

该零件分层切削如图 4-14 所示。

图 4-14 G94 锥面分层切削示意图

（6）编程实例。

【例 4-2】 试用 G94 指令编写图 4-12 所示工件的加工程序。

```
…………
G00  X53  Z3.0                       (快速走刀至循环起点)
G94  X20  Z3.0  R-5.5  F0.15         (调用G94循环车削锥端面，从锥面的延长线上开始切削，
                                      重新计算出R值)
          Z1.0                       (模态调用，下同)
          Z-1.0
          Z-3.0
          Z-5.0
G00X100.0Z100.0                      (退刀)
…………
```

【例 4-3】 加工工件如图 4-15 所示，用 G94 编写ϕ20 槽及其左右两边的锥面。

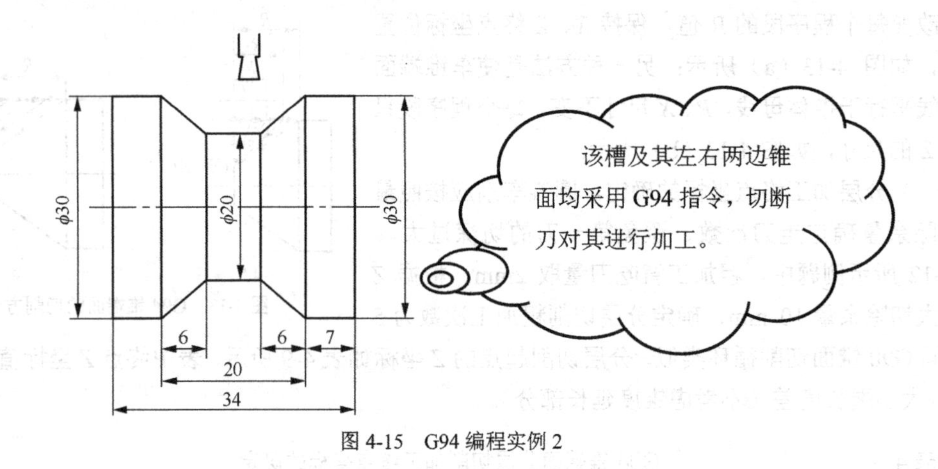

图 4-15 G94 编程实例 2

```
…………
M3 S200 T0202                (换刃宽3 mm的切断刀，左边刀刃点对刀)
G00 X32 Z-16                 (快速走刀至循环起点)
G94  X18  Z-16  F20          (调用G94循环车削φ20槽)
Z-19
Z-21
X20  Z-18  R3                (车右端锥面)
 R6
X20  Z-21  R-3               (车左端锥面)
 R-6
G00 X100 Z100 M05            (G94切削完返回换刀点)
…………
```

注意： *R* 为锥度长度尺寸，每刀只能小于或等于刀宽的尺寸，*R* 的正负方向应根据偏移方向来确定，进刀方向向左为负值，进刀方向向右为正值。

拓展知识

1．槽加工有何特点？槽加工的主要方法有哪些？

2．分析图 4-16 所示梯形槽切削加工路线并写出表 4-10 所示基点坐标（左刀尖为刀位点，刃宽为 3 mm）。

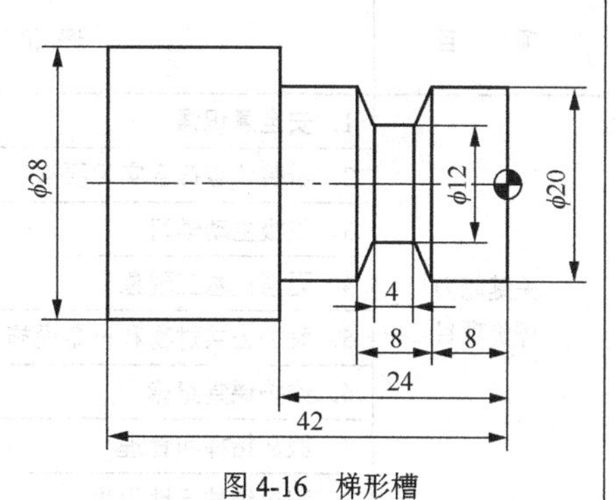

图 4-16　梯形槽

表 4-10　基点坐标（刃宽 3 mm）

加 工 阶 段	基　　点	坐 标 值	加 工 图
切槽	切入点 A		
	B		
	切出点 A		
槽侧倒角	切入点 A		
	C		
	D		
切槽	D		
	E		
	切出点 F		

3．采用 G01 指令编写图 4-17 所示宽槽的加工程序有何缺点？

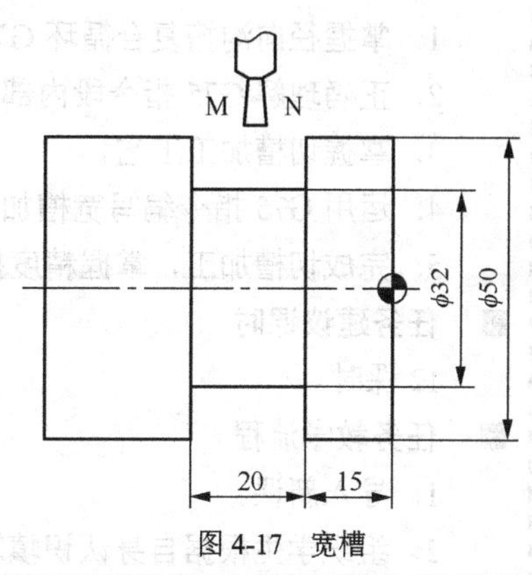

图 4-17　宽槽

活动评价

根据自己在该任务中的学习表现，结合表4-11中活动评价项目进行自我评价。

表4-11 活动评价表

项　目	评价内容	评价等级（学生自我评价）		
		A	B	C
关键能力评价项目	1. 安全意识强			
	2. 着装仪容符合实习要求			
	3. 积极主动学习			
	4. 无消极怠工现象			
	5. 爱护公共财物和设备设施			
	6. 维护课堂纪律			
	7. 服从指挥和管理			
	8. 积极维护场地卫生			
专业能力评价项目	1. 书、本等学习用品准备充分			
	2. 工具、量具选择及运用得当			
	3. 理论联系实际			
	4. 积极主动参与窄槽加工训练			
	5. 严格遵守操作规程			
	6. 独立完成操作训练			
	7. 独立完成工作页			
	8. 学习和训练质量高			
教师评语		成绩评定		

训练二　宽槽加工

■ **任务学习目标**

1. 掌握径向沟槽复合循环G75的指令格式。
2. 正确理解G75指令段内部参数的意义，能根据加工要求合理确定各参数值。
3. 掌握切槽加工工艺。
4. 运用G75指令编写宽槽加工程序。
5. 完成切槽加工，掌握精度控制方法，并进行误差分析。

■ **任务建议课时**

12课时。

■ **任务教学流程**

1. 导入新课。
2. 组织学生根据自身认识填写工作页。
3. 根据操作步骤要求，组织学生观看影像资料和示范操作。

4．组织学生实际操作。

5．巡回指导练习。

6．结合实习要求和资料，讲解相关理论知识。

7．拓展问题讨论。

8．学习任务考试。

9．完成活动评价表。

10．学习任务情况总结。

■ 任务教学准备

1．设备：数控车床、装有 GSK980TD 仿真软件系统的电脑。

2．工具：数控车床套筒、刀架扳手、加力杆等附件、90° 外圆车刀、60° 螺纹车刀、*B*（刀宽）=3 mm 切断刀若干套、0～150 mm 游标尺、0～25 mm 千分尺若干把。

3．辅具：影像资料、课件。

课前导读

请完成表 4-12 中内容。

表 4-12　　课前导读

序号	实施内容	答案选项	正确答案
1	根据槽的宽度不同，槽可以分为宽槽和窄槽两种	A．对　B．错	
2	螺纹退刀槽加工要求一般不高	A．对　B．错	
3	切槽刀具安装时刀刃与工件中心要（　　）	A．等高　B．略高　C．略低	
4	切槽刀主切削刃要（　　）	A．平直　B．倾斜	
5	车精度不高且宽度较窄的矩形沟槽时，可用刀宽（　　）槽宽的车槽刀	A．等于　B．大于	
6	切槽刀切削刃长，切削阻力大，应尽可能（　　）刀具悬伸量	A．增大　B．减小	
7	切槽中发现有振动及异响时应停机检查工件及刀具的装夹情况，并予以调整	A．对　B．错	
8	切槽加工过程中应根据工艺要求取（　　）的进给速度	A．较小　B．较大	
9	限位开关在电路中起的作用是_____	A．短路保护　B．过载保护 C．欠压保护　D．行程控制	
10	插补运算程序可以实现数控机床的_____	A．点位控制　B．点位直线控制 C．轮廓控制　D．转位换刀控制	
11	AC 控制是指_____	A．闭环控制　B．半闭环控制 C．群控系统　D．适应控制	
12	数控加工夹具有较高的______精度	A．粗糙度　B．尺寸 C．定位　D．以上都不是	
13	极限偏差和公差可以是正、负或者为零	A．对　B．错	
14	图中没标注几何公差的加工面，表示无形状、位置公差要求	A．对　B．错	
15	十进制数 131 转换成二进制数是 10000011	A．对　B．错	

续表

序号	实施内容	答案选项	正确答案
16	机电一体化系统具有____，具有适应面广的多种复合功能。系统的输出为旋转运动	A．弹性　B．刚性 C．韧性　D．柔性	
17	G75 R(e) G75 X(U)__Z(W)____P(Δi)　Q(Δk) R(Δd) F 中，e 为分层切削每次退刀量，半径量，其值为模态值	A．对　B．错	
18	G75 R(e) G75 X(U)__Z(W)____P(Δi) Q(Δk) R(Δd) F 中，Δi 为________	A．*X* 方向的每次切深量，半径量 B．刀具完成一次径向切削后，在 *Z* 方向的偏移量 C．刀具在切削底部的 *Z* 向退刀量，无要求时可省略 D．径向切削时的进给速度	

情景描述

小陈通过自身的努力，顺利地加工出了退刀槽零件，这给了小陈极大的信心。他决定乘胜追击，继续加工一个图 4-18 所示的宽槽类零件。这次加工，他能如愿以偿吗？

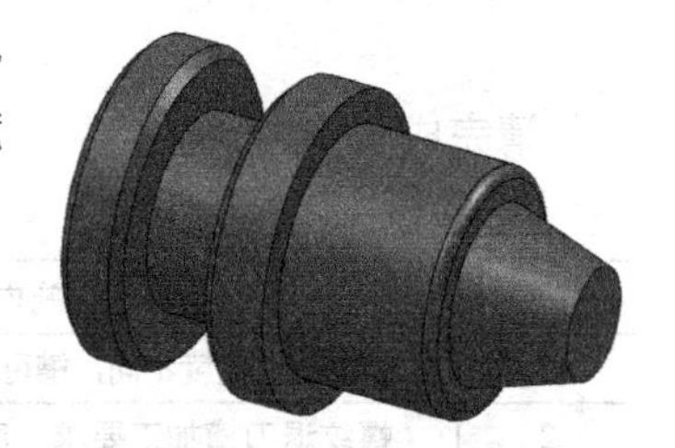

图 4-18　宽槽零件

任务实施

根据图 4-19 零件图样要求加工零件。

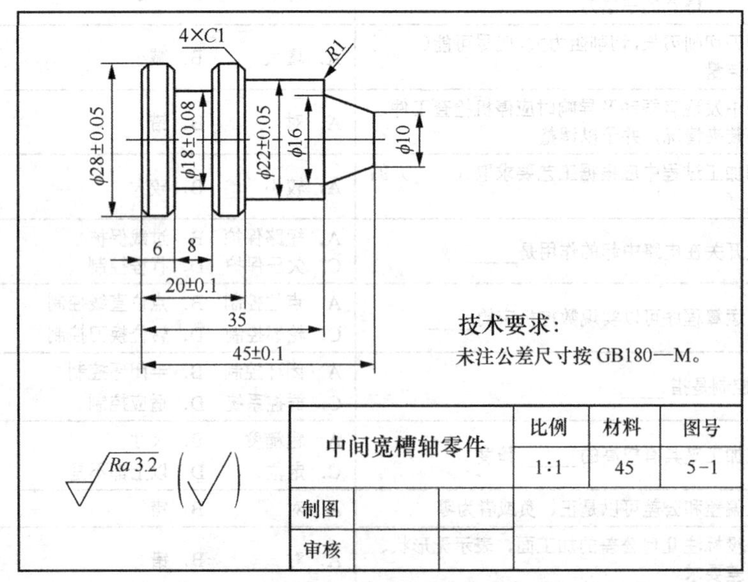

图 4-19　中间宽槽轴零件图

■ 任务实施一　分析零件图样（见表 4-13）

表 4-13　　图样分析卡

分析项目	分析内容
结构分析	该零件由ϕ28、ϕ22 两个______面及一_________面和一ϕ18×8 中间宽槽组成
确定毛坯材料	根据图样形状和尺寸大小，此零件加工可选用ϕ_________圆棒料
精度要求	该零件圆柱面的尺寸要求是：________，中间槽的尺寸精度要求是：________，零件的表面粗糙度要求为______μm
确定装夹方案	以零件______为定位基准，零件加工零点设在零件左端面和_______的中心，___________卡盘装夹定位

■ 任务实施二　确定加工工艺路线和指令选用（见表 4-14）

表 4-14　　加工工艺步骤和指令卡

序号	工步内容	加工指令
1	粗加工右端ϕ28、ϕ22、外锥面等外圆轮廓	G90
2	（　　　）加工右端ϕ28、ϕ22、外锥面等外圆轮廓	G01
3	粗加工ϕ18×8 中间槽	G75
4	半精加工ϕ18×8 中间槽	G01
5	精加工ϕ18×8 中间槽	G01
6	（　　）	G01

■ 任务实施三　选用刀具和切削用量（见表 4-15）

表 4-15　　刀具和切削用量卡

工步序号	刀具规格	主轴转速（r/min）	切削深度（mm）	进给量（mm/r）
1	93° 外圆机夹刀	n=（　　）	a_p=1～2	f=（　　）
2	（　　）刀	n=1 200	a_p=0.5	f=0.1
3	B=3 mm 切断刀	n=（　　）		f=0.1
4	（　　）刀	n=200		f=0.1
5	B=3 mm 切断刀	n=200		f=（　　）

■ 任务实施四　确定测量工具（见表 4-16）

表 4-16　　量具卡

序号	名称	规格（mm）	精度（mm）	数量
1	游标卡尺	0～150	0.02	1
2	外径千分尺	0～25，25～50	0.01	各 1

■ 任务实施五　加工操作步骤（见表 4-17）

表 4-17　　　　　　　　　　加工步骤示意图卡

序　号	加 工 步 骤	示 意 图
1	粗加工右端ϕ28、ϕ22、外锥面等外圆轮廓 编写加工程序	Z X
2	（　　）加工右端ϕ28、ϕ22、外锥面等外圆轮廓 编写加工程序	Z X
3	粗加工ϕ18×8 中间槽 编写加工程序	Z X
4	精加工ϕ18×8 中间槽 编写加工程序	Z X
5	切断 编写加工程序	Z X

■ 任务实施六　零件评价和检测

将加工完成零件按表4-18评分表中的要求进行检测。

表4-18　　评分表

序号	考核项目	考核内容	配分	评分标准	检测结果	自我得分	原因分析	小组检测	小组评分	老师核查
1	加工操作	ϕ28 ±0.05	15	超0.01 mm扣5分						
2		ϕ18 ±0.08	15	超0.01 mm扣5分						
3		ϕ22 ±0.05	10	超0.01 mm扣2分						
4		*C*1倒角*R*1圆角（5处）	10	每错一处扣3分						
5		其他尺寸	10	每错一处扣2分						
6		*Ra*3.2μm	10	每错一处扣2分						
7	程序与工艺	程序格式规范	10	每错一处扣2分						
8		程序正确、完整	10	每错一处扣2分						
9		切削用量参数设定正确	5	不合理每处扣3分						
10		换刀点与循环起点正确	5	不正确全扣						
11	文明生产	按安全文明生产规定每违反一项扣3分，最多扣20分								

相关知识

■ 知识一　G75切槽循环指令

1．指令格式

G75　R(e)

G75　X(U)____　Z(W)____　P(Δi)　Q(Δk)　R(Δd)　F

e：分层切削每次退刀量，半径量，其值为模态值；

X(U)____　Z(W)____ ：切槽终点处坐标；

Δ*i*：*X*方向的每次切深量，半径量；

Δ*k*：刀具完成一次径向切削后，在*Z*方向的偏移量；

Δ*d*：刀具在切削底部的*Z*向退刀量，无要求时可省略；

F：径向切削时的进给速度。

注意： *e*、Δ*i*、Δ*k*、Δ*d* 均由不带符号的半径量表示，方向根据切槽循环起点和终点的位置确定，其中 *e*、Δ*d* 表示退刀量，方向由终点指向起点；Δ*i*、Δ*k* 表示 *X*、*Z* 方向的切入量，方向由起点指向终点。

2．指令说明

G75循环轨迹如图4-20所示。

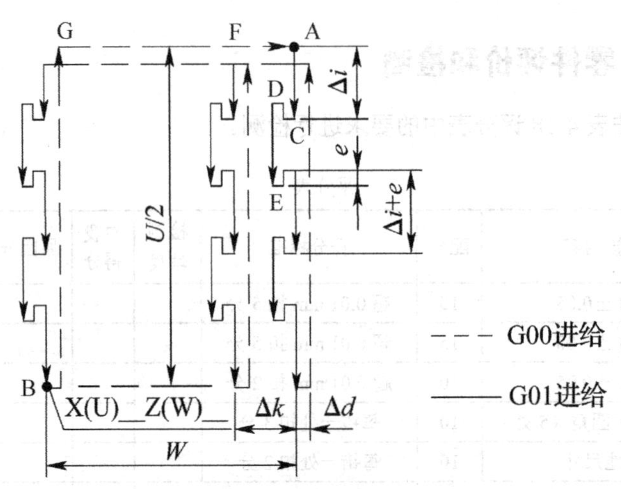

图 4-20 径向切槽循环轨迹图

（1）刀具从循环起点（A 点）开始，沿径向进刀 Δ*i* 并到达 C 点。

（2）退刀 *e*（断屑）并到达 D 点。

（3）沿径向进刀 Δ*i*+*e* 并到达 E 点，直至递进切削至径向终点 *X* 的坐标处。

（4）退到径向起刀点，完成一次切削循环。

（5）沿轴向偏移 Δ*k* 至 *F* 点，进行第二次径向切削循环。

（6）依次循环直至刀具切削至程序终点坐标处（B 点），径向退刀至起刀点（G 点），再轴向退刀至起刀点（A 点），完成整个切槽循环动作。

G75 程序段中的 Z(W)值可省略或设定值为 0，当 Z(W)值设为 0 时，循环执行时刀具仅作 *X* 向进给而不作 *Z* 向偏移。

注意：对于程序段中的 Δ*i*、Δ*k* 值，在 FANUC 系统中，P、Q 值以 μm 为单位，不能输入数点，1 000μm 为 1 mm，如 P2 000 表示径向每次切深量为 2 mm。

3．编程示例

【例 4-4】 如图 4-21 所示工件，试编写其 ϕ30 mm 外径槽的加工程序。（切槽刀刀宽 4 mm，右刀尖 N 为刀位点）

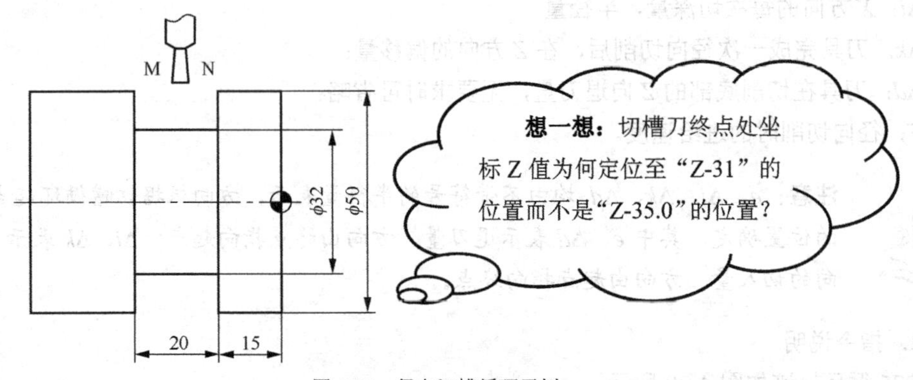

图 4-21 径向切槽循环示例

（1）编程分析。

① 循环参数的确定。

e：分层切削每次退刀量，半径量，取 0.5 mm；

X(U)__　Z(W)__　：切槽终点处坐标为（32.0，−31.0）；

Δ*i*：*X* 方向的每次切深量，取值 2 mm（半径量），即 P2 000；

Δ*k*：刀具完成一次径向切削后，在 *Z* 方向的偏移量 3.5 mm，即 Q3 500；

Δ*d*：缺省；

F：径向切削时的进给速度，取 F0.1。

② 循环起点的确定。G75 指令的循环起点 *X* 向坐标略大于槽顶直径，*Z* 向坐标为第一次切入处刀位点的 *Z* 坐标值，取为（52.0，−15.0）。

（2）程序示例。

O0050

M03　T0202　S30　　（切槽刀，刃宽为 4 mm）

G00　X52.0　Z−15　　（定位至循环起点）

G75　R0.5　　（退刀量 0.5 mm）

G75　X32　Z−31　P2000　Q3500　F10　（终点坐标（32，−31.0），*X* 向每次切入量 2 mm，*Z* 向偏移量 3.5 mm，进给量 10 mm/min）

G00　X100.0　Z100.0

M30

拓展知识

1．采用 G75 径向切槽循环指令加工图 4-22 所示宽外沟槽，请回答下列问题。

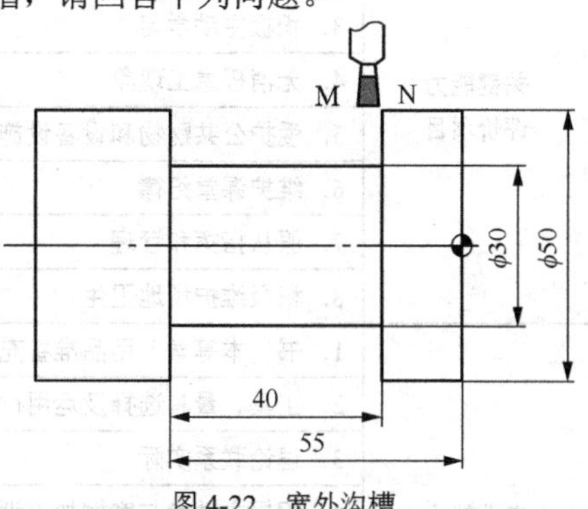

图 4-22　宽外沟槽

（1）编程分析并确定各循环参数（见表 4-19）。

表 4-19

每次退刀量 *e*	切槽终点坐标	*X* 方向的每次切深量 Δ*i*	每次 *Z* 向的偏移量 Δ*k*	循环起点

（2）编制加工程序

2．写出通过预留刀具偏值，二次精加工的方法保证加工精度的操作要点。

3．编写图 4-23 所示内沟槽的加工程序（已镗孔ϕ18mm 至深 16mm）。

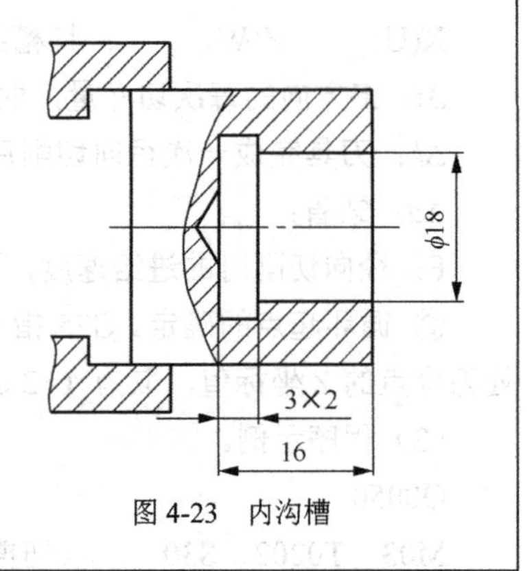

图 4-23　内沟槽

活动评价

根据自己在该任务中的学习表现，结合表 4-20 中活动评价项目进行自我评价。

表 4-20　　评价表

项目	评价内容	评价等级（学生自我评价）		
		A	B	C
关键能力评价项目	1．安全意识强			
	2．着装仪容符合实习要求			
	3．积极主动学习			
	4．无消极怠工现象			
	5．爱护公共财物和设备设施			
	6．维护课堂纪律			
	7．服从指挥和管理			
	8．积极维护场地卫生			
专业能力评价项目	1．书、本等学习用品准备充分			
	2．工具、量具选择及运用得当			
	3．理论联系实际			
	4．积极主动参与宽槽加工训练			
	5．严格遵守操作规程			
	6．独立完成操作训练			
	7．独立完成工作页			
	8．学习和训练质量高			
教师评语		成绩评定		

圆弧轮廓类零件的加工

进行轮廓加工的零件的形状，大部分由直线和圆弧构成。前面我们所学的指令，只能进行直线轮廓元素的加工，如何加工具有圆弧轮廓形状的工件呢？今天我们就来解决这个问题。

■ 任务学习目标

1．掌握内、外圆粗精车循环指令 G71、G70 的指令格式。

2．正确理解 G71 指令段内部参数的意义，加工轨迹的特点，能根据加工要求合理确定各参数值。

3．掌握较复杂外轮廓的编程加工，学会尺寸精度的分析方法。

■ 任务实施课时

18 课时。

■ 任务实施流程

1．导入新课。

2．组织学生根据自身认识填写工作页。

3．根据操作步骤要求，组织学生观看影像资料和示范操作。

4．组织学生实际操作。

5．巡回指导练习。

6．结合实习要求和资料，讲解相关理论知识。

7．拓展问题讨论。

8．学习任务考试。

9．完成活动评价表。

10．学习任务情况总结。

■ 任务所需器材

1．设备：数控车床、装有 GSK980TD 仿真软件系统的电脑。

2．工具：数控车床套筒、刀架扳手、加力杆等附件、外圆车刀、60° 螺纹车刀、*B*（刀宽）=3 mm 切断刀若干套、0～150 mm 游标卡尺、0～25mm、25～50 mm 千分尺若干把。

3．辅具：影像资料、课件。

课前导读

请完成表 5-1 中内容。

表 5-1　　课前导读

序　号	实施内容	答案选项	正确答案
1	大余量毛坯分层切削循环加工路线主要有“矩形”分层切削进给路线和“型车”分层切削进给路线两种形式	A. 对　B. 错	
2	G71 U（Δd） R（e）、 G71 P（ns） Q（nf） U（Δu） W（Δw） F（f） S（s） T（t）中两个U值含义相同	A. 对　B. 错	
3	G71 U（Δd） R（e）中Δd表示每次切削深度为（　　）值，无正负号	A. 半径　B. 直径	
4	G71 P（ns） Q（nf） U（Δu） W（Δw） F（f） S（s） T（t）中Δu表示*X*方向的精加工余量为（　　）值	A. 半径　B. 直径	
5	G71 P（ns） Q（nf） U（Δu） W（Δw） F（f） S（s） T（t）中Δw表示（　　）方向的精加工余量	A. X　B. Z	
6	G71循环中，顺序号“ns”程序段必须沿（　　）向进刀，且不能出现*Z*坐标字，否则会出现程序报警	A. X　B. Z	
7	G70执行过程中的F和S值，由程序段号“ns”和“nf”之间给出的F和S值指定	A. 对　B. 错	
8	G70精加工时的转速和进给速度与G71粗加工时的转速和进给速度相同	A. 对　B. 错	
9	G71 P（ns） Q（nf） U（Δu） W（Δw） F（f） S（s） T（t）中f表示粗加工进给速度，在精加工中也有效	A. 对　B. 错	
10	加工中心与普通数控机床区别在于_____	A. 有刀库与自动换刀装置 B. 转速　C. 机床的刚性好 D. 进给速度高	
11	通常CNC系统将零件加工程序输入后，存放在_____	A. RAM中　B. ROM中 C. PROM中　D. EPROM中	
12	偏刀一般是指主偏刀_________90°的车刀	A. 等于　B. 小于　C. 大于	
13	数控加工中，程序调试的目的：一是检查所编程序是否正确，再就是把编程零点、加工零点和机床零点相统一	A. 对　B. 错	
14	辅助时间是指在每道工序中，为了保证完成基本工作而做的各种辅助动作所需的时间	A. 对　B. 错	
15	加工程序结束之前必须使系统（刀尖位置）返回到______	A. 加工原点　B. 工件坐标系原点 C. 机械原点　D. 机床坐标系原点	
16	切削用量包括进给量、背吃刀量和工件转速	A. 对　B. 错	
17	程序段N200　G3　U-20 W30　R10不能执行	A. 对　B. 错	
18	G03指令是模态的	A. 对　B. 错	

情景描述

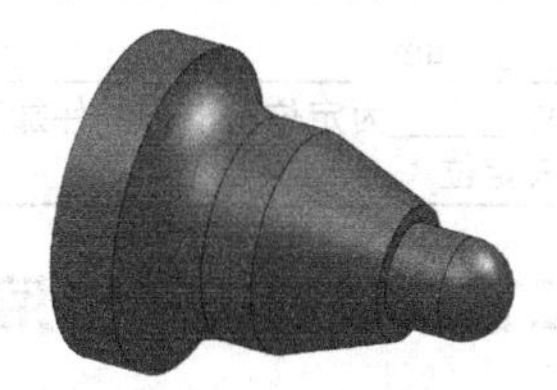

图 5-1 圆弧轮廓零件

小陈看到车间有个学长在加工图 5-1 所示的圆弧类零件，光滑漂亮，想起普车加工类似零件的“艰难”，对比数车的高效高质量，不禁心向往之。他诚恳谦虚地向学长请教，学长亦不遗余力地授其以“渔”，小陈终于掌握了数车加工圆弧类零件的“秘笈”。

任务实施

根据如图 5-2 所示零件图样要求加工零件。

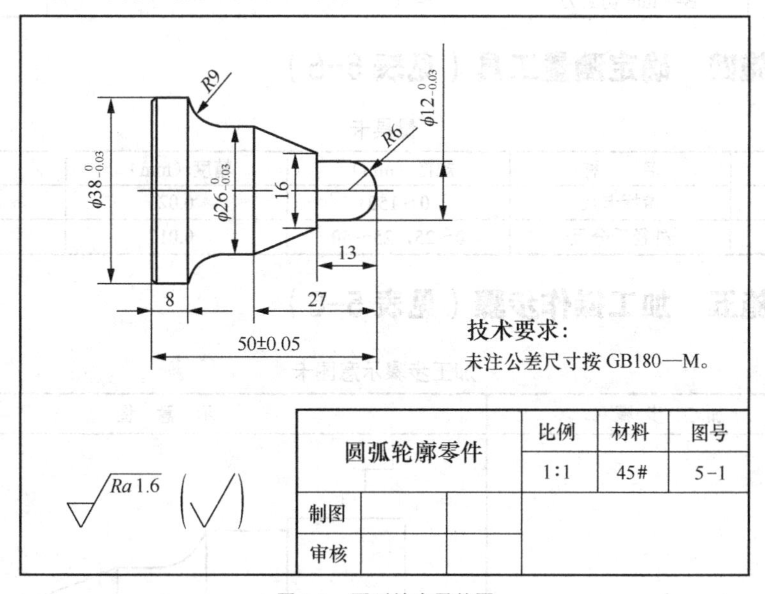

图 5-2 圆弧轮廓零件图

■ 任务实施一 分析零件图样（见表 5-2）

表 5-2 零件图样分析卡

分析项目	分析内容
结构分析	该零件由圆柱、圆锥和______面组成
确定毛坯材料	根据图样形状和尺寸大小，此零件加工可选用φ________圆棒料

续表

分析项目	分析内容
精度要求	本例中精度要求较高的尺寸主要是三处外圆和一处锥面，其中 $\phi38_{-0.03}^{0}$、$\phi26_{-0.03}^{0}$ 外圆及锥面将与第六元的套类零件相配合。该零件表面粗糙度要求较高，为 Ra______μm
确定装夹方案	以零件______为定位基准，零件加工零点设在零件左端面和______的中心，卡盘装夹定位

■ 任务实施二　确定加工工艺路线和指令选用（见表 5-3）

表 5-3　加工工艺步骤和指令卡

序号	工步内容	加工指令
1	粗加工右端 $\phi38$、$\phi26$、锥面及 $\phi12$ 外圆轮廓	G71
2	精加工右端 $\phi38$、$\phi26$、锥面及 $\phi12$ 外圆轮廓	G70
3	切断	（　）

■ 任务实施三　选用刀具和切削用量（见表 5-4）

表 5-4　刀具和切削用量卡

工步序号	刀具规格	主轴转速（r/min）	切削深度（mm）	进给量（mm/r）
1	93°外圆机夹刀	n=（　）	a_p=1～2	f=（　）
2	B=3 mm 切断刀	n=（　）		f=0.1

■ 任务实施四　确定测量工具（见表 5-5）

表 5-5　量具卡

序号	名称	规格（mm）	精度（mm）	数量
1	游标卡尺	0～150	0.02	1
2	外径千分尺	0～25，25～50	0.01	各 1

■ 任务实施五　加工操作步骤（见表 5-6）

表 5-6　加工步骤示意图卡

序号	加工步骤	示意图
1	粗加工右端 $\phi38$、$\phi26$、锥面及 $\phi12$ 外圆轮廓 编写加工程序	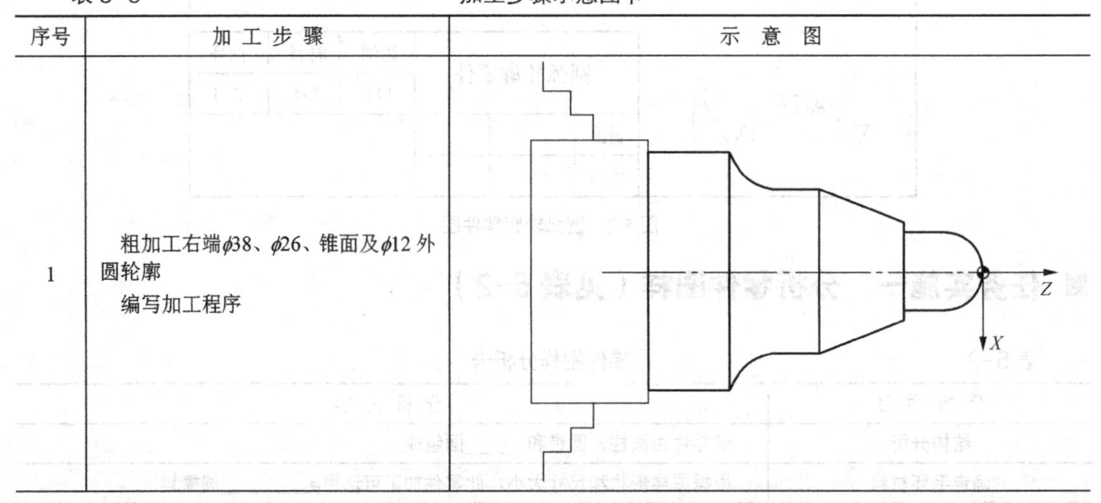

续表

序号	加工步骤	示意图
2	精加工右端ϕ38、ϕ26、锥面及ϕ12外圆轮廓 编写加工程序	Z X
3	切断 编写加工程序	Z X

■ 任务实施六 零件评价和检测

将加工完成零件按表 5-7 评分表中的要求进行检测。

表 5-7 评分表

序号	考核项目	考核内容	配分	评分标准	检测结果	得分	原因分析	小组检测	小组评分	老师考核
1	加工操作	$\phi 38_{-0.03}^{0}$	15	超 0.01 mm 扣 5 分						
2		$\phi 26_{-0.03}^{0}$	15	超 0.01 mm 扣 5 分						
3		$\phi 12_{-0.03}^{0}$	15	超 0.01 mm 扣 2 分						
4		$C1$ 倒角（1 处）	3	每错一处扣 3 分						
5		其他尺寸	20	每错一处扣 2 分						
6		$Ra1.6\mu m$	12	每错一处扣 2 分						
7	程序与工艺	程序格式规范	5	每错一处扣 2 分						
8		程序正确、完整	5	每错一处扣 2 分						
9		切削用量参数设定正确	5	不合理每处扣 3 分						
10		换刀点与循环起点正确	5	不正确全扣						
11	文明生产	按安全文明生产规定每违反一项扣 3 分，最多扣 20 分								

相关知识

■ 知识一　分层切削加工工艺

在数控车削加工过程中，考虑毛坯的形状、零件的刚性和结构工艺性、刀具形状、生产效率和数控系统具有的循环切削功能等因素，大余量毛坯分层切削循环加工路线主要有“矩形”分层切削进给路线和“型车”分层切削进给路线两种形式。

“矩形”分层切削进给路线如图 5-3 所示，为切除图示的双点画部分加工余量，粗加工走的是一条类似于矩形的轨迹。“矩形”分层切削轨迹加工路线较短，加工效率较高，编程方便。

“型车”分层切削进给路线如图 5-4 所示，为切除图示的双点画线部分加工余量，粗加工和半精加工走的是一条与工件轮廓相平行的轨迹。这种轨迹主要适用于铸造成形、锻造成形或已粗车成形工件的粗加工和半精加工，虽然加工路线较长，但避免了加工过程中的空行程，切削层厚度均匀，更好地保证了零件表面质量。

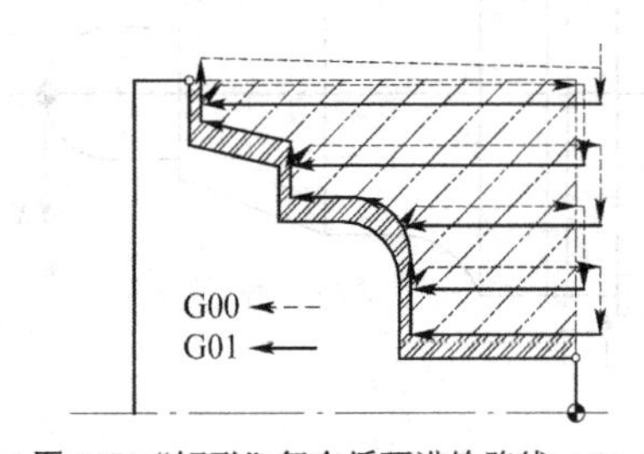

图 5-3 “矩形”复合循环进给路线

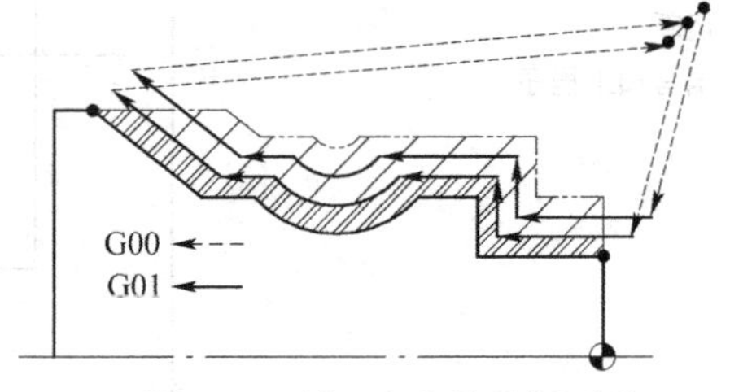

图 5-4 “型车”复合循环进给路线

■ 知识二　圆弧插补指令 G02/G03

1．指令格式

G02（03）X（U）__　Z（W）__　R__　F__

G02（03）X__　Z__　I__　K__　F__

G02 表示顺时针圆弧插补；

G03 表示逆时针圆弧插补；

X（U）__　Z（W）__：圆弧的终点坐标值，各项含义同 G01、G0；

R__ 为圆弧半径；

I__　K__：圆弧的圆心相对其起点分别在 X 和 Z 坐标轴上的增量值。

2．功能

使刀具在指定平面内按给定的进给速度 F 做圆弧运动，切削圆弧轮廓。

3．指令说明

（1）圆弧顺、逆的判断。任意一段圆弧由两点及半径值三要素组成。在三要素确定的情况下，可加工出凹或凸不同的圆弧段。圆弧方向由 G02 或 G03 确定。G02 表示顺时针圆弧插补，G03 表示逆时针圆弧插补。圆弧插补顺逆方向的判断可按图 5-5 所示的方向判断。

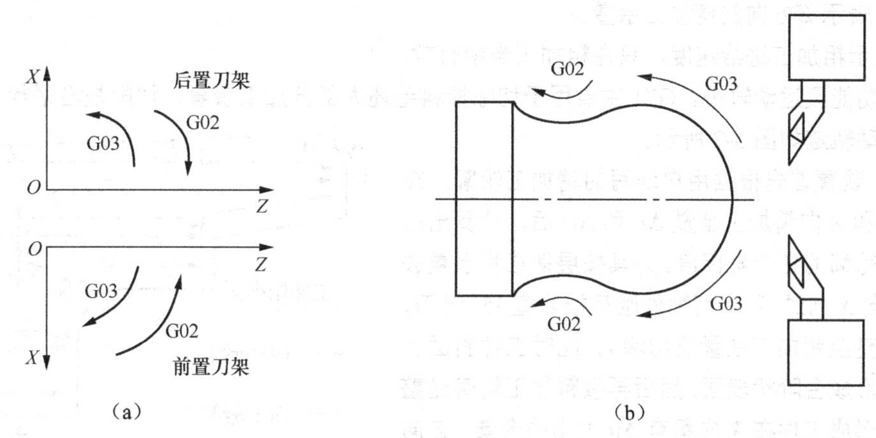

图 5-5　圆弧顺、逆方向判断

（2）I、K 方式编程适用于任何圆弧的加工，但对于数控车床而言，因其所加工圆弧的圆心角一般不会超过 180°，更不会是整圆，所以没有必要用 I、K 方式编程，避免计算的烦琐。

4．编程实例

采用圆弧插补指令编写图 5-6 所示刀具从 O 点到 D 点的加工程序。

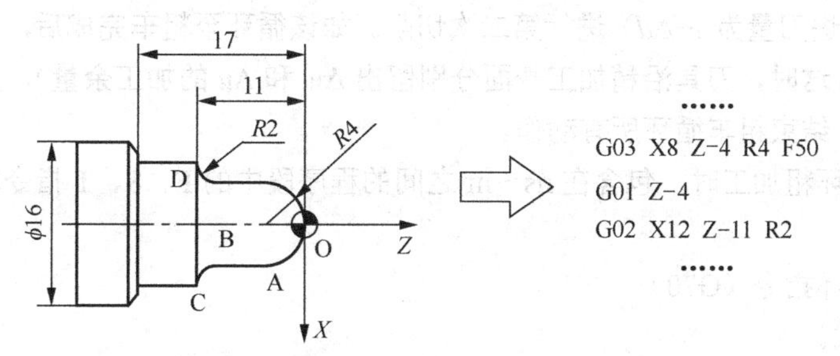

图 5-6　圆弧插补指令应用及程序段

■ 知识三　外圆粗车固定循环加工

1．粗加工复合循环（G71）

（1）指令格式。

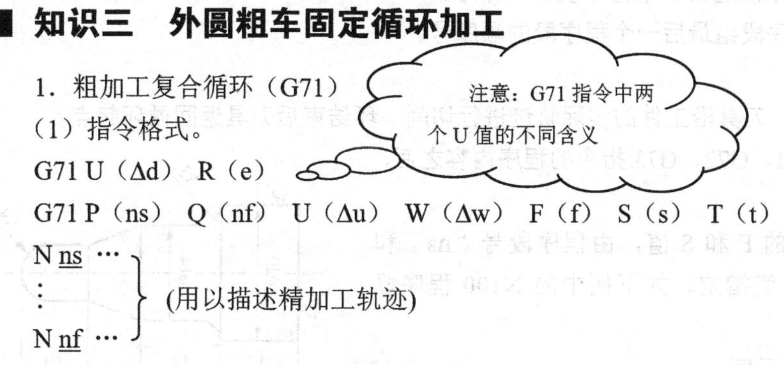

G71 U（Δd）R（e）

G71 P（ns）Q（nf）U（Δu）W（Δw）F（f）S（s）T（t）

N ns …
⋮　　（用以描述精加工轨迹）
N nf …

Δd：表示每次切削深度（半径值），无正负号；

e：表示退刀量（半径值），无正负号；

ns：表示精加工程序段组第一个程序段的顺序号；

nf：表示精加工程序段组最后一个程序段的顺序号；

Δu：表示X方向的精加工余量（直径值）；

Δw：表示Z方向的精加工余量；

f：表示粗加工进给速度，只在粗加工当中有效。

（2）功能及运动轨迹。G71 主要用于切除棒料毛坯大部分加工余量，切削是沿平行 Z 轴方向进行，运动轨迹如图 5-7 所示。

CNC 装置首先根据用户编写的精加工轮廓，在预留出 X 和 Z 向精加工余量 Δu 和 Δw 后，计算出粗加工实际轮廓的各个坐标值。刀具按层切法将余量去除（刀具向 X 向进刀 d，切削外圆后按 e 值 45° 退刀，循环切削直至粗加工余量被切除）。此时工件斜面和圆弧部分形成台阶状表面，然后再按精加工轮廓光整表面最终形成工件在 X 向留有 Δu 大小的余量、Z 向留有 Δw 大小余量的轴。

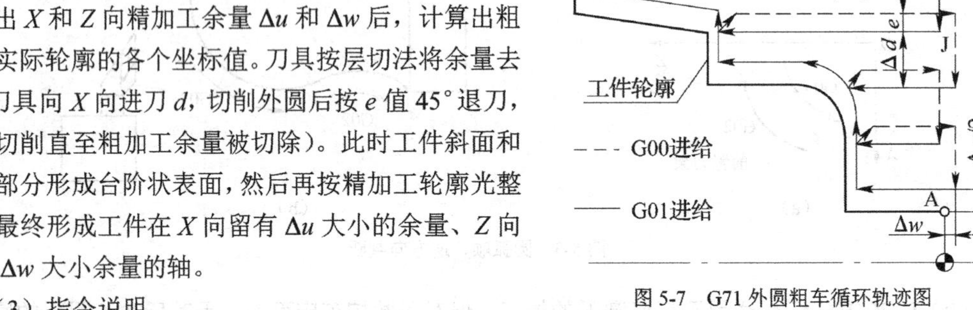

图 5-7　G71 外圆粗车循环轨迹图

（3）指令说明。

① 刀具循环路径如图 5-7 所示，刀具从循环起点（C 点）开始，快速退刀至 D 点，退刀量由 Δw 和 $\Delta u/2$ 值确定，再快速沿 X 向进刀 Δd（半径值）至 E 点，然后按 G01 进给至 G 点后，沿 45° 方向快速退刀至 H 点（X 向退刀量由 e 值确定），Z 向快速退刀至循环起始的 Z 值处（I 点）；再次 X 向进刀至 J 点（进刀量为 $e+\Delta d$）进行第二次切削。如该循环至粗车完成后，再进行平行于精加工表面的半精车（这时，刀具沿精加工表面分别留出 Δw 和 Δu 的加工余量），半精车完成后，快速退回循环起点，结束粗车循环所有动作。

② 在使用循环粗加工时，包含在 ns～nf 之间的程序段中的 F、S、T 指令功能是无效的，精加工时有效。

2．精加工循环指令（G70）

（1）指令格式。

G70 P<u>ns</u>　Q<u>nf</u>、

ns：表示精加工程序段组第一个程序段的顺序号。

nf：表示精加工程序段组最后一个程序段的顺序号。

（2）指令说明。

① 执行 G70 循环时，刀具沿工件的实际轨迹进行切削，环结束后刀具返回循环起点。

② G70 指令用在 G71、G72、G73 指令的程序内容之后，不能单独使用。

③ G70 执行过程中的 F 和 S 值，由程序段号“ns”和“nf”之间给出的 F 和 S 值指定，如下例中的 N100 程序段所示。

（3）G71 与 G70 编程示例。

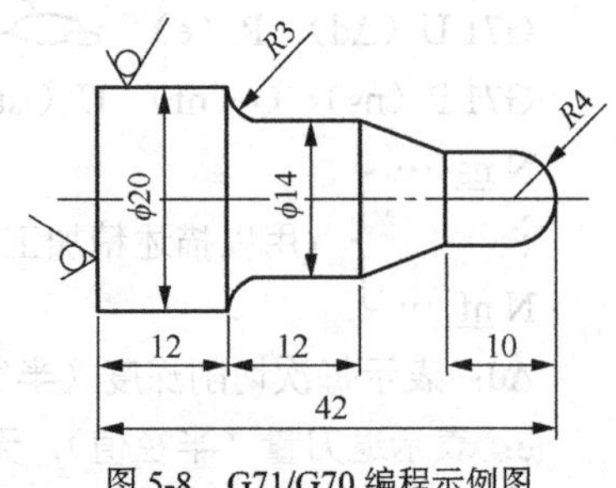

图 5-8　G71/G70 编程示例图

【例 5-1】：如图 5-8 所示工件，试采用粗、精车循环指令编写其数控车加工程序。

M3　S600（主轴正转，转速 600 r/min）

```
T0101  M08（调入粗车刀，冷却液开）
G00  X22  Z2（快速移动，接近工件）
G71  U1.5  R0.5（每次切深直径 3 mm，退刀 1 mm）
G71  P1  Q2  U0.5  W0.1  F100（粗车加工，余量 X 方向 0.5 mm，Z 方向 0.1 mm）
N1  G00  X0.0（定位到 X0）
G01  Z0  F60
X0
G03  X8  Z-4  R4
G01  Z-10.0
X14.0  Z-18.0
W-9.0
G02  X20  Z-30  R3
N2  G01  W-10.0
G00  X100.0  Z100.0  M05（快速退刀到安全位置，停主轴）
M03  S1200  T0202（调入 2 号精加工刀，执行 2 号刀偏）
G0  X22  Z2（快速移动，接近工件）
G70  P1  Q2（精车加工）
G00  X100.0  Z100.0（快速回安全位置）
M30
```

注意：在 FANUC 系列的 G71 循环中，顺序号“ns”程序段必须沿 *X* 向进刀，且不能出现 *Z* 坐标字，否则会出现程序报警。

想一想：精加工时的转速和进给速度是否与粗加工时的转速和进给速度相同，为什么？

拓展知识

1．解释内、外圆粗车复合循环 G71 指令格式及参数的含义：

```
G71  U1.5  R0.5
G71  P100  Q200  U0.3  W0.05  F0.2
N 100  ……
       ……
N200  ……
```

2．观看车削动画，讨论 G71 指令加工动作，分析循环的运动轨迹。

3．如图 5-9 所示，毛坯为 ϕ45 mm 的圆钢，选择机夹外圆车刀用 G71 指令编写粗加工程序，G70 指令编写精加工程序，试将下面的程序补充完整。

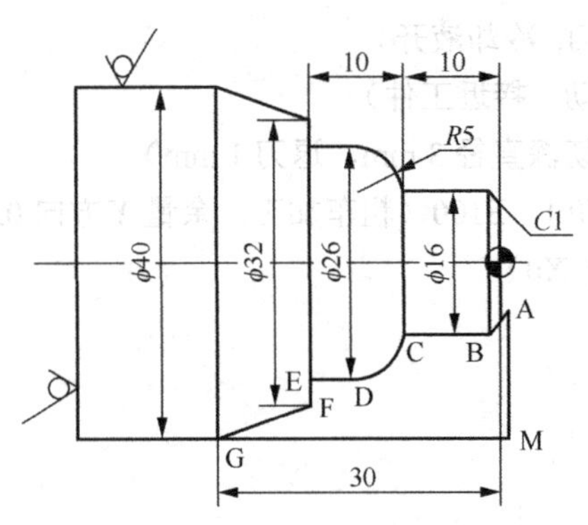

图 5-9 圆弧锥度零件加工

	G00 X100 Z100	快速定位到换刀点
	M03 S600 T0101	主轴正转，换 1 号刀，取 1 号刀具补偿
	G00 X Z	定位至粗车循环起点
	G71 U R	粗车循环
	G71 P Q U W F	
N10		精加工轮廓描述
N20		
	G0 X Z	确定精加工循环起点
	G70 P Q	精车循环
	G0 X100 Z100	退刀
	M30	程序结束

活动评价

根据自己在该任务中的学习表现，结合表 5-8 中活动评价项目进行自我评价。

表 5–8 活动评价表

项 目	评 价 内 容	评价等级（学生自我评价）		
		A	B	C
关键能力评价项目	1．安全意识强			
	2．着装仪容符合实习要求			
	3．积极主动学习			
	4．无消极怠工现象			
	5．爱护公共财物和设备设施			
	6．维护课堂纪律			
	7．服从指挥和管理			
	8．积极维护场地卫生			

续表

项　目	评 价 内 容	评价等级（学生自我评价）		
		A	B	C
专业能力评价项目	1．书、本等学习用品准备充分			
	2．工具、量具选择及运用得当			
	3．理论联系实际			
	4．积极主动参与圆弧类零件加工训练			
	5．严格遵守操作规程			
	6．独立完成操作训练			
	7．独立完成工作页			
	8．学习和训练质量高			
教师评语		成绩评定		

任务六 6 套类零件的加工

套类零件亦是机械加工中经常遇到的典型零件之一，其主要作用是支承和保护转动零件，或用来保护与它外壁相配合的表面。本次任务我们来学习数控车加工套类零件。

■ 任务学习目标

1．巩固内、外圆粗车复合循环 G71 的指令格式，理解 G71 指令内部参数的意义。

2．合理确定内轮廓加工路线，正确给出轮廓基点坐标，熟悉车内孔加工工艺。

3．掌握内孔车刀的装刀、对刀及刀补设定等相关操作。

4．掌握数控内孔车刀的相关知识，合理选择切削用量。

5．完成工件内轮廓车削，掌握数控加工中内孔尺寸的修调方法。

■ 任务实施课时

18 课时

■ 任务实施流程

1．导入新课。

2．组织学生根据自身认识填写工作页。

3．根据操作步骤要求，组织学生观看影像资料和示范操作。

4．组织学生实际操作。

5．巡回指导练习。

6．结合实习要求和资料，讲解相关理论知识。

7．拓展问题讨论。

8．学习任务考试。

9．完成活动评价表。

10．学习任务情况总结。

■ 任务所需器材

1．设备：数控车床、装有 GSK980TD 仿真软件系统的电脑。

2．工具：数控车床套筒、刀架扳手、加力杆等附件、90° 外圆车刀、60° 螺纹车刀、*B*（刀宽）=3 mm 切断刀若干套、0～150 mm 游标卡尺、0～25 mm、25～50 mm 外径千分尺及内径千分尺若干把。

3．辅具：影像资料、课件。

课前导读

请完成表 6-1 中内容。

表 6-1 课前导读

序号	实施内容	答案选项	正确答案
1	车孔精度一般可达 IT7～IT8	A. 对　B. 错	
2	车孔的表面粗糙度一般可达 *Ra*1.6～3.2μm	A. 对　B. 错	
3	车孔的关键技术是解决内孔车刀的刚性问题和内孔车削过程中的排屑问题	A. 对　B. 错	
4	刀柄伸出越长，车孔刀的刚度越高	A. 对　B. 错	
5	孔径尺寸精度要求较低时，可采用钢直尺、内卡钳或（　）测量	A. 游标卡尺　B. 千分尺	
6	在成批生产中，为了测量方便，常用（　）测量孔径	A. 游标卡尺　B. 千分尺　C. 内径百分表　D. 塞规	
7	内径百分表主要用于测量精度要求较高而且又较（　）的孔	A. 深　B. 浅	
8	安装内孔车刀时，刀尖应与工件中心等高或稍（　）	A. 高　B. 低	
9	孔的形状精度主要有圆度和____	A. 垂直度　B. 平行度　C. 同轴度　D. 圆柱度	
10	孔、轴公差带代号由基本偏差与标准公差数值组成	A. 对　B. 错	
11	数控加工用夹具尽量采用机械、电动、气动方式	A. 对　B. 错	
12	划线确定了工件的尺寸界限，但通常不能依靠划线直接确定，加工时的最后尺寸，必须在加工过程中通过_____来保证尺寸的准确度	A. 测量　B. 划线　C. 加工　D. 装夹	
13	镗孔的关键技术是_____	A. 解决车刀刚性及排屑问题　B. 孔与轴的配合尺寸精度　C. 冷却液的成份　D. 工件的毛坯尺寸大小	
14	利用计算机进行零件设计称为 CAD	A. 对　B. 错	
15	数控机床伺服系统是以_____为直接控制目标的自动控制系统	A. 机械运动速度　B. 机械位移　C. 切削力　D. 切削速度	
16	在机电一体化系统中完成信息采集、处理任务的是(　)部分	A. 控制　B. 执行　C. 动力　D. 检测	

情景描述

小陈现在对图 6-1 所示的套类零件发动“进攻”了，他向老师请教，明白了套类零件仍采用固定循环指令进行编程，编程的难度较低。但车削内孔的加工工艺难度较高。因此，在车孔前，他提前了解车孔过程中可能产生的误差并尽量在加工过程中加以避免，既提高了孔的加工精度，又提高了加工效率。

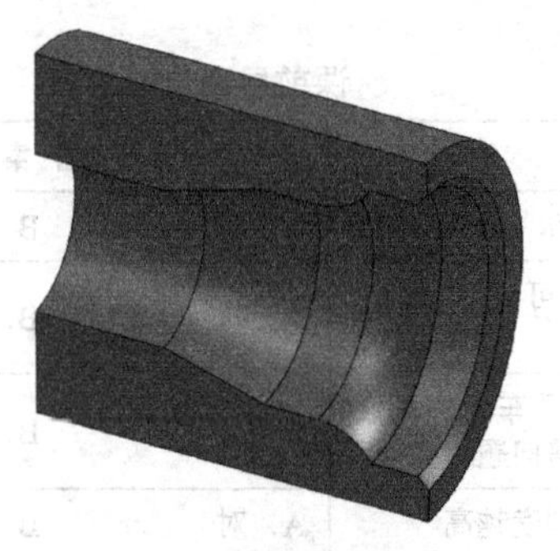

图 6-1　套类零件

任务实施

根据如图 6-2 所示零件图样要求加工零件。

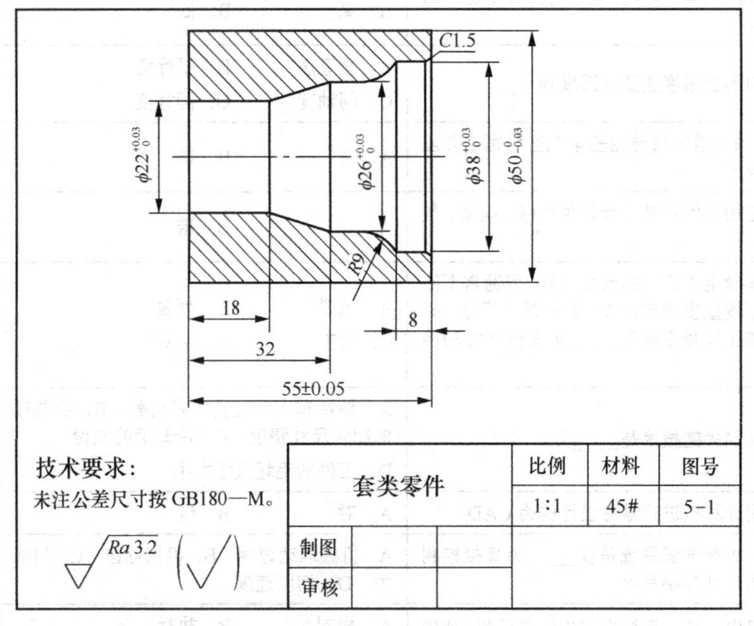

图 6-2　套类零件图

■ 任务实施一　分析零件图样（见表 6-2）

表 6-2　零件图样分析卡

分析 项 目	分 析 内 容
结构分析	该零件由外圆柱面、内圆柱面、内圆弧面和______面组成
确定毛坯材料	根据图样形状和尺寸大小，此零件加工可选用φ________圆棒料
精度要求	本任务最高要求的尺寸精度为________，最高要求的表面粗糙度为________
确定装夹方案	以零件______为定位基准，零件加工零点设在零件左端面和______的中心，__________卡盘装夹定位

任务实施二　确定加工工艺路线和指令选用（见表 6-3）

表 6-3　加工工艺步骤和指令卡

序号	工 步 内 容	加 工 指 令
1	（　　）车内孔轮廓	G71
2	精车内孔轮廓	（　　）
3	切断	G01

任务实施三　选用刀具和切削用量（见表 6-4）

表 6-4　刀具和切削用量卡

工步序号	刀具规格	主轴转速（r/min）	切削深度（mm）	进给量（mm/r）
1	93° 内孔机夹刀	n=（　　）	a_p=1～2	f=（　　）
2	B=3 mm 切断刀	n=（　　）		f=（　　）

任务实施四　确定测量工具（见表 6-5）

表 6-5　量具卡

序号	名称	规格（mm）	精度（mm）	数量
1	游标卡尺	0～150	0.02	1
2	外径千分尺	0～25，（　　）	（　　）	各 1

任务实施五　加工操作步骤（见表 6-6）

表 6-6　加工步骤示意图卡

序号	加 工 步 骤	示 意 图
1	（　　）车内孔轮廓 编写加工程序	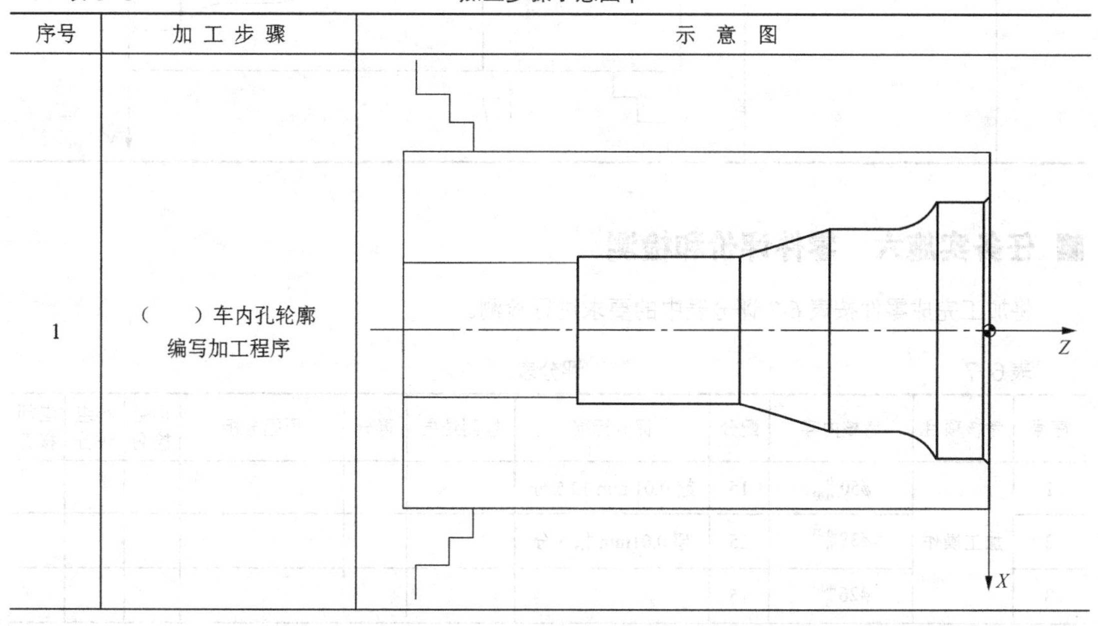

续表

序号	加 工 步 骤	示 意 图
2	精车内孔轮廓 编写加工程序	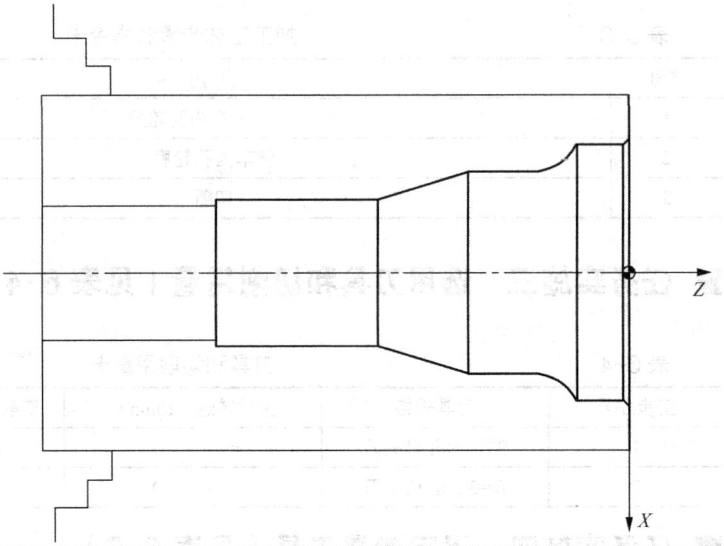 Z X
3	切断 编写加工程序	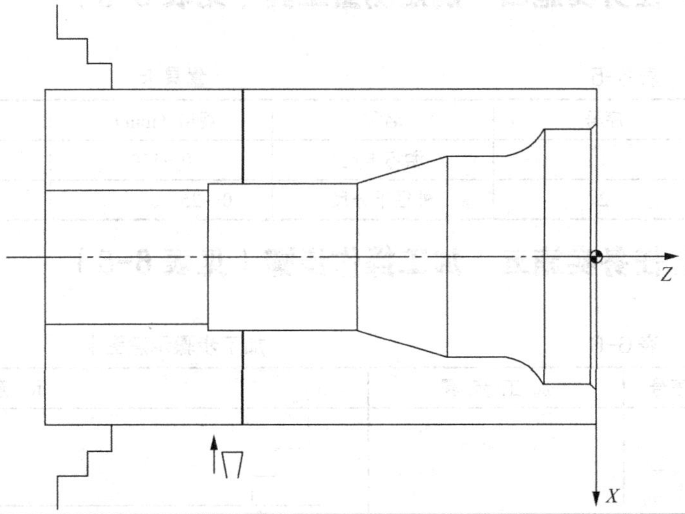 Z X

■ 任务实施六　零件评价和检测

将加工完成零件按表 6-7 评分表中的要求进行检测。

表 6-7　　评分表

序号	考核项目	考核内容	配分	评分标准	检测结果	得分	原因分析	小组检测	小组评分	老师核查
1	加工操作	$\phi50_{-0.03}^{0}$	15	超 0.01 mm 扣 5 分						
2		$\phi38_{0}^{+0.03}$	15	超 0.01mm 扣 5 分						
3		$\phi26_{0}^{+0.03}$	15							

续表

序号	考核项目	考核内容	配分	评分标准	检测结果	得分	原因分析	小组检测	小组评分	老师核查
4		$\phi22^{+0.03}_{0}$	15							
5		55±0.05	10	超 0.01mm 扣 2 分						
6		$C1$ 倒角	3	每错一处扣 3 分						
7		其他尺寸	10	每错一处扣 2 分						
8		$Ra3.2\mu m$	10	每错一处扣 2 分						
9	程序与工艺	程序格式规范	2	每错一处扣 1 分						
10		程序正确、完整	1	每错一处扣 1 分						
11		切削用量参数设定正确	2	不合理每处扣 2 分						
12		换刀点与循环起点正确	2	不正确全扣						
13	文明生产	按安全文明生产规定每违反一项扣 3 分，最多扣 20 分								

相关知识

■ 知识一　车孔刀

车孔是常用的孔加工方法之一，可用作粗加工，也可用作精加工。车孔精度一般可达 IT7～IT8，表面粗糙度 $Ra1.6\sim3.2\mu m$。根据不同的加工情况，车孔刀可分为通孔车刀和盲孔车刀两种，如表 6-8 所示。

表 6-8　　车孔刀

	车 通 孔	车 盲 孔
车孔		
	通孔车刀是用来车通孔的，其几何形状基本上与 75°外圆车刀相似 为了减小背向力 F_p，防止振动，主偏角 κ_r 应取较大，一般取 $\kappa_r=60°\sim75°$、副偏角取 $\kappa_r'=15°\sim30°$	盲孔车刀用来车盲孔或台阶孔，切削部分的几何形状基本上与偏刀相似 盲孔车刀的主偏角一般取 $\kappa_r=90°\sim95°$。车盲孔时，刀尖在刀柄的最前端，刀尖与刀柄外端的距离 a 应小于内孔半径 R，同时刀尖应与工件轴线中心严格对准，否则就无法车平盲孔的底平面 车台阶孔时，只要和孔壁不碰即可

续表

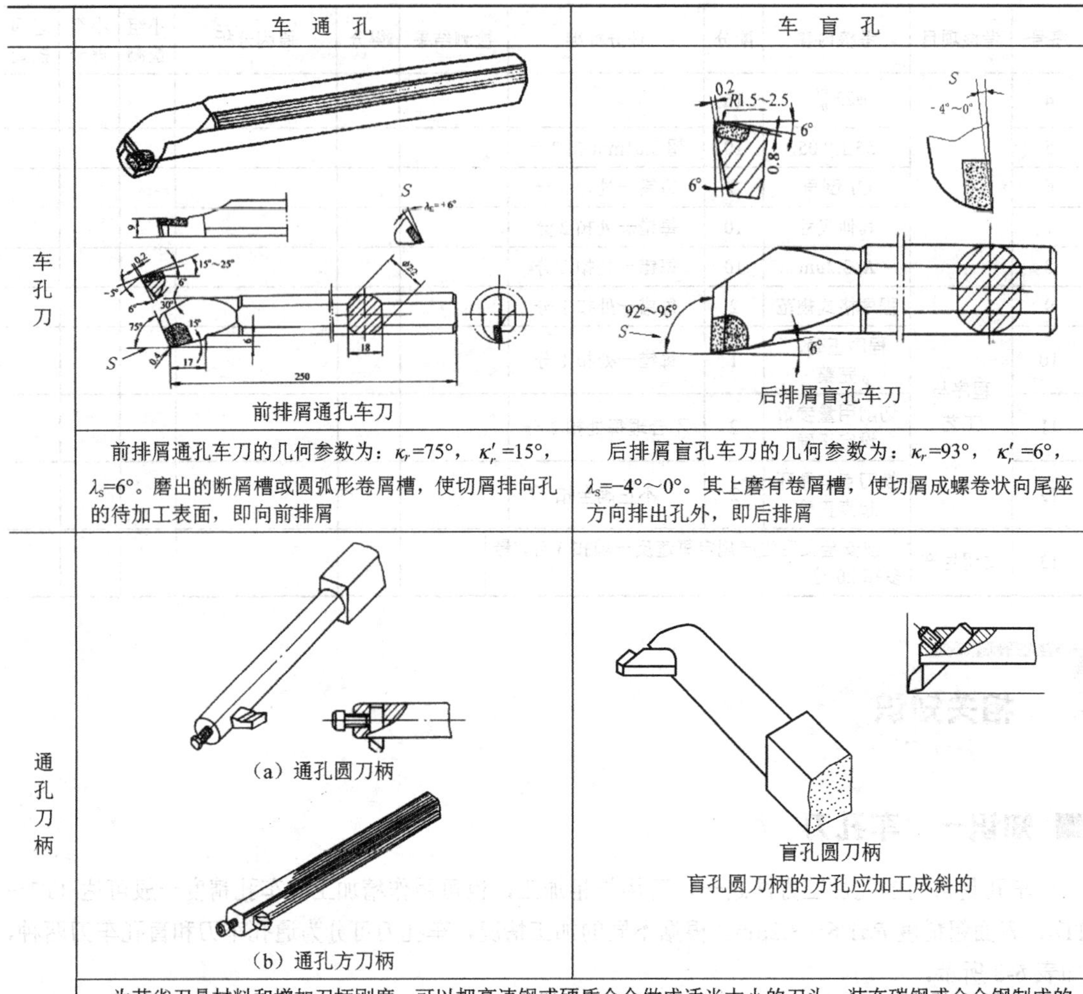

	车 通 孔	车 盲 孔
车孔刀	前排屑通孔车刀	后排屑盲孔车刀
	前排屑通孔车刀的几何参数为：κ_r=75°，κ_r'=15°，λ_s=6°。磨出的断屑槽或圆弧形卷屑槽，使切屑排向孔的待加工表面，即向前排屑	后排屑盲孔车刀的几何参数为：κ_r=93°，κ_r'=6°，λ_s=-4°～0°。其上磨有卷屑槽，使切屑成螺卷状向尾座方向排出孔外，即后排屑
通孔刀柄	（a）通孔圆刀柄 （b）通孔方刀柄	盲孔圆刀柄 盲孔圆刀柄的方孔应加工成斜的
	为节省刀具材料和增加刀柄刚度，可以把高速钢或硬质合金做成适当大小的刀头，装在碳钢或合金钢制成的刀柄上，在前端或上面用螺钉紧固 常用刀柄有圆刀柄和方刀柄。通孔圆刀柄和盲孔圆刀柄根据孔径大小及孔的深度制成几组，以便在加工时使用	

■ 知识二 车孔的关键技术

车孔的关键技术是解决内孔车刀的刚性问题和内孔车削过程中的排屑问题，增强车孔刀刚度的措施和控制排屑的方法，如表 6-9 所示。

表 6-9 增强车孔刀刚度的措施和控制切屑的方法

内容		图示	说明
增强车孔刀的刚度	尽量增加刀柄截面积	（a）刀尖位于刀柄的上面　（b）刀尖位于刀柄的中心	车孔刀的刀尖位于刀柄上面，刀柄的截面积较小，仅有孔截面积的1/4，如图（a）所示 车孔刀的刀尖位于刀柄的中心线上，这样刀柄的截面积可达到最大程度，如图（b）所示

续表

内容		图示	说明
增强车孔刀的刚度	减小刀柄伸出长度		刀柄伸出越长，车孔刀的刚度越低，容易引起振动。刀柄伸出长度只要略大于孔深即可。刀尖要对准工件中心或稍高，刀杆与轴心线平行。为了确保安全，可在车孔前，先用内孔刀在孔内试走一遍。精车内孔时，应保持刀刃锋利，否则容易产生让刀，把孔车成锥形
控制排屑	前排屑	解决排屑问题主要是控制切屑流出方向	车通孔或精车孔时要求切屑流向待加工表面（前排屑），因此用正刃倾角
	后排屑		车盲孔时采用负刃倾角，使切屑向孔口方向排出（后排屑）

■ 知识三　数控车床进退刀路线的确定

数控系统确定进退刀路线时，首先考虑安全性，即在进退刀过程中不能与工件或夹具发生碰撞；其次要考虑进退刀路线最短。

（1）回程序原点路线　数控车回参考点过程中，首先应先进行 X 向回参考点，再进行 Z 向回参考点，以避免刀架上的刀具与顶尖等夹具发生碰撞。

（2）斜线退刀方式　斜线进退刀方式路线最短，如图 6-3（a）所示，外圆表面刀具的退刀常采用这种方式。

（3）径-轴向退刀方式　先径向垂直退刀，到达指定点后，再轴向退刀。如图 6-3（b）所示，外切槽常采用这种进退刀方式。

（4）轴-径向退刀方式　先轴向退刀，再径向退刀。如图 6-3（c）所示，内孔车削刀具常采用这种退刀方式。

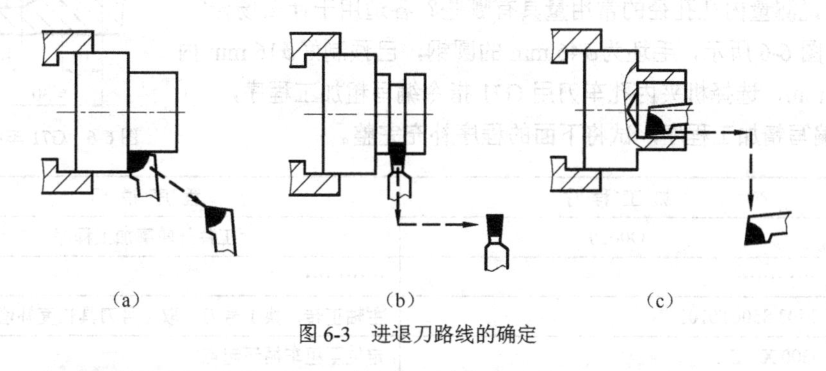

图 6-3　进退刀路线的确定

想一想： 固定循环编程时，是否要编写进退刀程序？

■ 知识四　内孔的测量

测量孔径尺寸时，应根据工件的尺寸、数量及精度要求，采用相应的量具进行。孔径尺寸精度要求较低时，可采用钢直尺、内卡钳或游标卡尺测量；精度要求较高时，可用内径千分尺或内径量表测量；标准孔还可以采用塞规测量。

1．游标卡尺

游标卡尺测量孔径尺寸的测量方法如图 6-4 所示，测量时应注意尺身与工件端面平行，活动量爪沿圆周方向摆动，找到最大位置。

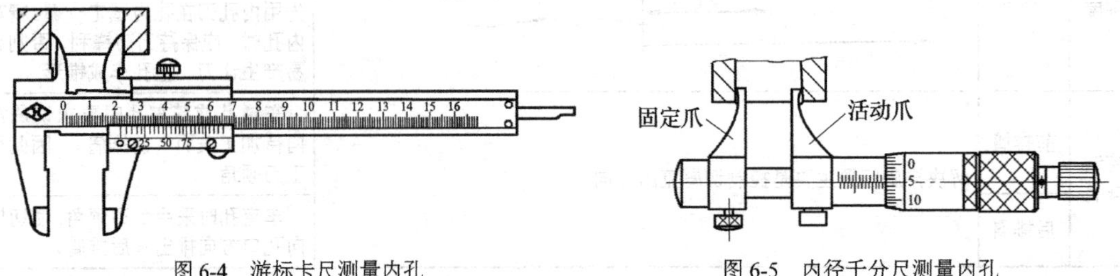

图 6-4　游标卡尺测量内孔　　　图 6-5　内径千分尺测量内孔

2．内径千分尺

内径千分尺的使用方法如图 6-5 所示。这种千分尺刻度线方向和外径千分尺相反，当微分筒顺时针旋转时，活动爪向右移动，量值增大。

拓展知识

1．结合普车加工经验，讨论并回答以下问题：

（1）车孔的关键技术有哪些？如何解决？

（2）说说内孔车刀有哪几种类型？

2．观看实物，熟悉数控加工用机夹式内孔车刀。

3．说说测量内孔孔径的常用量具有哪些？各适用于什么场合？

4．如图 6-6 所示，毛坯为$\phi 45$ mm 的圆钢，已预制好$\phi 16$ mm 内孔，深 32 mm，选择机夹内孔车刀用 G71 指令编写粗加工程序，G71 指令编写精加工程序，试将下面的程序补充完整。

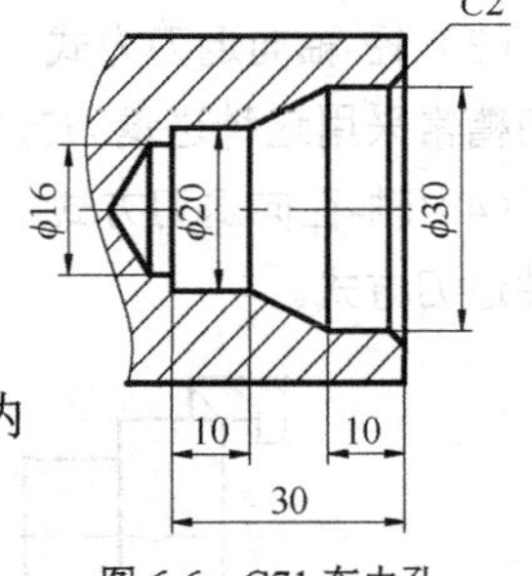

图 6-6　G71 车内孔

程序号	加 工 程 序	程 序 说 明
	O0010	工件外轮廓加工程序
	…………	…………
	M03 S500T0101	主轴正转，换 1 号刀，取 1 号刀具长度补偿
	G00 X　Z	定位至粗车循环起点
	G71 U　R	粗车循环
	G71 P　Q　U　W　F	
N1		精加工轮廓描述

续表

程序号	加工程序	程序说明
	O0010	工件外轮廓加工程序
N2		
	G0 X Z	确定精加工循环起点
	G70 P Q	精车循环
	G0 X100 Z100	退刀
	M30	程序结束

活动评价

根据自己在该任务中的学习表现，结合表6-10中活动评价项目进行自我评价。

表6-10 活动评价表

项目	评价内容	评价等级（学生自我评价）		
		A	B	C
关键能力评价项目	1. 安全意识强			
	2. 着装仪容符合实习要求			
	3. 积极主动学习			
	4. 无消极怠工现象			
	5. 爱护公共财物和设备设施			
	6. 维护课堂纪律			
	7. 服从指挥和管理			
	8. 积极维护场地卫生			
专业能力评价项目	1. 书、本等学习用品准备充分			
	2. 工具、量具选择及运用得当			
	3. 理论联系实际			
	4. 积极主动参与套类零件加工训练			
	5. 严格遵守操作规程			
	6. 独立完成操作训练			
	7. 独立完成工作页			
	8. 学习和训练质量高			
教师评语		成绩评定		

任务七 螺纹类零件的加工

在现代工业生产中，螺纹是常用的机械联接零件，利用数控车床加工螺纹，能大大提高生产效率，保证螺纹加工精度，减轻操作工人劳动强度。三角形螺纹加工是数控加工中的基本操作。

■ **任务学习目标**

1. 掌握螺纹切削单一固定循环 G92 的指令格式、功能，熟悉 G92 循环加工动作及运动轨迹。
2. 熟悉普通三角形螺纹加工的相关工艺知识。
3. 掌握普通三角形直螺纹的编程加工及精度检测。

■ **任务实施课时**

18 课时。

■ **任务实施流程**

1. 导入新课。
2. 组织学生根据自身认识填写工作页。
3. 根据操作步骤要求，组织学生观看影像资料和示范操作。
4. 组织学生项目实际操作。
5. 巡回指导练习。
6. 结合实习要求和资料，讲解相关理论知识。
7. 拓展问题讨论。
8. 学习任务考试。
9. 完成活动评价表。
10. 学习任务情况总结。

■ **任务所需器材**

1. 设备：数控车床、装有 GSK980TD 仿真软件系统的电脑。
2. 工具：数控车床套筒、刀架扳手、加力杆等附件、90°外圆车刀、60°螺纹车刀、B（刀宽）=3 mm 切断刀若干套、0～150 mm 游标卡尺、0～25 mm 千分尺若干把。
3. 辅具：影像资料、课件。

课前导读

请完成表 7-1 中内容。

表 7-1　　课前导读

序号	实施内容	答案选项	正确答案
1	普通螺纹是我国应用最为广泛的一种三角形螺纹	A. 三角形普通螺纹　B. 矩形螺纹 C. 梯形螺纹　D. 锯齿形螺纹	
2	粗牙普通螺纹螺距是标准螺距	A. 对　B. 错	
3	M20×4（P2），表示公称直径为 20 mm，导程（*Ph*）为 4 mm、螺距（*P*）为 2 mm 的普通（　　）三角形螺纹	A. 双线　B. 单线	
4	M20 粗牙普通螺纹螺距是（　　）	A. 2　B. 2.5　C. 3	
5	螺纹加工属于成形加工，为了保证螺纹的导程，加工时主轴旋转一周，车刀的进给量必须等于螺纹的（　　）	A. 导程　B. 螺距　C. 牙深	
6	高速车削三角形外螺纹前的外圆直径，应比螺纹大径（　　）	A. 大　B. 小	
7	螺纹总切深：$h' \approx$（　　）P	A. 1.3　B. 1.5　C. 2	
8	数控加工中，常用焊接式和机夹式螺纹车刀	A. 对　B. 错	
9	在 M20×2－6H 中，6H 表示中径公差带代号	A. 对　B. 错	
10	利用计算机进行零件设计称为 CAD	A. 对　B. 错	
11	数控机床伺服系统是以_____为直接控制目标的自动控制系统	A. 机械运动速度　B. 机械位移 C. 切削力　D. 切削速度	
12	车螺纹时，应适当增大车刀进给方向的_____	A. 前角　B. 后角 C. 刃倾角　D. 牙型角	
13	用带深度尺的游标卡尺测量孔深时，只要使深度尺的测量面紧贴孔底，就可得到精确数值	A. 对　B. 错	
14	为保证千分尺不生锈，使用完毕后，应将其浸泡在机油或柴油里	A. 对　B. 错	
15	内径百分表使用完毕后，要把百分表和可换测头取下擦净，并在测头上涂防锈油，放入盒内保管	A. 对　B. 错	
16	零件装配时仅需稍做修配和调整便能够装配的性质称为互换性	A. 对　B. 错	

情景描述

小陈知道，图 7-1 所示螺纹类零件加工是数控车床加工的主要功能之一。这几天，小陈不仅复习巩固普通三角形外螺纹加工工艺知识，而且提前预习了螺纹切削单一固定循环 G92 指令，自以为加工圆柱螺纹是“小菜一碟”，但当自己实践加工时，小陈却深深体会到了“纸上得来终觉浅，绝知此事要躬行”的道理。

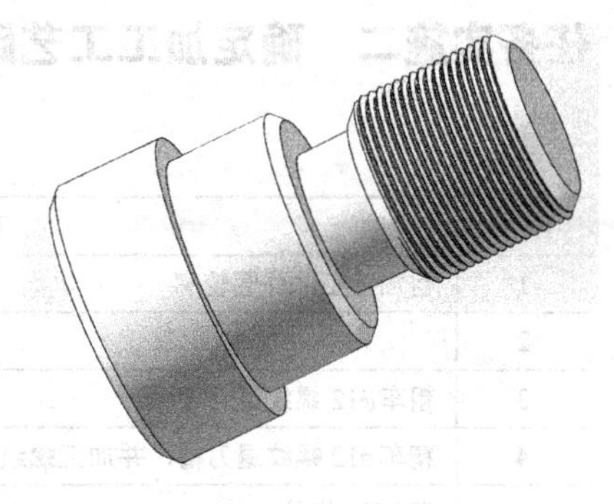

图 7-1　螺纹类零件

任务实施

根据如图 7-2 所示零件图样要求加工零件。

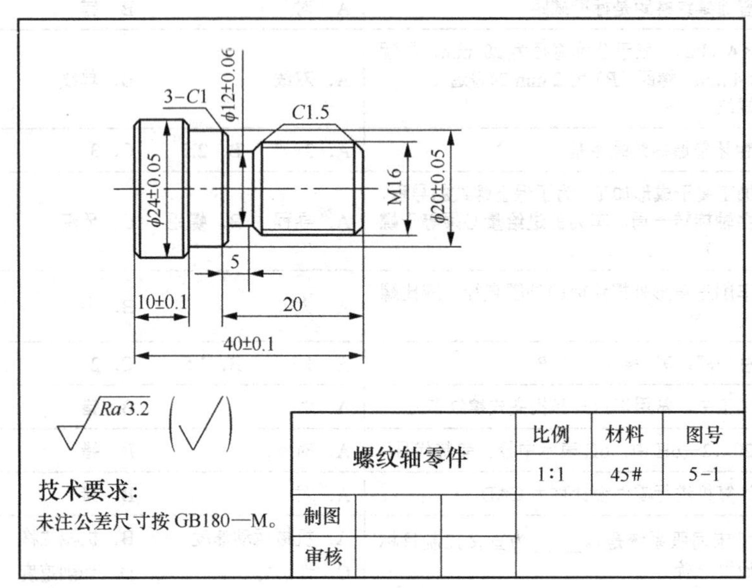

图 7-2　螺纹轴零件图

任务实施一　分析零件图样（见表 7-2）

表 7-2　零件图样分析卡

分 析 项 目	分 析 内 容
结构分析	根据螺纹标记，确定图样左端螺纹部分为普通粗牙螺纹，公称直径为ϕ16 mm，螺距为 2 mm，单线，右旋，螺纹长度 15 mm
确定毛坯材料	ϕ25 mm×85 mm 的 45 钢毛坯棒料
确定装夹方案	三爪自定心卡盘装夹定位

任务实施二　确定加工工艺路线和指令选用（见表 7-3）

表 7-3　加工工艺步骤和指令卡

序号	工 步 内 容	加 工 指 令
1	粗加工工件外圆轮廓	G71
2	（　）	G70
3	粗车ϕ12 螺纹退刀槽	（　）
4	精车ϕ12 螺纹退刀槽，并加工螺纹左端 C1.5 倒角	G01
5	车 M16 螺纹	G92
6	倒角，切断	

任务实施三　选用刀具和切削用量（见表 7-4）

表 7-4　　刀具和切削用量卡

工 步 序 号	刀 具 规 格	主轴转速（r/min）	切削深度（mm）	进给量（mm/r）
1	93° 外圆机夹刀	n=（　　）	a_p=1～2	f=（　　）
2	B=3 mm 切断刀	n=（　　）		f=（　　）
3	螺纹刀	n=560	分层	f=2

任务实施四　确定测量工具（见表 7-5）

表 7-5　　量具卡

序　　号	名　　称	规格（mm）	精度（mm）	数　　量
1	游标卡尺	0～150	0.02	1
2	外径千分尺	（　　）	（　　）	1

任务实施五　加工操作步骤（见表 7-6）

表 7-6　　加工步骤示意图卡

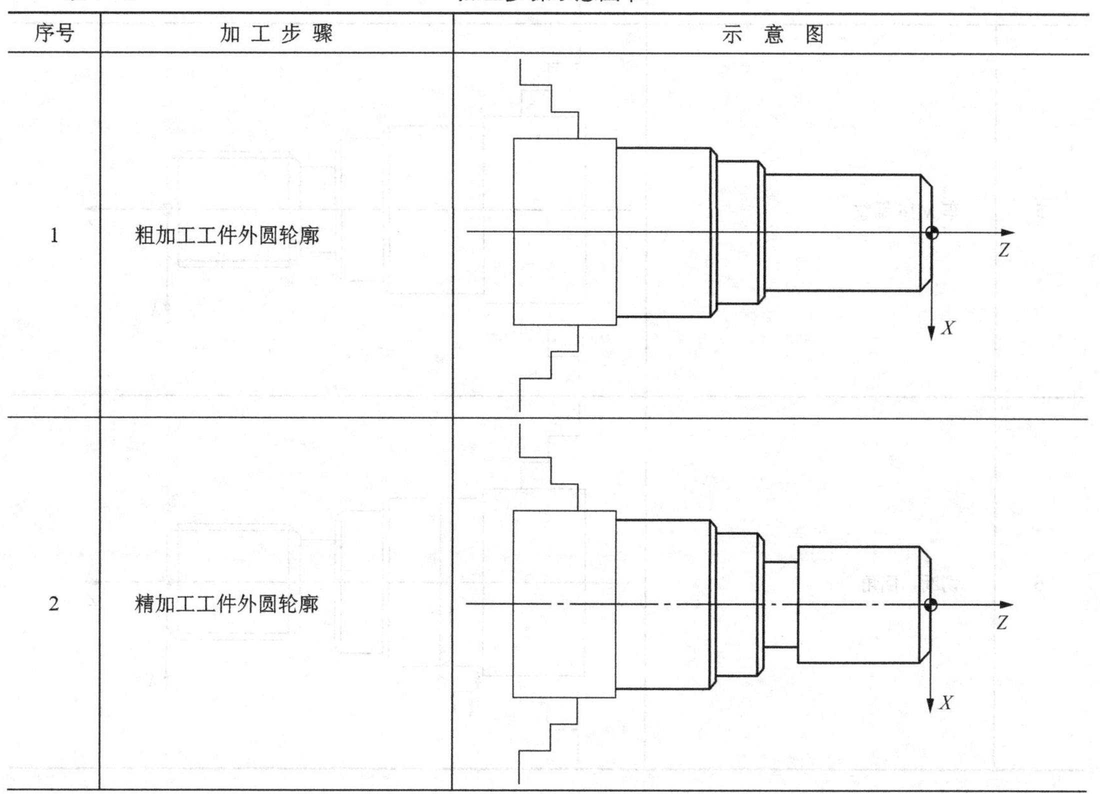

序号	加 工 步 骤	示 意 图
1	粗加工工件外圆轮廓	
2	精加工工件外圆轮廓	

续表

序号	加 工 步 骤	示 意 图
3	粗车ϕ12 螺纹退刀槽	Z X
4	精车ϕ12 螺纹退刀槽，并加工螺纹左端 C1.5 倒角	Z X
5	车 M16 螺纹	Z X
6	切断，倒角	Z X

任务实施六　零件评价和检测

将加工完成零件按表 7-7 评分表中的要求进行检测。

表 7-7　　评分表

序号	考核项目	考核内容	配分	评分标准	检测结果	得分	原因分析	小组检测	小组评分	老师核查
1	加工操作	$\phi 20 \pm 0.05$	15	超 0.01 mm 扣 2 分						
2		$\phi 24 \pm 0.05$	15	超 0.01 mm 扣 5 分						
3		$\phi 12 \pm 0.06$	10	超 0.01 mm 扣 2 分						
4		M16	15	不合格不得分						
5		40 ±0.1	8	超 0.01 mm 扣 2 分						
6		10±0.1	8	超 0.01 mm 扣 5 分						
7		倒角、圆角（5 处）	15	每错一处扣 8 分						
8		其他形状及尺寸	14	每错一处扣 2 分						
9	文明生产	按安全文明生产规定每违反一项扣 3 分，最多扣 20 分								

相关知识

知识一　螺纹的基本知识

1. 螺纹的分类

螺纹按用途不同可分为联接螺纹和传动螺纹；按牙型不同可分为三角形普通螺纹、矩形螺纹、梯形螺纹、锯齿形螺纹等；按螺旋线的方向不同可分为左旋螺纹和右旋螺纹；按螺旋线线数可分为单线和多线螺纹；按母体形状可分为圆柱螺纹和圆锥螺纹等。

2. 三角形普通螺纹的标记及基本牙型

（1）三角形普通螺纹的标记。普通螺纹是我国应用最为广泛的一种三角形螺纹，牙型角为 60°。普通螺纹分粗牙普通螺纹和细牙普通螺纹。粗牙普通螺纹螺距是标准螺距，其代号用字母“M”及公称直径表示，如 M16、M12 等。其螺距 P 只有一种，例如 M16，无标注，查表得 P=2。细牙普通螺纹代号用字母“M”及公称直径×螺距表示，如 M24×1.5、M27×2 等。细牙普通螺纹螺距有多种，使用时需注明，例如 M16×1.5，1.5 就是螺距。普通螺纹有左旋螺纹和右旋螺纹之分，左旋螺纹应在螺纹标记的末尾处加注“LH”字，如 M20×1.5 LH 等，未注明的是右旋螺纹。普通三角形螺纹又分单线螺纹和多线螺纹，单线螺纹的标注同粗、细牙普通螺纹，多线螺纹的标注格式为：特征代号 公称直径×导程（P 螺距），如 M20×4（P2），表示公称直径为 20 mm，导程（Ph）为 4 mm、螺距（P）为 2 mm 的普通双线三角形螺纹。

（2）三角形螺纹的牙型及尺寸计算。螺纹牙型是在通过螺纹轴线的剖面上，螺纹的轮廓形状。螺纹的基本牙型如图 7-3 所示，相关要素及径向尺寸的计算如下：

P：螺纹螺距；

H：螺纹原始三角形高度，$H=0.866P$；

h：牙型高度，$h=5H/8=0.54P$；

D、d：螺纹大径，螺纹大径的基本尺寸与螺纹的公称直径相同；

D_2、d_2：螺纹中径，D_2（d_2）$=D$（d）$-0.6495P$；

D_1、d_1：螺纹小径，D_1（d_1）$=D$（d）$-1.08P$。

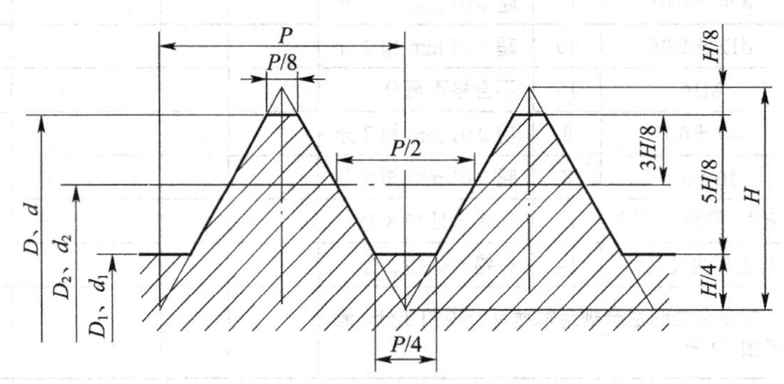

图 7-3 普通螺纹的基本牙型

（3）常用普通粗牙螺纹公称直径与螺距的关系如表 7-8 所示。

表 7-8 常用普通粗牙螺纹的螺距

直径（D）	6	8	10	12	14	16	18	20	22	24	27
螺距（P）	1	1.25	1.5	1.75	2	2	2.5	2.5	2.5	3	3

3．三角形螺纹的加工方法

螺纹加工属于成形加工，为了保证螺纹的导程，加工时主轴旋转一周，车刀的进给量必须等于螺纹的导程。螺纹的牙型往往不是一次加工而成的，需要多次进行切削，如欲提高螺纹的表面质量，可增加几次光整加工。

（1）进刀方式。在数控车床上多刀车削普通螺纹的常用方法有斜进法、直进法两种。

① 斜进法：如图 7-4（a）所示，切削时螺纹车刀沿着牙型一侧平行的方向斜向进刀，至牙底处。此进刀方法始终只有一个侧刃参加切削，加工刀刃容易损伤和磨损，使加工的螺纹面不直，刀尖角发生变化，而造成牙型精度较差。侧向进刀时，刀具负载较小，齿间具有足够的空间排出切屑，从而使排屑比较顺利，刀尖的受力和受热情况有所改善，在车削中不易引起“扎刀”现象。加工时切削深度为递减式，用于加工螺距较大的不锈钢等难加工材料的工件或刚性低、易振动工件的螺纹。

② 直进法：如图 7-4（b）所示，螺纹刀刀尖及左右刀刃同时参加切削，产生的 V 形铁屑作用于切削刃口会引起弯曲力较大，而且排屑困难。因此在切削时，两切削刃容易磨损。在切削螺距较大的螺纹时，由于切削深度较大，刀刃磨损较快，从而造成螺纹中径产生误差，但是

其加工的牙型精度较高，因车刀刀尖参加切削，容易产生“扎刀”现象，把牙型表面镂去一块，甚至造成切削力大而使刀尖断裂，损坏车刀，而且还容易造成振动。加工时要求切深小，刀刃锋利，一般多用于小螺距螺纹及精度较高螺纹的精加工。

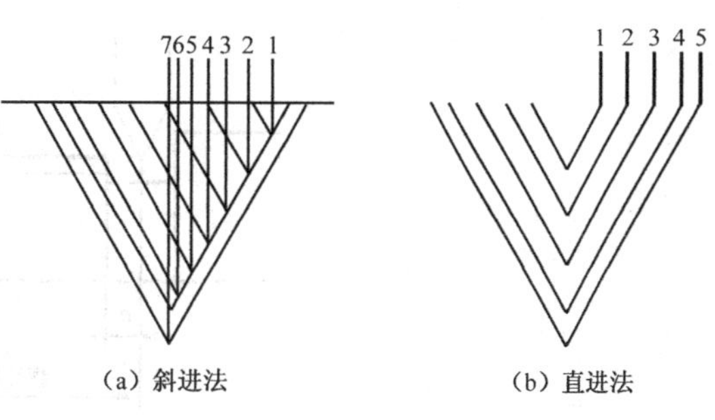

图 7-4 螺纹进刀切削方法

（2）螺纹的总切深和螺纹加工的多刀切削。螺纹总切深与螺纹牙型高度及螺纹中径的公差带有关。考虑到直径编程，在编制螺纹加工程序时，总切深量 $h'=2h+T$，T 为螺纹中径公差带的中值。在实际加工中，螺纹中径会受到螺纹车刀刀尖形状、尺寸及刃磨精度等影响，为了保证螺纹中径达到要求，一般要根据实际作一些调整，通常取总切深量为 $1.3P$，即：

螺纹总切深： $h'\approx1.3P$

螺纹总切深确定后，如果螺纹的牙型较深，可分多次进给。每次进给的背吃刀量依递减规律分配。常用公制螺纹切削时的进给次数及实际背吃刀量（直径量）可按表 7-9 选取。

表 7-9 常用普通螺纹切削的进给次数与背吃刀量

螺距 P（mm）		1.0	1.5	2.0	2.5
总切深量 $1.3P$（mm）		1.3	1.95	2.6	3.25
背吃刀量及切削次数	1 次	0.8	1.0	1.2	1.3
	2 次	0.4	0.6	0.7	0.9
	3 次	0.1	0.25	0.4	0.5
	4 次		0.1	0.2	0.3
	5 次			0.1	0.15
	6 次				0.1

（3）车螺纹前直径尺寸的确定。高速车削三角形外螺纹时，受车刀挤压后会使螺纹大径尺寸胀大，因此车螺纹前的外圆直径，应比螺纹大径小。当螺距为 1.5～3.5 mm 时，外径一般可以小 0.2～0.4 mm。车削三角形内螺纹时，因为车刀切削时的挤压作用，内孔直径会缩小（车削塑性材料较明显），所以车削内螺纹前的孔径（$D_{孔}$）应比内螺纹小径（D_1）略大些。

（4）螺纹行程的确定。车削螺纹时，沿螺旋线方向的进给应与机床主轴的旋转保持严格的速比关系，即主轴每转一圈，刀尖移动距离为一个导程或螺距值（单线）。但在实际车削螺纹开始时，伺服系统不可避免地有一个加速过程，结束前也相应有一个减速过程。在这两个过程中，螺距或导程得不到有效保证，会在螺纹起始段和停止段发生螺距不规则现象，故在安排工艺时必须考虑设置足够的升速段和降速退刀段，以消除伺服滞后造成的螺距误差。实际加工螺纹的长度应包括切入导入距离 δ_1 和切出的空行程量 δ_2，切入空刀行程量 δ_1，一般取 2～3 L、切出空刀行程量 δ_2，一般取 1～2 L，退刀槽较宽时取较大值，如图 7-5 所示。数控车床可加工无退刀槽的螺纹，若螺纹退尾处没有退刀槽，取 δ_2=0。此时，该处的收尾形状由数控系统的功能设定。

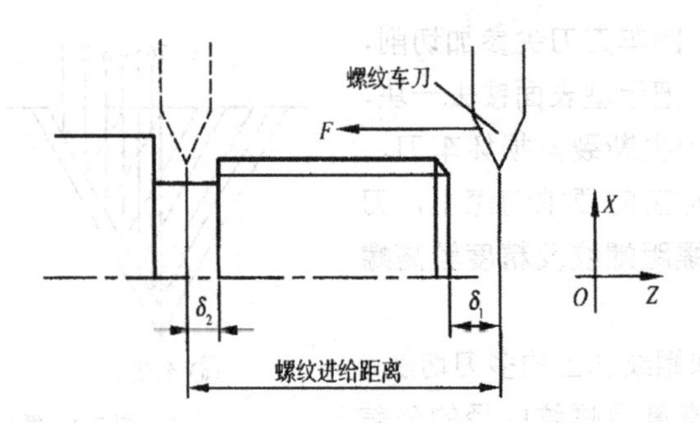

图 7-5　螺纹切削的导入、导出距离

4．螺纹加工相关刀具知识

（1）车刀材料的选择。车削螺纹时，车刀材料的选择合理与否，对螺纹的加工质量和生产效率有很大的影响。目前广泛采用的螺纹车刀材料，一般有高速钢和硬质合金两类，其特点和应用场合如表 7-10 所示。

表 7–10　车刀材料的选择

车刀种类	特　点	应用场合
高速钢螺纹车刀	刃磨比较方便，容易得到锋利的切削刃，且韧性较好，刀尖不易崩裂，车出的螺纹表面粗糙度较小，但高速钢的耐热温度较低	低速车削螺纹或低速精车螺纹
硬质合金螺纹车刀	耐热温度较高，但韧性差，刃磨时容易崩裂，车削时经不起冲击	高速车削螺纹

（2）螺纹车刀的几何角度。数控加工中，常用焊接式和机夹式螺纹车刀，图 7-6 所示为机夹式外螺纹车刀，图 7-7 所示为机夹式内螺纹车刀。硬质合金外螺纹车刀的几何角度如图 7-8 所示。在车削 $P>2$ mm 螺距以及硬度较高的螺纹时，在车刀的两个切削刃上磨出宽度为 0.2～0.4 mm 的倒棱，其 $\gamma_{01}=-5°$。由于在高速车削螺纹时，实际牙型角会扩大，因此刀尖角应减小 30′。车刀前后刀面的表面粗糙度必须很小，高速钢内螺纹车刀的几何角度如图 7-9 所示，螺纹刀刀尖角的检测如图 7-10 所示。

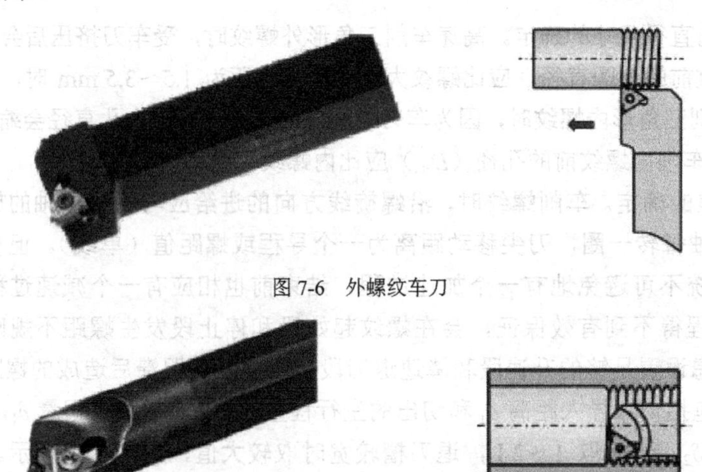

图 7-6　外螺纹车刀

图 7-7　内螺纹车刀

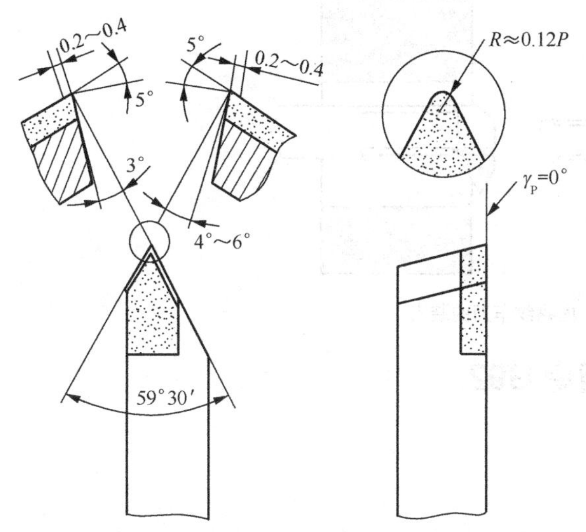

图 7-8　硬质合金三角外螺纹车刀几何角度

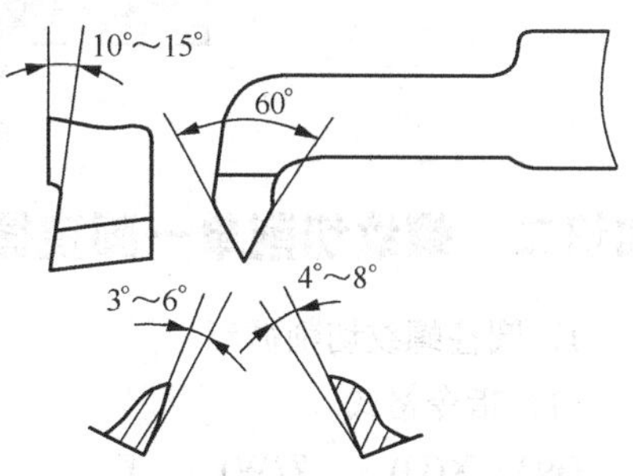

图 7-9　高速钢三角内螺纹车刀几何角度

（3）螺纹车刀的装夹。车螺纹时，为了保证牙型正确，对装刀提出了较严格的要求。装夹外螺纹车刀时，刀尖位置应对准工件轴线（可根据尾座顶尖高度检查）。车刀刀尖角的对称中心线必须与工件轴线严格保持垂直，这样车出的螺纹，其两牙型半角才会相等，如果把车刀装歪，就会产生牙型歪斜，如图 7-11 所示。为了保证装刀要求，装夹外螺纹车刀时常采用角度样板找正螺纹刀尖角度，如图 7-12 所示，将样板靠在工件直径最大的素线上，以此为基准调整刀具角度。装外螺纹车刀时刀头伸出不要过长，一般为刀杆厚度的 1.5 倍左右。

图 7-10　检查螺纹刀刀尖角度

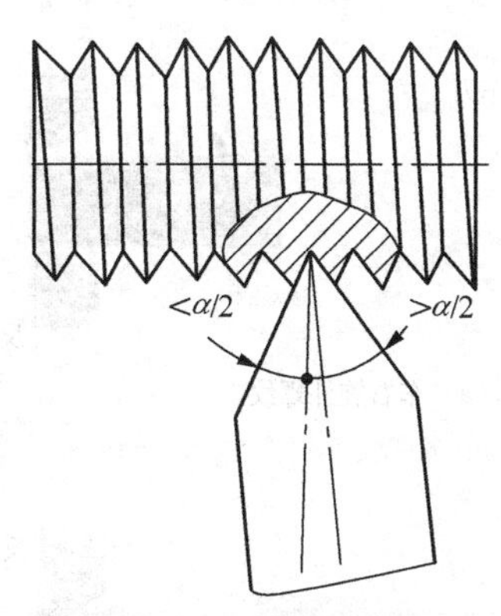

图 7-11　外螺纹车刀装歪

图 7-12　外螺纹车刀的装夹

装夹内螺纹车刀时，刀柄的伸出长度应大于内螺纹长度为 10～20 mm，保证刀尖与工件轴心线等高。如果装得过高，车削时容易引起振动，使螺纹表面产生鱼鳞斑；如果装得过低，刀头下部会与工件发生摩擦，车刀切不进去。装夹时将螺纹对刀样板侧面靠平工件端面，刀尖部分进入样板的槽内进行对刀，同时调整并夹紧刀具，装夹好的螺纹车刀应在底孔内手动试走一次，以防正式加工时刀柄和内孔相碰而影响加工，内螺纹车刀的装夹如图 7-13 所示。

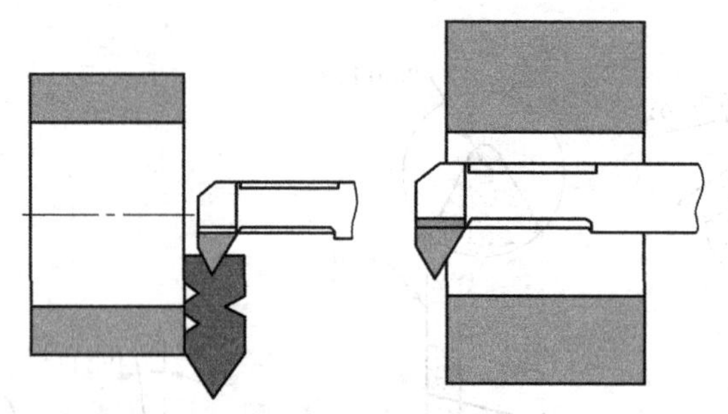

图 7-13　内螺纹车刀的装夹

知识二　螺纹切削单一固定循环指令 G92

1．圆柱螺纹切削循环

（1）指令格式。

G92　X(U)__　Z(W)__　F__

X(U)__　Z(W)__ ：螺纹切削终点处的坐标。

F__ ：螺纹导程的大小，如果是单线螺纹，则为螺距的大小。

（2）指令说明。G92 圆柱螺纹切削轨迹如图 7-14 所示，与 G90 循环相似，运动轨迹也是一个矩形轨迹。刀具从循环起点 A 沿 *X* 向快速移动至 B 点，然后以导程/转的进给速度沿 *Z* 向切削进给至 C 点，再从 *X* 向快速退刀至 D 点，最后返回循环起点 A 点，准备下一次循环。

在 G92 循环编程中，应注意循环起点的正确选择。通常情况下，*X* 向循环起点取在离外圆表面 1～2 mm（直径量）的地方，*Z* 向的循环起点根据导入值的大小来进行选取。G92 加工螺纹时，无需退刀槽。

在加工等螺距圆柱螺纹以及除端面螺纹之外的其他各种螺纹时，均需特别注意其螺纹车刀的安装方法（正、反向）和主轴的旋转方向应与车床刀架的配置方式（前、后置）相适应。螺纹刀具加工方式如图 7-15 所示。

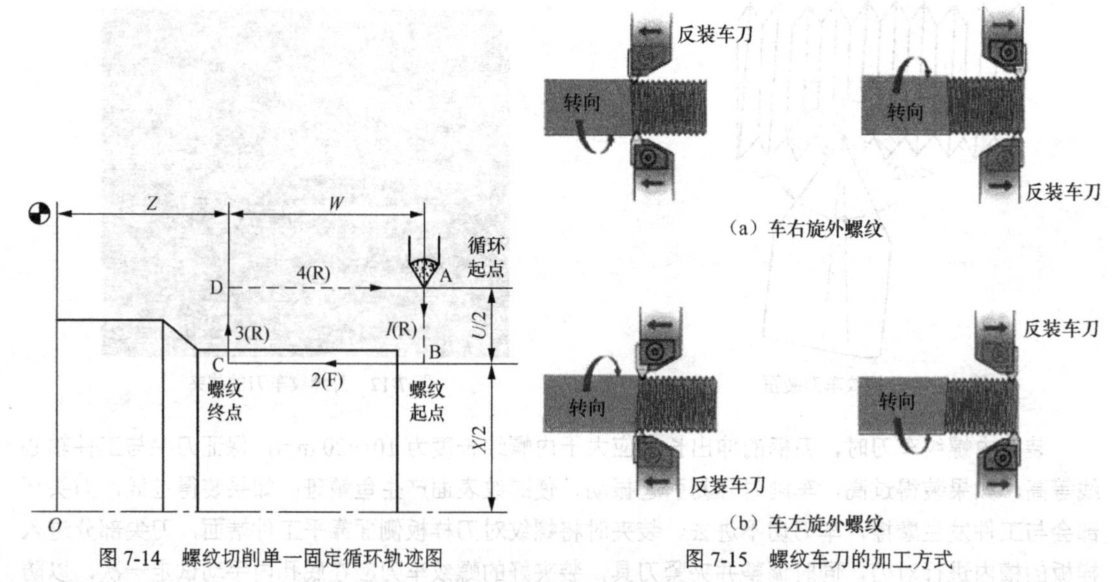

图 7-14　螺纹切削单一固定循环轨迹图　　图 7-15　螺纹车刀的加工方式

对于图 7-16 所示的螺纹，根据不同的刀架配置方式、不同的刀具起点，不同的主轴旋转方向能加工出表 7-11 所示不同旋向的螺纹。

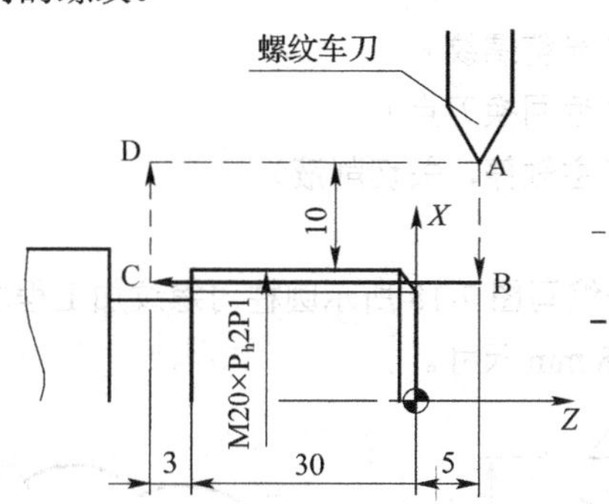

图 7-16 螺纹切削起刀点的选择

表 7-11 螺纹切削起刀点的选择

刀架配置方式	螺纹旋向	主轴旋转方向	起刀点
前置刀架	右旋	M03	A
	左旋	M03	D
后置刀架	右旋	M04	D
	左旋	M04	A

（3）编程实例。

【例 7-1】 试用 G92 指令编写图 7-17 所示圆柱外螺纹加工程序。

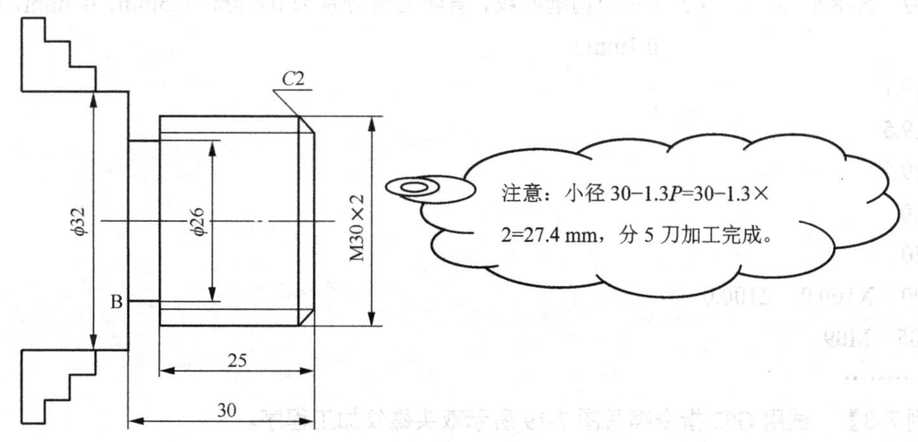

图 7-17 G92 圆柱外螺纹编程示例

…………

T0202 （选 2 号螺纹刀）

M03 S600 （主轴正转，转速 600 r/min）

G00 X32.0 Z3.0 M08 （快速定位至螺纹切削循环起点）

G92 X29.1 Z−22.0 F2.0 （多刀切削螺纹，背吃刀量分别为 0.9mm，0.6mm，0.6mm，0.4mm，0.1mm）

X28.5

X27.9

X27.5

```
X27.4
X27.4                  （光整螺纹）
G00  X100.0  Z100.0    （返回换刀点）
M05  M09               （主轴停，关切削液）
…………
```

【例 7-2】 试用 G92 指令编写图 7-18 所示圆柱内螺纹加工程序，毛坯材料为 45＃，已用镗孔刀预先将内螺纹纹孔镗至ϕ18 mm 尺寸。

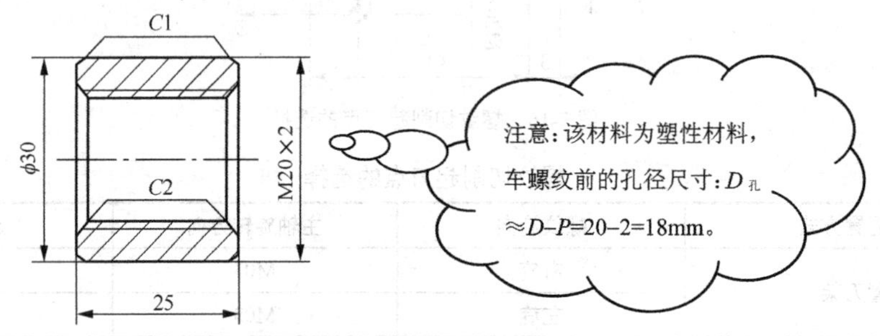

图 7-18 G92 圆柱内螺纹编程示例

```
…………
M03  S335  T0303       （换转速，主轴正转，换内螺纹车刀）
G00  X16  Z5           （快速定位至循环起点（X16，Z5））
G92  X18.6  Z–27  F2   （多刀切削螺纹，背吃刀量分别为 0.6mm，0.5mm，0.4mm，0.4mm，
                        0.1mm）
X19.1
X19.5
X19.9
X20
X20
G00  X100.0  Z100.0
M05  M09
…………
```

【例 7-3】 试用 G92 指令编写图 7-19 所示双头螺纹加工程序。

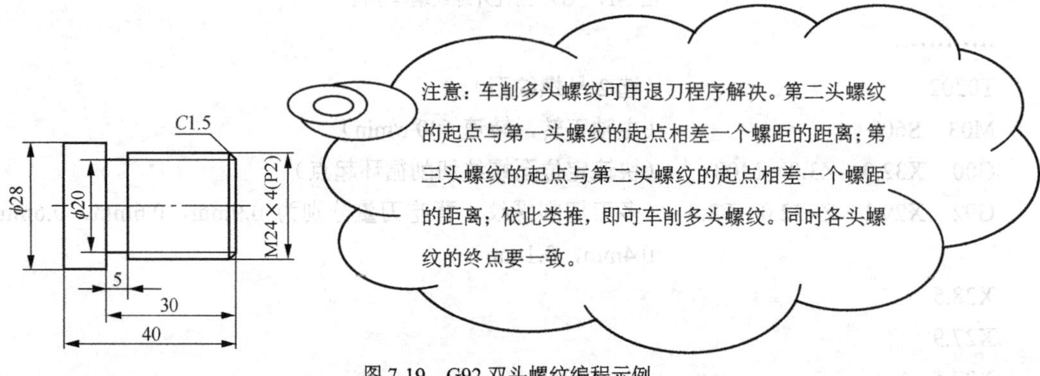

图 7-19 G92 双头螺纹编程示例

…………

M03 S335 T0202（换转速，主轴正转，换螺纹车刀）

G00 X28 Z4（快速定位至第一头螺纹加工的循环起点）

G92 X23.1 Z–27.5 F4（加工第一头螺纹）

X22.5

X21.9

X21.5

X21.4

G00 X28 Z6（快速定位至第二头螺纹加工的循环起点）

G92 X23.1 Z–27.5 F4（加工第二头螺纹）

X22.5

X21.9

X21.5

X21.4

G00 X100 Z100 T0200 M05（返回刀具起始点，取消刀补，停主轴）

…………

2．圆锥螺纹切削循环

（1）指令格式。

G92 X（U）___Z(W)___ R ___ F ___

式中：X、Z 取值为螺纹终点坐标值；

U、W 取值为螺纹终点相对循环起点的坐标增量；

R 为圆锥螺纹切削起点和切削终点的半径差。

（2）指令说明。G92 圆锥螺纹切削轨迹如图 7-20 所示，与 G90 锥面切削循环相似，刀具从循环起点开始按梯形循环，最后返回循环起点，图中虚线表示快速移动，实线表示按螺纹切削速度移动。

进行编程时，应注意 *R* 的正负符号，无论是前置或后置刀架，正、倒锥体或内外锥体，判断原则均是假设刀具起始点为坐标原点，以刀具 *X* 向的走刀方向确定正或负，*R* 值的计算和判断与 G90 相同。

（3）编程实例。

【例 7-4】 试用 G92 指令编写图 7-21 所示圆锥螺纹加工程序，圆锥螺纹大端的底径为ϕ47mm，螺纹导程为 2 mm。

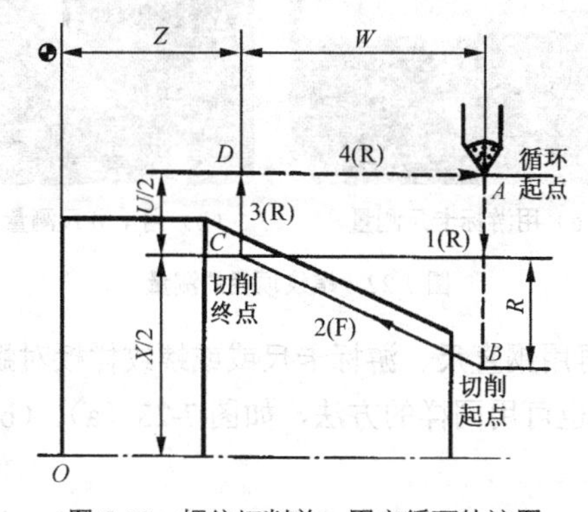

图 7-20 螺纹切削单一固定循环轨迹图

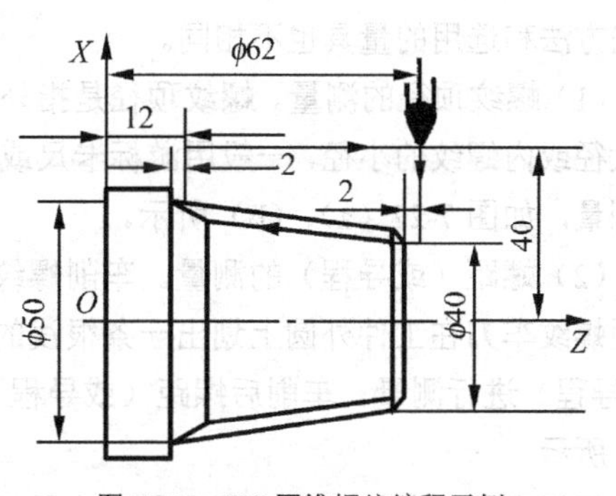

图 7-21 G92 圆锥螺纹编程示例

```
……
G99  S600  M03  T0202  （选 3 号刀，主轴正转，转速 600 r/min）
G00  X80.0  Z62.0  （循环起点）
G92  X49.6  Z12.0  R–5.0  F2.0  （螺纹循环切削 1）
X48.7  R-5.0  （螺纹循环切削 2）
X48.1  R-5.0  （螺纹循环切削 3）
X47.5  R-5.0  （螺纹循环切削 4）
X47.0  R-5.0  （螺纹循环切削 5）
G00  X100.0  Z100.0  M05  （返回换刀点，主轴停）
……
```

注意：指令中的 R 值为负值，且“R”为非模态代码

知识三　三角螺纹测量常用的量具及测量方法

1．常用的量具

螺纹的主要测量参数有螺距、大、小径和中径的尺寸。螺纹的某一项参数对应有不同的量具进行检测。

（1）螺距的测量。对一般精度要求的螺纹，螺距常用钢直尺、游标卡尺和螺距规进行测量。

（2）大、小径的测量。外螺纹的大径和内螺纹的小径，公差都比较大，一般用游标卡尺和千分尺测量。

（3）牙型角的测量。一般的螺纹牙型角可以用螺纹样板或牙型角样板来检验。

（4）中径的测量。三角形螺纹的中径，可用螺纹千分尺或三针测量。

2．测量方法

车削螺纹时，必须根据不同的质量要求和生产批量，选择不同的测量方法，认真进行测量。常用的测量方法有单项测量法和综合测量法。下面仅介绍单项测量法。

单项测量法是指测量螺纹的某一单项参数，一般为对螺纹大径、螺距和中径的分项测量。测量的方法和选用的量具也不相同。

（1）螺纹顶径的测量。螺纹顶径是指外螺纹的大径或内螺纹的小径，一般用游标卡尺或千分尺测量，如图 7-22（a）、（b）所示。

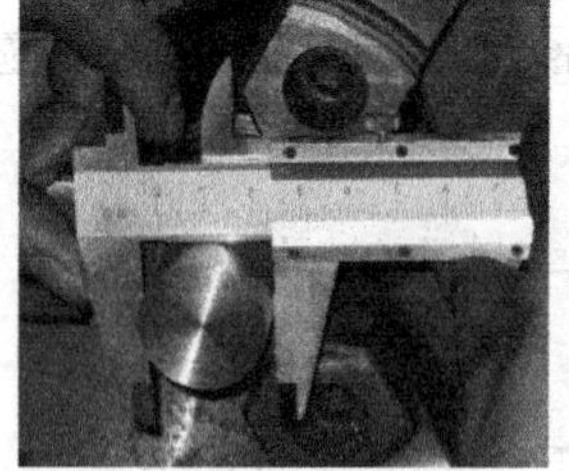

（a）用游标卡尺测量

（b）用千分尺测量

图 7-22　螺纹顶径的测量

（2）螺距（或导程）的测量。车削螺纹前，先用螺纹车刀在工件外圆上划出一条很浅的螺旋线，再用钢直尺、游标卡尺或或螺纹样板对螺距（或导程）进行测量。车削后螺距（或导程）的测量，也可用同样的方法，如图 7-23（a）、（b）、（c）所示。

用钢直尺或游标卡尺进行测量时，最好量 5 个或 10 个牙的螺距（或导程长度），然后取其平均值。图 7-23（a）所示螺纹样板又称为螺距规或牙规，有米制和英制两种。测量时将螺纹样板中的钢片沿着通过工件轴线方向嵌入螺旋槽中，如完全吻合，则说明被测螺距（或导程）是正确的，如图 7-23（b）所示。

（3）牙型角的测量。一般螺纹的牙型角可以用图 7-23（b）所示螺纹样板来检验。

（a）螺纹样板

（b）用螺纹样板测量

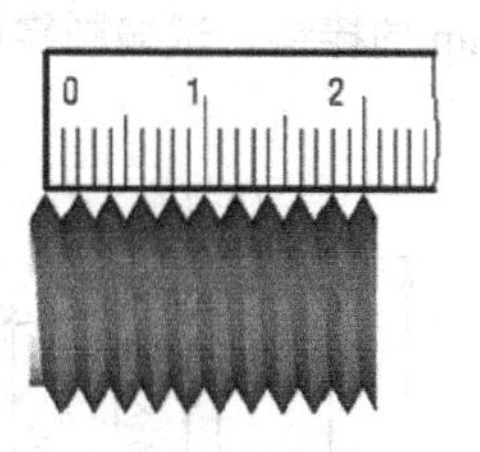

（c）用钢直尺测量

图 7-23　螺距（或导程）的测量

（4）螺纹中径的测量。用螺纹千分尺测量螺纹中径。三角形螺纹的中径可用图 7-24（a）所示的螺纹千分尺测量。螺纹千分尺的读数原理与千分尺相同，但不同的是，螺纹千分尺有 60°和 55°两套适用于不同牙型角和不同螺距的测量头。测量头可以根据测量的需要进行选择，然后分别插入千分尺的测杆和砧座的孔内。但必须注意，在更换测量头后，必须调整砧座的位置，使千分尺对准“0”位。测量时，如图 7-24（b）所示跟螺纹牙型角相同的上下两个测量头正好卡在螺纹的牙侧上。

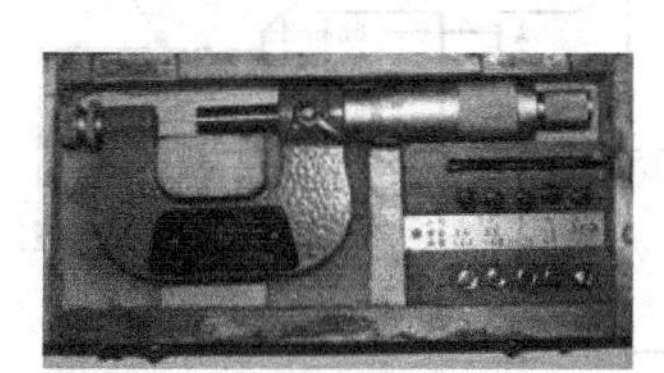

（a）螺纹千分尺

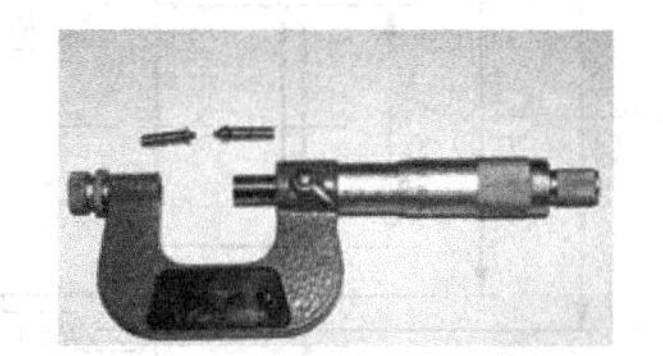

（b）螺纹千分尺的测量头

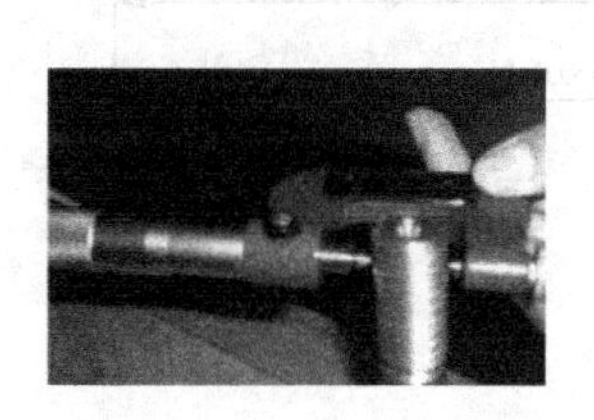

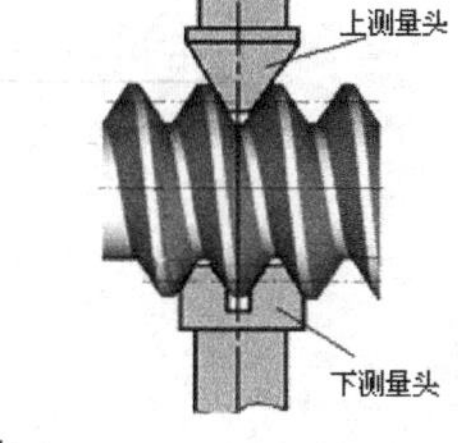

（c）测量方法

图 7-24　用螺纹千分尺测量螺纹中径

拓展知识

1．说说下列普通螺纹代号的含义。

（1）M16　　（2）M27×2　　（3）M20×1.5LH

2．G92 指令与 G32 指令有何区别？

3．计算螺纹的加工长度时，应包括哪些内容？

4．车螺纹为何要分多次吃刀？

5．常用的螺纹切削方法有哪些，各有何特点？

6．零件图如图 7-25、图 7-26、图 7-27 所示，工件材料：45 钢，坯料均是比零件最大尺寸大 2 mm 的棒料。试编制零件的数控加工程序。

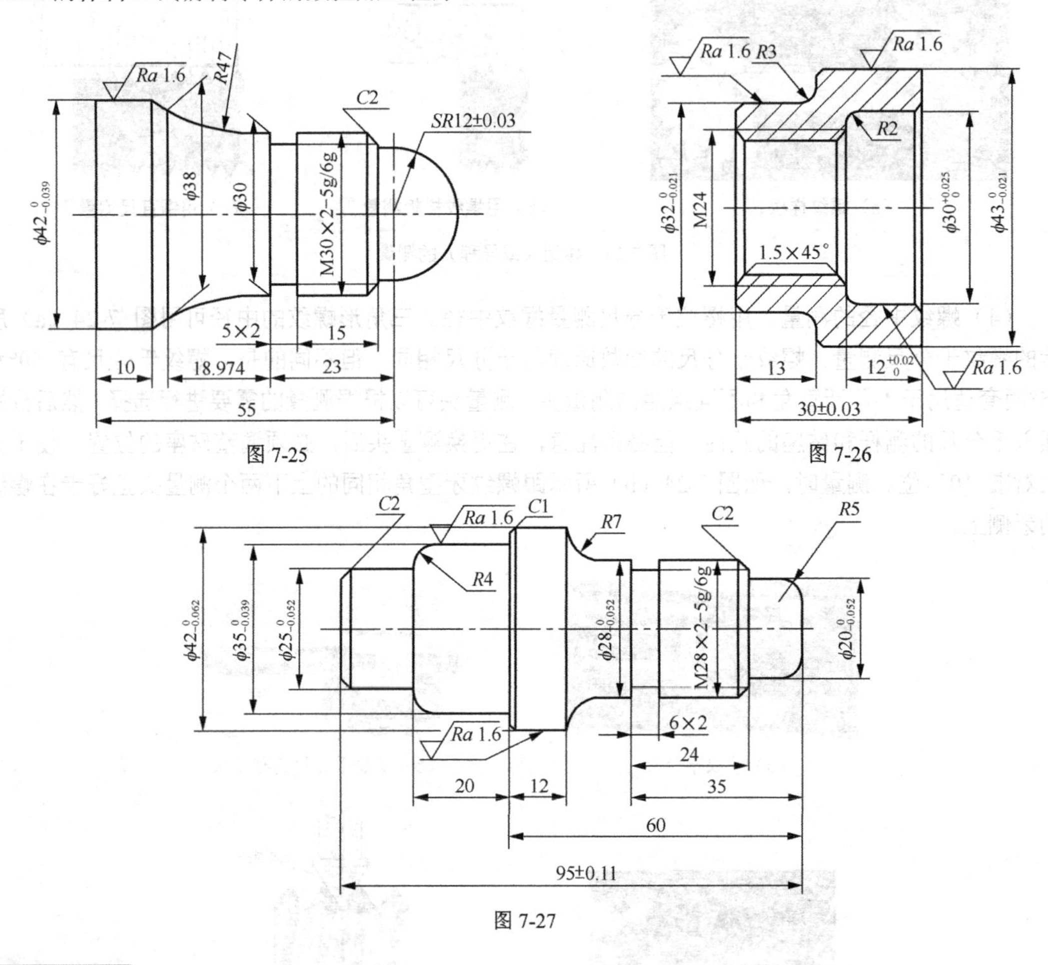

图 7-25

图 7-26

图 7-27

活动评价

根据自己在该任务中的学习表现，结合表 7-12 中活动评价项目进行自我评价。

表 7–12　　活动评价表

项　目	评 价 内 容	评价等级（学生自我评价）		
		A	B	C
关键能力评价项目	1．安全意识强			
	2．着装仪容符合实习要求			
	3．积极主动学习			

续表

项　目	评 价 内 容	评价等级（学生自我评价）		
		A	B	C
关键能力评价项目	4．无消极怠工现象			
	5．爱护公共财物和设备设施			
	6．维护课堂纪律			
	7．服从指挥和管理			
	8．积极维护场地卫生			
专业能力评价项目	1．书、本等学习用品准备充分			
	2．工具、量具选择及运用得当			
	3．理论联系实际			
	4．积极主动参与螺纹类零件加工训练			
	5．严格遵守操作规程			
	6．独立完成操作训练			
	7．独立完成工作页			
	8．学习和训练质量高			
教师评语		成绩评定		

任务八 8 传动轴的加工

轴类零件是机器设备中经常遇到的典型零件之一，它在机械中主要用于支承传动零部件，传递扭矩和承受载荷。它主要用来支承齿轮、带轮等传动零件，以传递转矩和承受载荷。轴类零件是旋转体零件，其长度大于直径，一般由同心轴的外圆柱面、圆锥面、内孔和螺纹及相应的端面组成。因此掌握这类零件的加工也是我们必须学习的任务。

■ **任务学习目标**

1．了解什么是传动轴零件。

2．掌握传动轴零件的加工方法。

■ **任务实施课时**

24 课时

■ **任务实施流程**

1．导入新课。

2．组织学生根据自身认识填写工作页。

3．根据操作步骤要求，组织学生观看影像资料和示范操作。

4．组织学生项目实际操作。

5．巡回指导练习。

6．结合实习要求和资料，对相关理论知识讲解。

7．拓展问题讨论

8．学习任务考试。

9．完成活动评价表。

10．学习任务情况总结。

■ **任务所需器材**

1．设备：数控车床。

2．工具：车刀、量具、工具。

3．辅具：影像资料、课件。

课前导读

请完成表 8-1 中内容。

表 8-1 课前导读

序号	题目	选项	答案
1	违反安全操作规程的是____	A. 严格遵守生产纪律 B. 遵守安全操作规程 C. 执行国家劳动保护政策 D. 可使用不熟悉的机床和工具	
2	不符合着装整洁、文明生产要求的是____	A. 贯彻操作规程 B. 执行规章制度 C. 工作中对服装不作要求 D. 创造良好的生产条件	
3	减小____可以细化工件的表面粗糙度	A. 主偏角 B. 副偏角 C. 刃倾角 D. 前角	
4	钨钴钛类硬质合金主要用于加工____材料	A. 铸铁和有色金属 B. 碳素钢和合金钢 C. 不锈钢和高硬度钢 D. 工具钢和淬火钢	
5	前后两顶尖装夹车外圆的特点是（ ）	A. 精度高 B. 刚性好 C. 可大切削量切削 D. 安全性好	
6	加工轴类零件时，避免产生积屑瘤的方法是（ ）	A. 小前角 B. 中等速度切削 C. 前刀面表面粗糙度大 D. 高速钢车刀低速切削或硬质合金车刀高速车削	
7	粗车时，为了提高生产效率，选用切削用量时，应首先取较大的（ ）	A. 切削深度 B. 切削速度 C. 切削厚度 D. 进给量	
8	车削细长轴时，要用中心架跟刀架来增加工件的（ ）	A. 刚性 B. 强度 C. 韧性 D. 硬度	
9	轴类零件最常用的毛坯是（ ）	A. 铸件和铸钢件 B. 焊接件 C. 圆棒料和锻件 D. 组合件	
10	轴类零件加工时，常用两中心孔作为（ ）	A. 粗基准 B. 定位基准 C. 装配基准	
11	数控车床上用硬质合金车刀精车钢件时进给量常取（ ）	A. 0.2～0.4 mm/r B. 0.5～0.8mm/r C. 0.1～0.2mm/r	
12	数控加工程序中，（ ）指令是非模态的	A. G01 B. F100 C. G92	
13	钢件精加工一般用（ ）	A. 乳化液 B. 极压切削液 C. 切削油	
14	图样中没有标注形位公差的加工面，表示该加工面无形状、位置公差要求	A. 对 B. 错	
15	平行度、对称度同属于位置公差	A. 对 B. 错	
16	数控车削加工钢质阶梯轴，若各台阶直径相差很大时，宜选用锻件	A. 对 B. 错	
17	安排数控车削精加工时，其零件的最终加工轮廓应由最后一刀连续加工而成	A. 对 B. 错	
18	对刀点指数控机床上加工零件时刀具相对零件运动的起始点	A. 对 B. 错	
19	硬质合金刀具在切削过程中，可随时加注切削液	A. 对 B. 错	
20	为了提高生产率，采用大进给切削要比采用大背吃刀量省力	A. 对 B. 错	
21	精车时，为了减小工件表面粗糙度值，车刀的刃倾角应取负值	A. 对 B. 错	
22	P 类硬质合金车刀适于加工长切屑的黑色金属	A. 对 B. 错	

情景描述

某老板拿来一个如图 8-1 所示的传动轴零件图纸，要求按照图纸要求用 45#加工 10 件这样的零件，曾师傅利用这工件传授一些新的知识，要求把这个工件加工好了。那到底教小陈什么了呢？我们一起来学习。

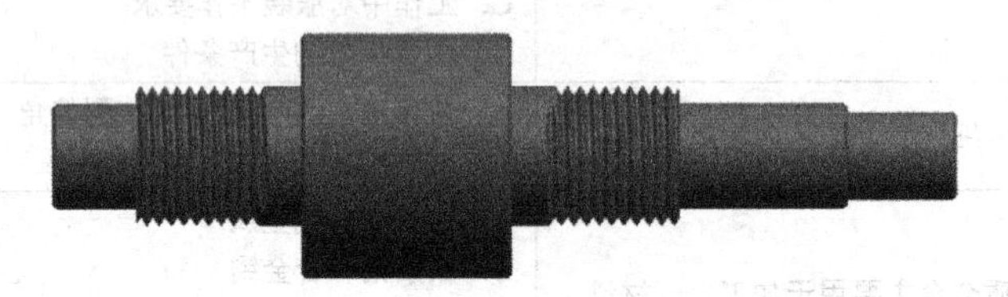

图 8-1　传动轴

任务实施

根据如图 8-2 所示零件图样要求，完成加工出如图 8-1 所示实际零件。

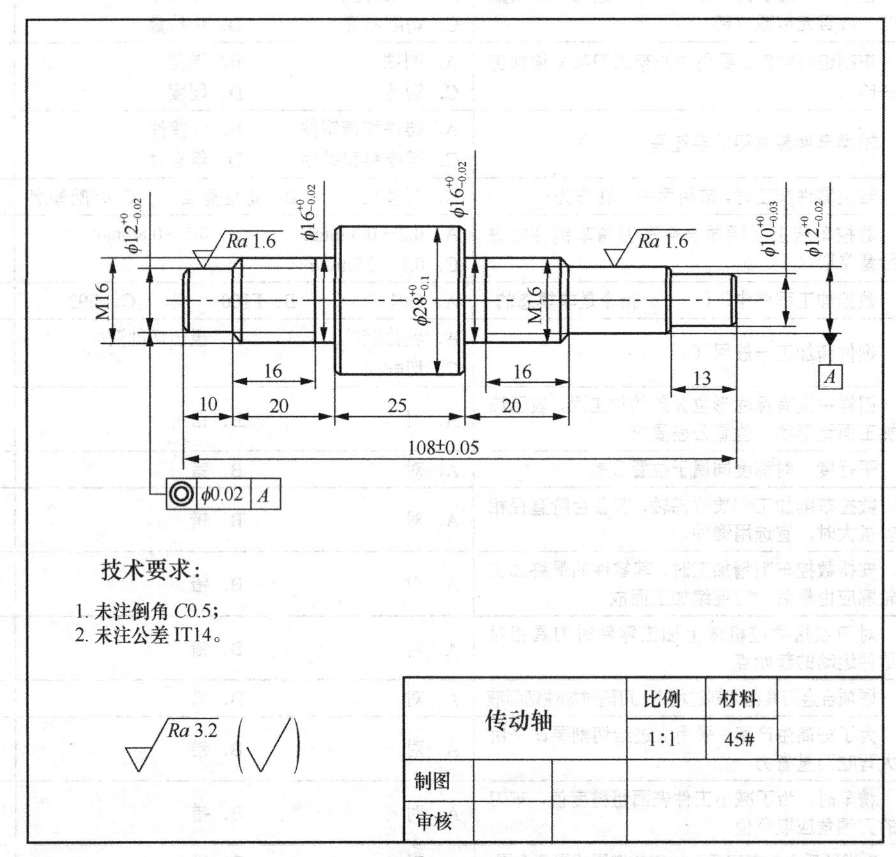

图 8-2　零件图

任务实施一 分析零件图样（见表 8-2）

表 8-2 零件图样分析卡

分 析 项 目	分 析 内 容
结构分析	零件轮廓主要包括圆柱面、____、____等
确定毛坯材料	根据图样形状和尺寸大小，确定此零件加工可选用ϕ____×____圆棒料
精度要求	最高要求的尺寸是：____，最高要求的表面粗糙度是：____，形位公差有：
确定装夹方案	装夹方案：以零件____为定位基准，零件加工零点设在零件左端面和____的交点，第一次夹住ϕ30 圆柱毛坯表面，伸出____mm 长加工工件____左____端；第二次掉头夹住____伸出 60mm 长，校正后车工件____端

任务实施二 确定加工工艺路线和指令选用（见表 8-3）

表 8-3 加工工艺步骤和指令卡

序号	工步内容	加工指令
1	粗加工左端外轮廓	G71
2	精加工左端外轮廓	（ ）
3	加工左端 M16 外螺纹	G92
4	工件调头、校正	—
5	粗加工右端外轮廓	（ ）
6	精加工右端外轮廓	G70
7	加工右端 M16 外螺纹	（ ）

任务实施三 选用刀具和切削用量（见表 8-4）

表 8-4 刀具和切削用量卡

工步序号	刀具规格	主轴转速（r/min）	切削深度（mm）	进给量（mm/r）
1	93°外圆车刀	500～1000	（ ）	0.2～0.3
2	93°外圆车刀	（ ）	0.5	0.1～0.15
3	60°外螺纹刀	500～800	—	2
4	93°外圆车刀	（ ）	1～2	0.2～0.3
5	93°外圆车刀	1000～2000	（ ）	0.1～0.15
6	60°外螺纹刀	（ ）	—	（ ）

任务实施四 确定测量工具（见表 8-5）

表 8-5 量具卡

序号	名称	规格（mm）	精度（mm）	数量
1	游标卡尺	0～150	（ ）	1
2	外径千分尺	0～25	（ ）	1
3	外径千分尺	（ ）	0.01	1
4	外螺纹千分尺	（ ）	0.01	1

任务实施五　加工操作步骤（见表 8-6）

表 8-6　　　　加工步骤示意图卡

序号	加工步骤	示意图（粗实线为加工轮廓）
1	粗加工左端外轮廓 编写加工程序	
2	精加工左端外轮廓 编写加工程序	
3	加工左端 M16 外螺纹 编写加工程序	
4	工件调头、校正 写出校正方法及达到的要求	
5	粗加工右端外轮廓 编写加工程序	
6	精加工右端外轮廓 编写加工程序	
7	加工右端 M16 外螺纹 编写加工程序	

任务实施六　零件评价和检测

将加工完成零件按表 8-7 评分表中的要求进行检测。

表 8-7　　　　　　　　　评分表

序号	检测项目	配分	评分标准	检测结果	得分	原因分析	小组检测	小组评分	老师核查
1	2 $\phi12_{-0.02}^{\ 0}$ /Ra3.2	10/5	每超差 0.01 mm 扣 2 分，每降一级扣 2 分						
2	2 $\phi16_{-0.02}^{\ 0}$ /Ra3.2	10/5	每超差 0.01 mm 扣 2 分，每降一级扣 2 分						
3	$\phi28_{-0.03}^{\ 0}$ /Ra3.2	10/5	每超差 0.01 mm 扣 2 分，每降一级扣 2 分						
4	$\phi12_{-0.02}^{\ 0}$ /Ra3.2	10/5	每超差 0.01 mm 扣 2 分，每降一级扣 2 分						
5	108±0.05/Ra3.2	10/5	每超差 0.01 mm 扣 2 分，每降一级扣 2 分						
6	2-M16	14/5	用螺纹千分尺测量螺纹中径，不符合要求不得分						
7	6×C1	6	每处不符扣 1 分						
8	安全操作	20	按相关安全操作要求酌情扣分						

相关知识

知识　螺纹中径的测量

1．三针测量法

三针测量螺纹中径　用三针测量螺纹中径是一种比较精密的测量方法。三角形螺纹、梯形螺纹和锯齿形螺纹的中径均可采用三针测量。如图 8-3 所示，测量时将三根精度很高、直径相同的量针放置在螺纹两侧相对应的螺旋槽内，用千分尺量出两边量针顶点之间的距离 M。

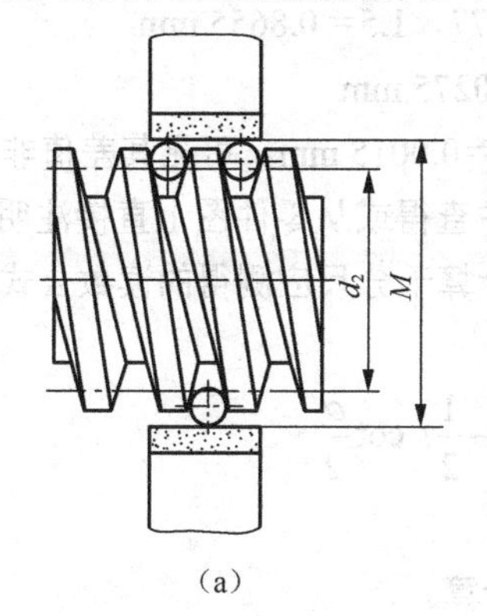

（a）

（b）

图 8-3　三针测量法测量螺纹中径

用量针测量螺纹中径的方法称三针测量法。测量时，在螺纹凹槽内放置具有同样直径 D 的三根量针，如图 8-4（a）所示，然后用适当的量具（如千分尺等）来测量尺寸 M 的大小，以验证所加工的螺纹中径是否正确。

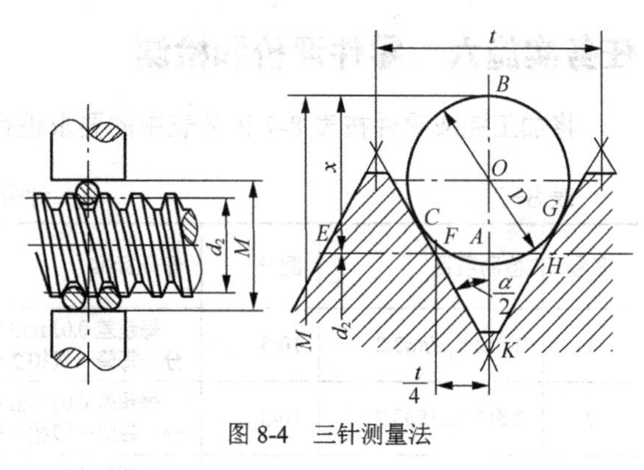

图 8-4 三针测量法

螺纹中径的计算公式：

$$d_2 = M - D\left(1+\frac{1}{\sin\frac{\alpha}{2}}\right)+\frac{1}{2}t\cot\frac{\alpha}{2}$$

式中，M——千分尺测量的数值，mm；

D——量针直径，mm；

$\alpha/2$——牙型半角；

t——工件螺距或蜗杆周节，mm。

量针直径 D 的计算公式：

$$D = \frac{t}{\frac{1}{2}\cos\frac{\alpha}{2}}$$

如果已知螺纹牙型角，也可用表 8-8 所示的简化公式计算。

表 8-8

螺纹牙型角	简化公式
29°	D=0.516t
30°	D=0.518t
40°	D=0.533t
55°	D=0.564t
60°	D=0.577t

【例 8-1】 对 M24×1.5 的螺纹进行三针测量，已知 M＝24.325，求需用的量针直径 D 及螺纹中径 d_2？

解：　∵ $\alpha = 60°$ 代入 D=0.577t 中，得 D=0.577×1.5＝0.8655 mm

∴ d_2=24.325−0.8655(1+1/0.5)+1.5 * 1.732/0.5=23.0275 mm

与理论值（d_2=23.026mm）相差Δ=23.0275−23.026＝0.0015 mm，可见其差值非常的小。

实际上螺纹的中径尺寸，一般都可以从螺纹标准中查得或从零件图上直接注明，因此只要将上面计算螺纹中径的公式移项，变换一下，便可得出计算千分尺应测得的读数公式：

$$M = d_2 + D\left(1+\frac{1}{\sin\frac{\alpha}{2}}\right)-\frac{1}{2}t\cot\frac{\alpha}{2}$$

如果已知牙型角，也可以用表 8-9 所示简化公式计算。

表 8-9

螺纹牙型角 α	简 化 公 式
29°	$M=d_2+4.994D-1.933t$
30°	$M=d_2+4.864D-1.886t$
40°	$M=d_2+3.924D-1.374t$
55°	$M=d_2+3.166D-0.960t$
60°	$M=d_2+3D-0.866t$

【例 8-2】 用三针量法测量 M24×1.5 的螺纹，已知 D=0.866 mm，d_2＝23.026 mm，求千分尺应测得的读数值？

解 ∵ $\alpha = 60°$ 代入上式

$M = d_2+3D-0.866t = 23.026+3\times0.866-0.866\times1.5＝24.325$ mm

2．综合测量法

综合测量法是采用极限量规对螺纹的基本要素（螺纹大径、中径和螺距等）同时进行综合测量的一种测量方法，外螺纹测量时采用螺纹环规，如图 8-5 所示；内螺纹用螺纹塞规，如图 8-6 所示。综合测量法测量效率高，使用方便，能较好地保证互换性，广泛用于对标准螺纹或大批量生产螺纹的检测。

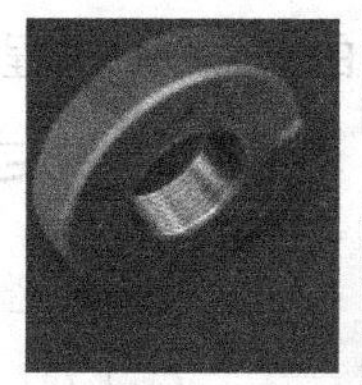

（a）通规

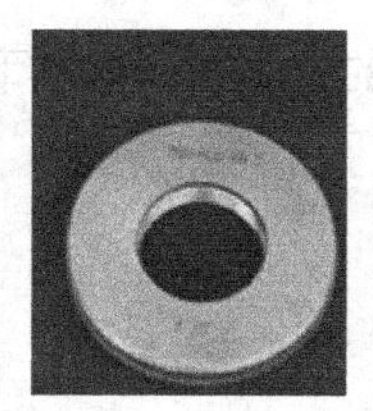

（b）止规

图 8-5 螺纹环规进行测量

（a）螺纹塞规

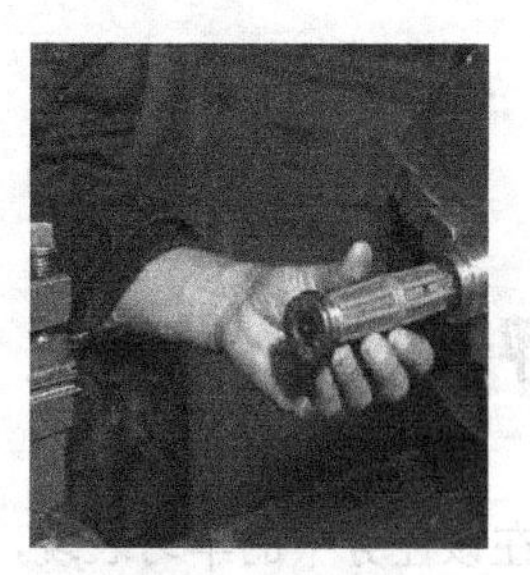

（b）螺纹塞规进行检测

图 8-6 用螺纹塞规检测内螺纹

注意： 螺纹环规测量前，应做好量具和工件的清洁工作，并先检查螺纹的大径、牙型、螺距和表面粗糙度，以免尺寸不对而影响测量。

螺纹环规测量时，如果螺纹环规的通规能顺利拧入工件螺纹的有效长度范围（有退刀槽的螺纹应旋合到底），而止规不能拧入（不超过 2.5 圈），则说明螺纹符合尺寸要求。

如图 8-6 所示，用螺纹塞规检测时，螺纹塞规通端能顺利拧入工件，而止端不能拧入工件，说明螺纹合格。

螺纹环规和塞规是精密量具，使用时不能用力过大，更不能用扳手硬拧，以免降低环规测量精度，甚至损坏环规。

拓展知识

1．请计算 M24×2 的螺纹大、中、小直径。

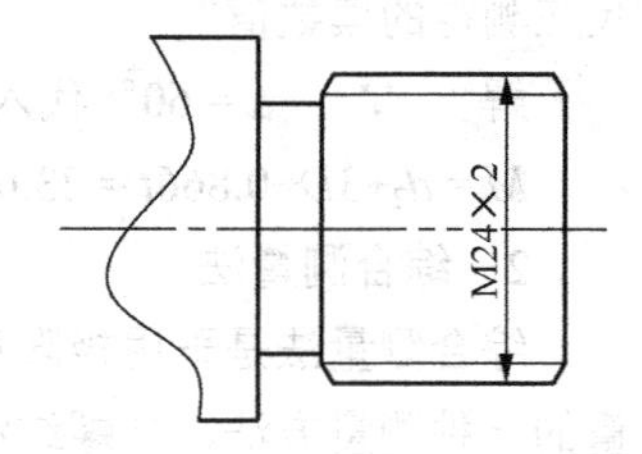

2．如何用 G92 加工带锥度的螺纹？请编制下图螺距为 1.5 的锥螺纹加工程序。

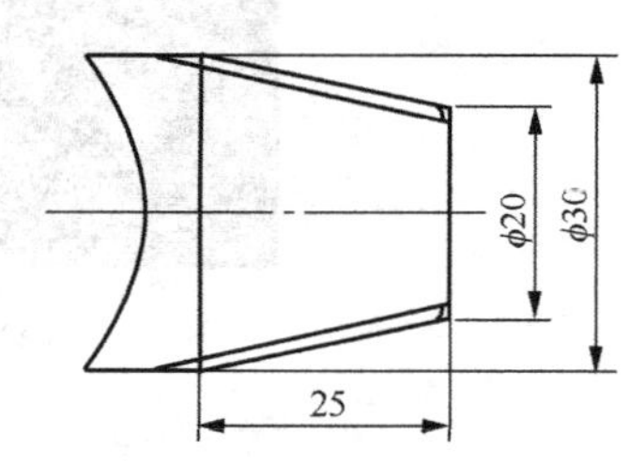

活动评价

根据自己在该任务中的学习表现，结合表 8-10 中活动评价项目进行自我评价。

表 8-10　活动评价表

项　目	评 价 内 容	评价等级（学生自我评价）		
		A	B	C
关键能力评价项目	1．安全意识强			
	2．着装仪容符合实习要求			
	3．积极主动学习			
	4．无消极怠工现象			

续表

项　目	评 价 内 容	评价等级（学生自我评价）		
		A	B	C
关键能力评价项目	5．爱护公共财物和设备设施			
	6．维护课堂纪律			
	7．服从指挥和管理			
	8．积极维护场地卫生			
专业能力评价项目	1．书、本等学习用品准备充分			
	2．工具、量具选择及运用得当			
	3．理论联系实际			
	4．积极主动参与传动轴加工训练			
	5．严格遵守操作规程			
	6．独立完成操作训练			
	7．独立完成工作页			
	8．学习和训练质量高			
教师评语		成绩评定		

端盖的加工

端盖零件是机械设备中使用较多的零件之一，主要用于零件的外部，起密封、阻挡灰尘的作用。因此掌握这类零件的加工也是我们必须学习的任务。

■ **任务学习目标**

1．了解什么是端盖零件。

2．掌握端盖零件的加工方法。

■ **任务实施课时**

24 课时。

■ **任务实施流程**

1．导入新课。

2．组织学生根据自身认识填写工作页。

3．根据操作步骤要求，组织学生观看影像资料和示范操作。

4．组织学生项目实际操作。

5．巡回指导练习。

6．结合实习要求和资料，对相关理论知识讲解。

7．拓展问题讨论。

8．学习任务考试。

9．完成活动评价表。

10．学习任务情况总结。

■ **任务所需器材**

1．设备：数控车床。

2．工具：车刀、量具、工具。

3．辅具：影像资料、课件。

课前导读

请完成表 9-1 中内容。

表 9-1 课前导读

序号	题　　目	选　　项	答案
1	G72 W（Δd） R（e）、 G72 P（ns） Q（nf） U（Δu） W（Δw） F（f） S（s） T（t）中两个 W 值含义相同	A．对　　B．错	

续表

序号	题目	选项	答案
2	G72 P（ns） Q（nf） U（Δu） W（Δw） F（f） S（s） T（t）中 Δu 表示 *X* 方向的精加工余量为（　　）值	A．半径　B．直径	
3	G72 P（ns） Q（nf） U（Δu） W（Δw） F（f） S（s） T（t）中 Δw 表示方向的精加工余量	A．X　B．Z	
4	G72 循环中，顺序号“ns”程序段必须沿（　　）向进刀，且不能出现 *Z* 坐标值，否则会出现程序报警	A．X　B．Z	
5	G72 P（ns） Q（nf） U（Δu） W（Δw） F（f） S（s） T（t）中 f 表示粗加工进给速度，在精加工中也有效	A．对　B．错	
6	百分表是用来测量（　　）	A．外径　B．内径　C．端面	
7	用百分表测量时，测量杆应预先压缩 0.3～1 mm，以保证有一定的初始测力，以免（　　）测不出来	A．尺寸　B．公差 C．形状公差　D．负偏差	
8	千分尺的活动套筒转动一格，测微螺杆移动（　　）	A．1 mm　B．0.1 mm C．0.01 mm　D．0.001 mm	
9	内径千分尺的刻线方向与外径千分尺的刻线方向相反	A．对　B．错	
10	对于加工精度要求（　　）的沟槽尺寸要用内径千分尺来测量	A．较高　B．较低	
11	千分尺使用完毕后，维护保养时，应将其加（　　）保存	A．轻质润滑油　B．防锈油	
12	内径千分尺可测量的最小孔径是（　　）	A．5 mm　B．10 mm	
13	常用千分尺测量范围每（　　）mm 为一档规格	A．25　B．50	
14	游标卡尺是一种较高精度的量具	A．对　B．错	
15	内径百分表表盘沿圆周有（　　）刻度	A．100　B．50	
16	量具在使用过程中与工件（　　）放在一起	A．能　B．不能	
17	工作完毕后，所用过的工具可以不用清理、涂油	A．对　B．错	
18	外径千分尺、内径千分尺属于（　　）	A．机械式量具　B．螺旋测微量具 C．游标量具　D．光学量具	
19	读数值只表示被测尺寸相对于标准量的偏差是（　　）	A．绝对测量　B．相对测量 C．直接测量　D．接触测量	
20	测量与被测尺寸有关的几何参数，经过计算获得被测尺寸是（　　）	A．直接测量　B．间接测量 C．接触测量　D．单项测量	

情景描述

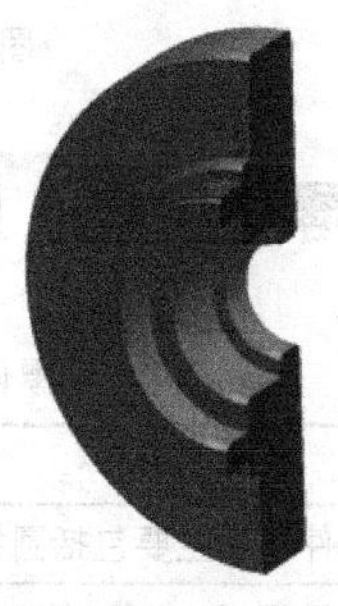

图 9-1　端盖

某老板拿来一个端盖零件（见图 9-1）图纸（见图 9-2），要求按照图纸要求用 45#加工 10 个零件，徒弟小陈接过图纸看了以后不知到从何开始做，因为他以前没加工过外径那么大的盘类零件，不知道从何下手，于是便去请教曾师傅，曾师傅说：“小陈，你先想一想用以前学的知识能否加工，是否要增加新的内容。” 小陈想了想觉得所学的知识不够。曾师傅又利用这工件传授小陈一些新的知识，最后把这个工件加工好了。那曾师傅到底教小陈什么了呢？我们一起来学习。

任务实施

根据如图 9-2 所示零件图样要求，完成加工出如图 9-1 所示实际零件。

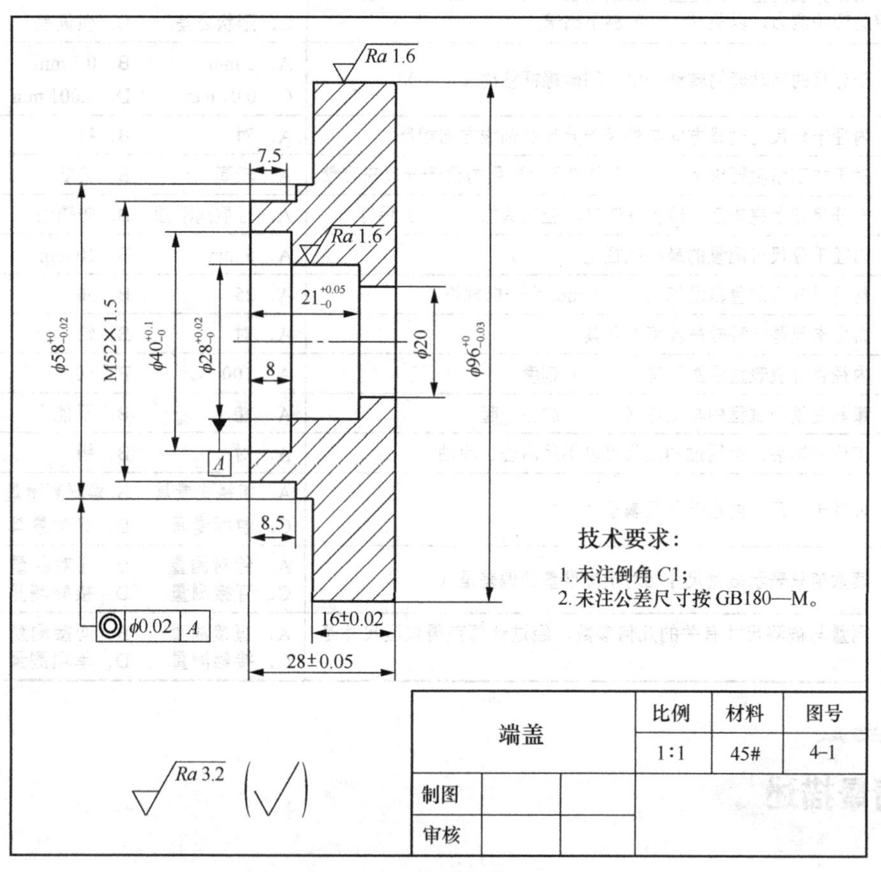

图 9-2　零件图

■ 任务实施一　分析零件图样（见表 9-2）

表 9-2　　零件图样分析卡

分析项目	分析内容
结构分析	零件轮廓主要包括圆柱面、________、________等
确定毛坯材料	根据图样形状和尺寸大小，此零件加工可选用ϕ____×_____圆棒料

续表

分析项目	分析内容
精度要求	最高要求的尺寸是：________，最高要求的表面粗糙度是：__________，几何公差有：__________
确定装夹方案	装夹方案：以零件_____为定位基准，零件加工零点设在零件左端面和______的中心，第一次夹住ϕ100圆柱毛坯表面，伸出_____mm长加工工件________端；第二次掉头夹住____伸出15mm长，校正后车工件_____端

■ 任务实施二　确定加工工艺路线和指令选用（见表9-3）

表9-3　加工工艺步骤和指令卡

序号	工步内容	加工指令
1	毛坯钻底孔	—
2	粗加工右端外轮廓	(　)
3	精加工右端外轮廓	(　)
4	加工右端内孔及倒角	(　)
5	工件调头、校正	—
6	粗加工左端外轮廓	G72
7	精加工左端外轮廓	(　)
8	加工左端M48×1.5外螺纹	(　)
9	粗车左端内孔	(　)
10	精车左端内孔	G70

■ 任务实施三　选用刀具和切削用量（见表9-4）

表9-4　刀具和切削用量卡

工步序号	刀具规格	主轴转速（r/min）	切削深度（mm）	进给量（mm/r）
1	ϕ18钻头	(　)	10	—
2	93度外圆车刀	(　)	1～2	(　)
3	(　)	1000～2000	(　)	0.1～0.15
4	93度内圆车刀	(　)	(　)	0.1～0.15
5	—	—	—	—
6	(　)	500～1000	(　)	0.2～0.3
7	93°外圆车刀	(　)	0.5	(　)
8	60°外螺纹刀	500～800	—	(　)
9	93°内圆车刀	500～1000	(　)	(　)
10	93°内圆车刀	(　)	0.5	0.1～0.15

■ 任务实施四　确定测量工具（见表9-5）

表9-5　量具卡

序号	名称	规格	精度	数量
1	游标卡尺	0～150 mm	(　)	1
2	外径千分尺	(　)	0.01 mm	1
3	外螺纹千分尺	0～25 mm	(　)	1

续表

序　　号	名　　称	规　　格	精　　度	数　　量
4	外径千分尺	(　　)	0.01 mm	1
5				
6				

■ 任务实施五　加工操作步骤（见表 9-6）

表 9-6　　加工步骤示意图卡

序　　号	加 工 步 骤	示意图（粗实线为加工轮廓）
1	毛坯钻底孔 钻头________； 主轴转速	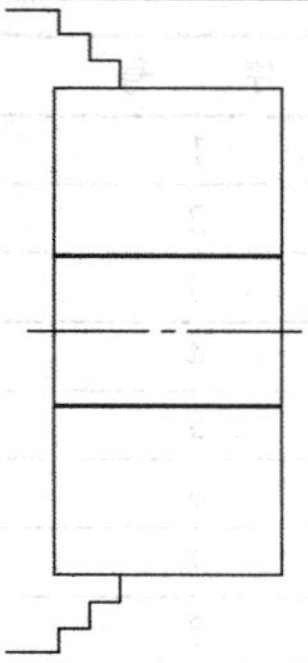
2	粗加工右端外轮廓 写出加工程序	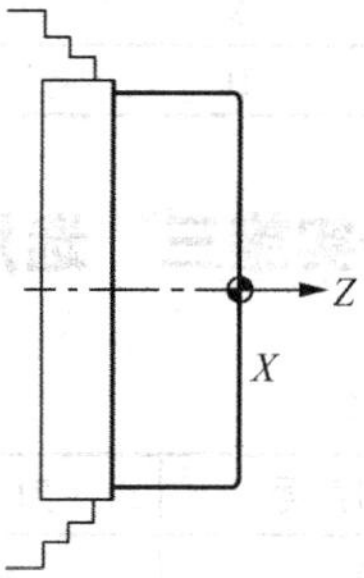 Z X
3	精加工右端外轮廓 写出加工程序	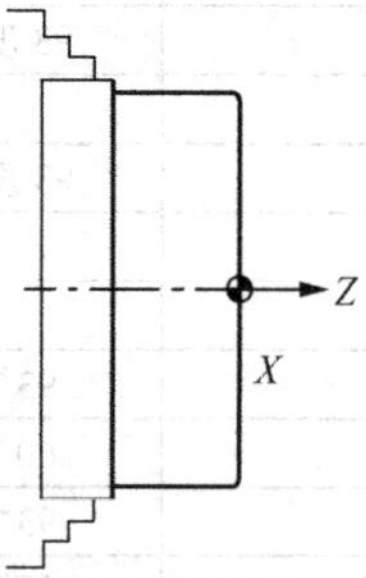 Z X
4	加工右端内孔及倒角 写出加工程序	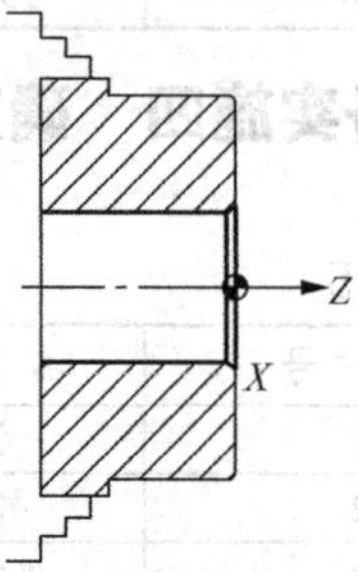 Z X

续表

序号	加工步骤	示意图（粗实线为加工轮廓）
5	工件调头、校正	
6	粗加工左端外轮廓 写出加工程序	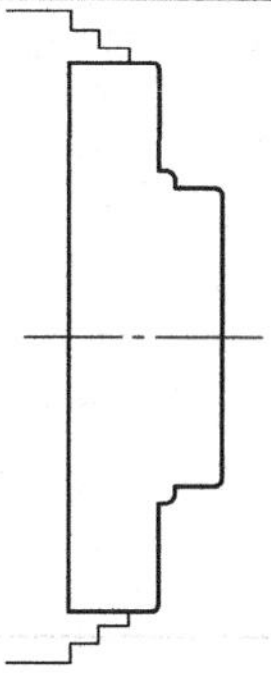
7	精加工左端外轮廓 写出加工程序	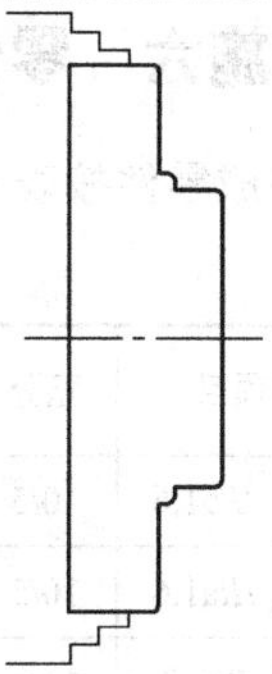
8	加工左端 M52×1.5 外螺纹 写出加工程序	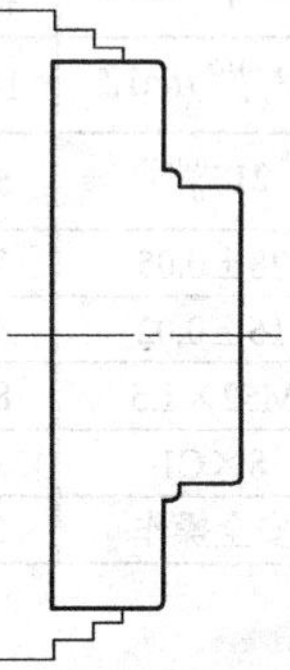
9	粗车左端内孔 写出加工程序	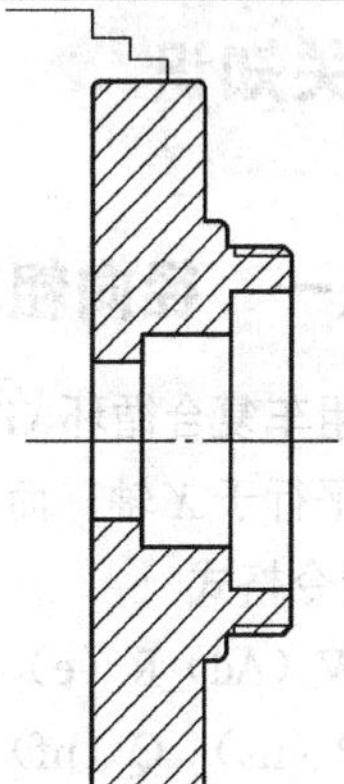

续表

序　号	加 工 步 骤	示意图（粗实线为加工轮廓）
10	精车左端内孔 写出加工程序	

■ 任务实施六　零件评价和检测

将加工完成零件按表 9-7 评分表中的要求进行检测。

表 9-7　　评分表

序号	检测项目	配分	评分标准	检测结果	自我得分	原因分析	小组检测	小组评分	老师核查
1	$\phi58_{-0.02}^{0}$ /Ra1.6	10/5	超差 0.01 mm 扣 2 分，降一级扣 2 分						
2	$\phi96_{-0.03}^{0}$ /Ra1.6	10/5	超差 0.01 mm 扣 2 分，降一级扣 2 分						
3	$\phi40_{0}^{+0.1}$ /Ra3.2	10/5	超差 0.01 mm 扣 2 分，降一级扣 2 分						
4	$\phi28_{0}^{+0.02}$ /Ra1.5	10/5	超差 0.01 mm 扣 2 分，降一级扣 2 分						
5	$21_{0}^{+0.05}$	5/2	超差 0.01 mm 扣 2 分，降一级扣 2 分						
6	28±0.05	5/2	超差 0.01 mm 扣 2 分，降一级扣 2 分						
7	16±0.02	5/2	超差 0.01 mm 扣 2 分，降一级扣 2 分						
8	M52×1.5	8/3	不合格不得分						
9	8×C1	8	每处不符扣一分						
10	安全操作	20	按相关安全操作要求酌情扣分						

相关知识

■ 知识一　径向粗车固定循环指令 G72 的编程

径向粗车复合循环 G72 与外圆粗车复合循环 G71 均为粗加工循环指令，其区别仅在于 G72 切削方向平行于 X 轴，而 G71 是沿着平行于 Z 轴进行切削循环加工的，如图 9-3 所示。

1．指令格式

G72 W（Δd）R（e）、

G72 P（ns）Q（nf）U（Δu）W（Δw）F（f）S（s）T（t）

说明：（1）W——每次切削量（模态值、Z向进刀）（第一行的W值）

（2）R——退刀量（X向退刀，成45° 角）

（3）P——精加工群第一段的顺序号

（4）Q——精加工群最后一段的顺序号

（5）U——X方向的精加工余量

（6）W——Z方向的精加工余量（第二行的W值）

（7）F——进给速度

2．运动轨迹

G72循环加工轨迹如图9-3所示。该轨迹与G71轨迹相似，不同之处在于该循环是沿Z向进行分层切削的。

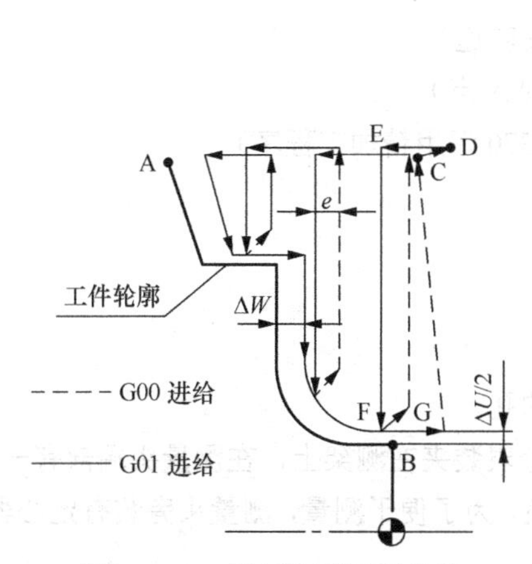

图9-3 G72径向粗车循环轨迹图

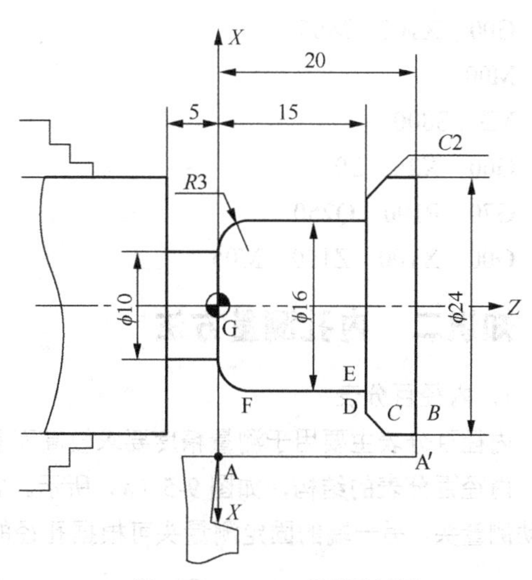

图9-4 G72/G70编程示例图

3．指令说明

（1）G72与G71切深量Δd切入方向不一样，G72是沿Z轴方向移动切深，而G71是沿X轴方向进给切深。

（2）G72循环所加工的轮廓形状，必须采用单调递增或单调递减的形式。

4．G72与G70编程示例

如图9-4所示，毛坯ϕ25 mm，全部Ra3.2、用G70、G72等指令编程加工工件中间部分。要求加工A点到A′点间的工件形状。工件坐标系、刀具起始点位置如图9-4所示。已知切断刀刀宽3.6 mm（右刀尖为刀位点），切深为3 mm，退刀量为1 mm，X方向精加工余量为0.5 mm，Z方向精加工余量为0.10mm。编写A点到A′间工件的加工程序。

```
……                    （程序开始部分）
O0207
T0303                 （选切断刀）
G00  X27  Z0          （快进到A点）
G01  X10  F20         （切槽至φ10 mm，便于G72退刀）
G00  X26  Z0          （快速退回至G72起始位置A点）
G72  W3  R1           （采用端面粗车复合循环）
```

```
G72  P190  Q250  U0.5  W-0.1  F20     （粗加工程序从 N190 至 N250 段）
N190  G00  Z20  M08                   （从 A 点到 A′ 点）
G01  X24  F30                         （从 A′ 点到 B 点）
Z17                                   （从 B 点到 C 点）
X20  Z15                              （从 C 点到 D 点）
X16                                   （从 D 点到 E 点）
Z3                                    （从 E 点到 F 点）
N250 G03  X10  Z0  R3                 （从 F 点到 G 点）
G01  Z-1.4                            （切槽宽至 5 mm）
G00  X100  M05                        （快速退出，停主轴）
M00                                   （暂停）
M3  S800                              （换较高转速）
G00  X26  Z0                          （定位到 A 点）
G70  P190  Q250                       （采用 G70 调用精加工程序）
G00  X100  Z150  M05                  （退出）
```

■ 知识二　内孔测量方法

1．内径百分表

内径百分表主要用于测量精度要求较高而且又较深的孔。

内径百分表的结构，如图 9-5（a）所示。它是将百分表装夹在测架上，在测量头端部有一个活动测量头，另一端的固定测量头可根据孔径的大小更换。为了便于测量，测量头旁装有定心器。

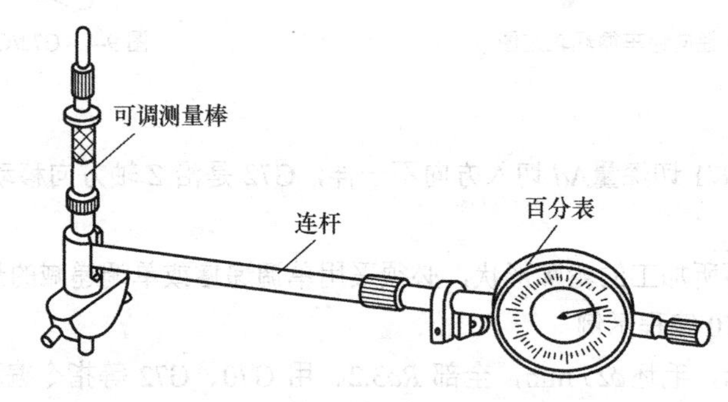

（a）内径百分表

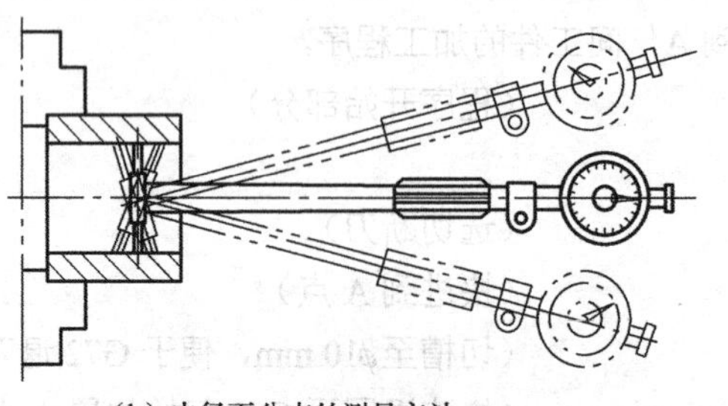

（b）内径百分表的测量方法

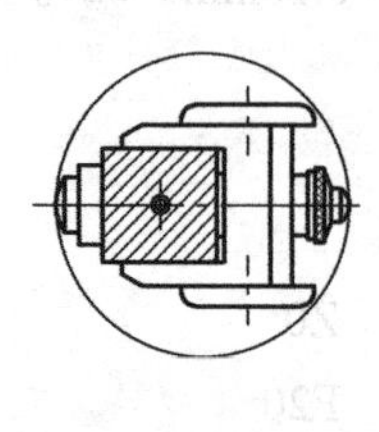

（c）孔中测量情况

图 9-5　内径百分表及使用

内径百分表和千分尺配合使用，也可以比较出孔径的实际尺寸。

2．塞规

在成批生产中，为了测量方便，常用塞规测量孔径（见图 9-6）。塞规通端的尺寸等于孔的最小极限尺寸 D_{min}，止端的基本尺寸等于孔的最大极限尺寸 D_{max}。用塞规检验孔径时，若通端进入工件的孔内而止端不能进入工件的孔内，说明工件孔径合格。

测量盲孔时，为了排除孔内的空气，常在塞规的外圆上开有通气槽或在轴心处轴向钻出通气孔。

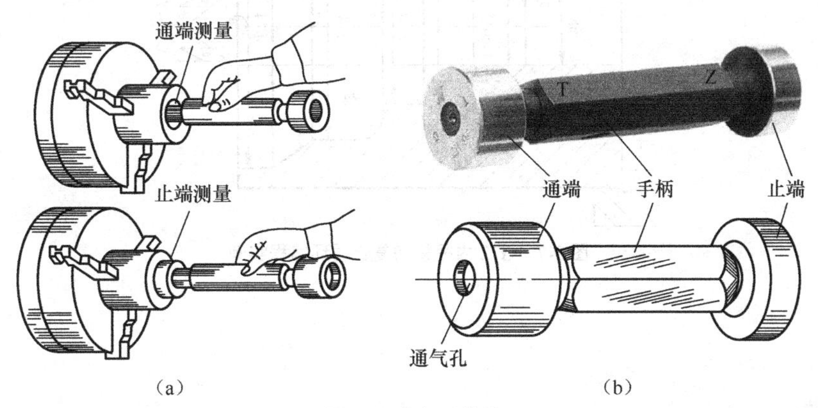

图 9-6　塞规及使用

拓展知识

1．思考：粗车复合循环指令中，G71 同 G72 相比较它们的区别是什么？哪个用起来比较方便？各适用与什么场合？

2．如图 9-7 所示零件的加工程序：要求循环起始点在 A(6，3)，切削深度为 1.2 mm。退刀量为 1 mm，*X* 方向精加工余量为 0.2 mm，*Z* 方向精加工余量为 0.5 mm，其中点画线部分为工件毛坯，编写加工程序。

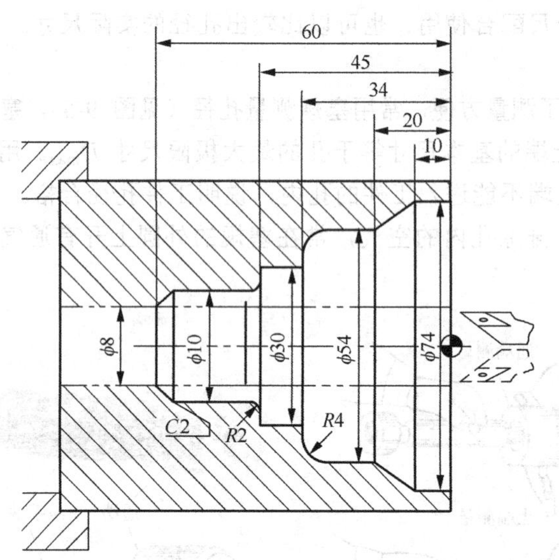

图 9-7　G72 内径粗切复合循环编程实例

活动评价

根据自己在该任务中的学习表现，结合表 9-8 中活动评价项目进行自我评价。

表 9-8　活动评价表

项　目	评 价 内 容	评价等级（学生自我评价）		
		A	B	C
关键能力评价项目	1．安全意识强			
	2．着装仪容符合实习要求			
	3．积极主动学习			
	4．无消极怠工现象			
	5．爱护公共财物和设备设施			
	6．维护课堂纪律			
	7．服从指挥和管理			
	8．积极维护场地卫生			
专业能力评价项目	1．书、本等学习用品准备充分			
	2．工具、量具选择及运用得当			
	3．理论联系实际			
	4．积极主动参与端盖零件加工训练			
	5．严格遵守操作规程			
	6．独立完成操作训练			
	7．独立完成工作页			
	8．学习和训练质量高			
教师评语		成绩评定		

任务十 10 手柄的加工

手柄类零件是五金配件中经常遇到的典型零件之一，车床手柄在车床中是机床附件或称其为操作件。在车床上主要用在车床换挡把手、进给把手、尾座把手等位置。主要是方便操作，省力等作用。

■ **任务学习目标**

1．了解手柄零件及常见手柄类型。

2．掌握手柄零件的加工与编程方法。

■ **任务实施课时**

24 课时。

■ **任务实施流程**

1．导入新课。

2．组织学生根据自身认识填写工作页。

3．根据操作步骤要求，组织学生观看影像资料和示范操作。

4．组织学生项目实际操作。

5．巡回指导练习。

6．结合实习要求和资料，对相关理论知识讲解。

7．拓展问题讨论。

8．学习任务考试。

9．完成活动评价表。

10．学习任务情况总结。

■ **任务所需器材**

1．设备：数控车床。

2．工具：手柄零件 5 个、数车仿真系统及电脑 60 台、980TD 系统 30 个、机车配套工量具 30 套。

3．辅具：影像资料、课件。

课前导读

请完成表 10-1 中内容。

表 10-1　　　　课前导读

序　号	实 施 内 容	答 案 选 项	正 确 答 案
1	用 G73 指令加工的轮廓，可用那个指令来精加工？	A．G70　B．G71 C．G72　D．G74	
2	M12 的螺距是多少？	A．1　B. 1.5　C．1.75　D．2	
3	G73 U(Δi) W(Δk) R(d) 、 G73 P(ns) Q(nf) U(Δu) W(Δw) F 格式中 R 是指？	A．退刀量 B．循环次数	
4	G73 U(Δi) W(Δk) R(d) 、 G73 P(ns) Q(nf) U(Δu) W(Δw) F 格式中 U(Δi)是指？	A．*X* 轴余量　B．*Z* 轴余量 C．*X* 退刀量　D．*Z* 退刀量	
5	G73 U(Δi) W(Δk) R(d) 、 G73 P(ns) Q(nf) U(Δu) W(Δw) F 格式中 U(Δu)是指？	A．*X* 轴余量　B．*Z* 轴余量 C．*X* 退刀量　D．*Z* 退刀量	
6	G73 U(Δi) W(Δk) R(d) 、 G73 P(ns) Q(nf) U(Δu) W(Δw) F 格式中 P(ns)是指？	A．循环起始程序段号 B．循环结束程序段号	
7	G73 U(Δi) W(Δk) R(d) 、 G73 P(ns) Q(nf) U(Δu) W(Δw) F 格式中 Q(nf)是指？	A．循环起始程序段号 B．循环结束程序段号	
8	G73 U(Δi) W(Δk) R(d) 、 G73 P(ns) Q(nf) U(Δu) W(Δw) F__ 格式中 F__ 是指？	A．f　B．a_p C．v_c　D．n	

情景描述

某机床厂小陈用数控车床钻孔的时候，突然车床尾座手柄断了，小陈把断了的手柄图形绘制出来，如图 10-1 所示。然后想用数控车床加工该手柄，徒弟小陈却不知道怎样着手加工。因为他以前只加工过一般轴类零件，对于这种外形起伏的轴还没加工过，所以不知道从何下手。于是便去请教曾师傅，曾师傅说："小陈今天我再传授你一些新的知识，你要是能理解，便能把这个工件加工好了。"那到底曾师傅教小陈什么了呢？我们一起来学习。

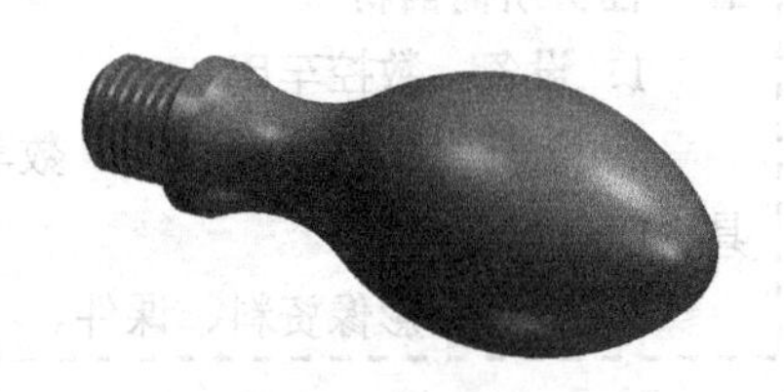

图 10-1　手柄零件

任务实施

根据如图 10-2 所示零件图样要求，完成加工出如图 10-3 所示实际零件。

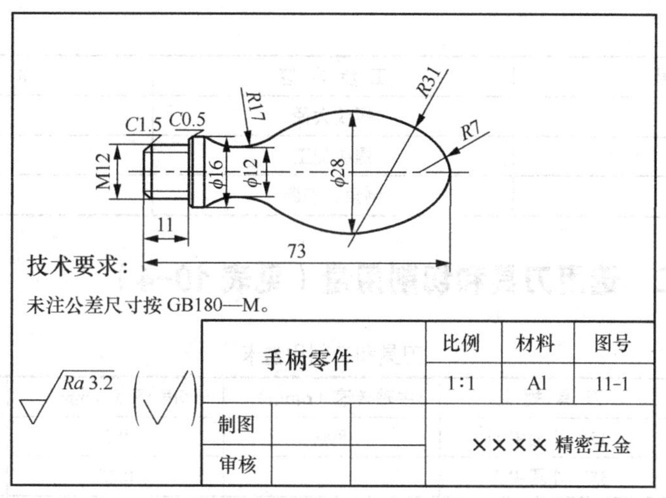

图 10-2 手柄图

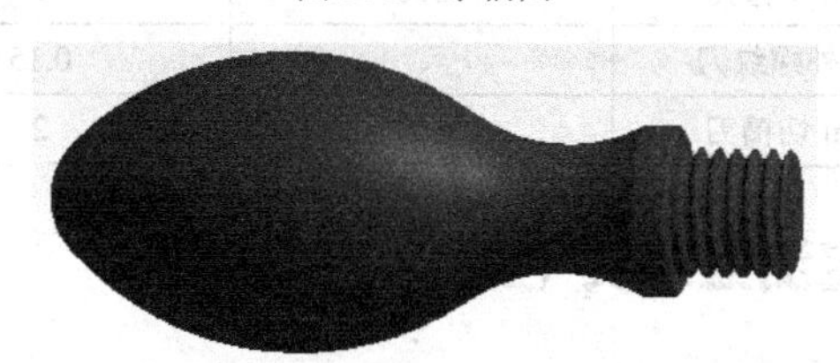

图 10-3 手柄

■ 任务实施一 分析零件图样（见表 10-2）

表 10-2 零件图样分析卡

分析项目	分析内容
结构分析	该图为手柄零件，由ϕ16 外圆、圆弧轮廓和一个 M12 的____组成的手柄零件
确定毛坯材料	根据图样形状和尺寸大小，此零件确定加工可选用ϕ____×____圆棒料，材料为 Al
精度要求	图样上要求的尺寸公差是：____，要求的表面粗糙度是：____
确定装夹方案	三爪卡盘自定心夹紧，伸出____mm ××

■ 任务实施二 确定加工工艺路线和指令选用（见表 10-3）

表 10-3 加工工艺步骤和指令卡

序号	工步内容	加工指令
1	粗车手柄外轮廓	G73
2	精车外轮廓	

续表

序　　号	工 步 内 容	加 工 指 令
3	螺纹大径	G01
4	螺纹加工	
5	倒角、切断	

■ 任务实施三　选用刀具和切削用量（见表 10-4）

表 10-4　　刀具和切削用量卡

工 步 序 号	刀 具 规 格	主轴转速（r/min）	切削深度（mm）	进给量（mm/r）
1	35° 外圆尖刀	800	0.5	
2	35° 外圆尖刀		0.25	
3	3 mm 切槽刀	600	2	0.05
4	60° 外螺纹刀		0.15	
5	3 mm 切槽刀	600	2	0.05

■ 任务实施四　确定测量工具（见表 10-5）

表 10-5　　量具卡

序　　号	名　　称	规格（mm）	精度（mm）	数　　量
1	游标卡尺	0~150	0.02	1
2	螺纹千分尺	0~25	0.01	1
3	外径千分尺		0.01	1
4	外径千分尺	0~25	0.01	1

■ 任务实施五　加工操作步骤（见表 10-6）

表 10-6　　加工步骤示意图卡

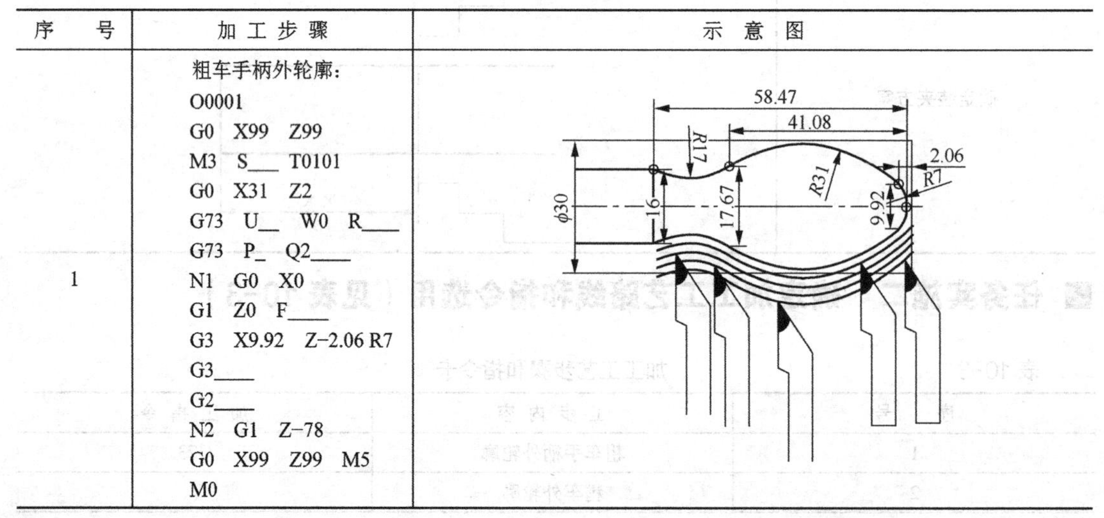

序　　号	加 工 步 骤	示 意 图
1	粗车手柄外轮廓： O0001 G0　X99　Z99 M3　S___　T0101 G0　X31　Z2 G73　U__　W0　R___ G73　P_　Q2___ N1　G0　X0 G1　Z0　F___ G3　X9.92　Z-2.06 R7 G3___ G2___ N2　G1　Z-78 G0　X99　Z99　M5 M0	

续表

序　　号	加 工 步 骤	示 意 图
2	精车外轮廓： G0　X99　Z99 M3　S____　T0101 G0　X30　Z2 G70 G0　X99　Z99　M5 M0	
3	螺纹外轮廓： G0　X99　Z99 M3　S____　T0202 G0　X17　Z−62 G75　R0.2 G75____ G0　W1 G1　X15　W−1 F____ X____ Z____ G0　X32 G0　X99　Z99　M5 M0	73 62 M12
4	螺纹加工： G0　X99　Z99 M3　S560　T0303 G0　X17　Z−64 G92____ X11.2 X____ X10.6 X____ X____ X____ X9. 725 G0　X32 G0　X99　Z99　M5 M0	73 62 M12
5	倒角切断： G0　X99　Z99 M3　S____　T0202 G0　X17　Z−73 X13 G94　X9　Z−73　F10 X9　Z−73　R____ G1　X0 G0　X32 G0　X99　Z99　M5 M30	73 62 M12

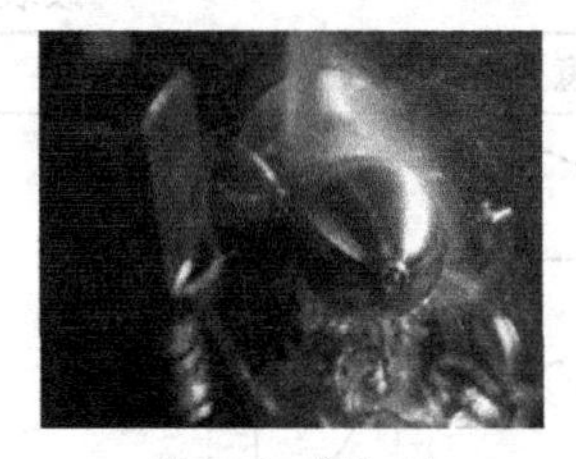
图 10-4 粗加工

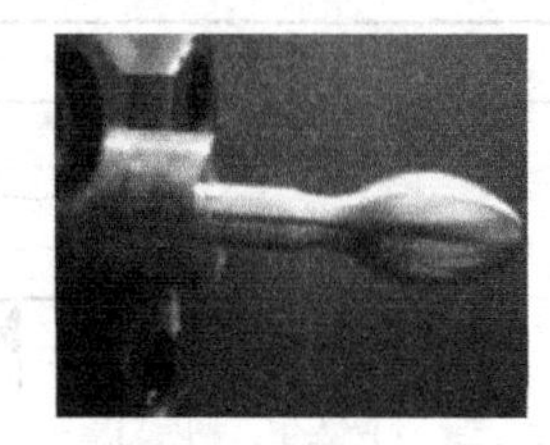
图 10-5 精加工完成

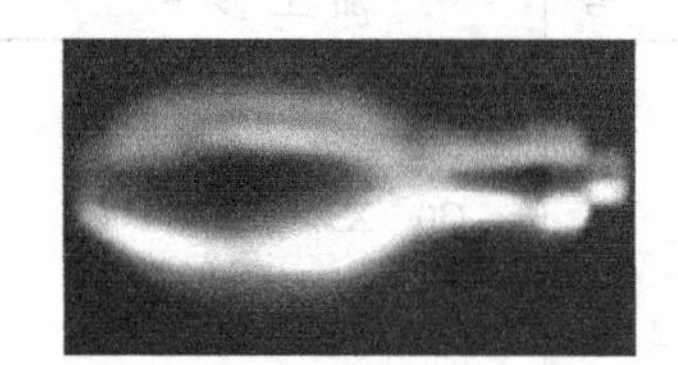
图 10-6 完成

任务实施六 零件评价和检测

将加工完成零件按表 10-7 评分表中的要求进行检测。

表 10-7 评分表

序号	考核项目	考核内容	配分	评分标准	检测结果	自我得分	原因分析	小组检测	小组评分	老师核查
1	外圆尺寸	$\phi12$	10	不合格不得分						
2		$\phi16$	10	不合格不得分						
3		$\phi28$	10	不合格不得分						
4	螺纹	M12	20	不合格不得分						
5	圆弧	*R*7	10	不合格不得分						
6		*R*17	10	不合格不得分						
7		*R*31	10	不合格不得分						
8	长度	11	5	不合格不得分						
9		73	5	不合格不得分						
10	表面粗糙度	*Ra*3.2	10	不合格不得分						
11	文明生产	按安全文明生产规定每违反一项扣 3 分，最多扣 20 分								

相关知识

知识一 仿形车削复合循环指令 G73

1．仿形车粗车复合循环

（1）指令格式。

G73 U(Δi) W(Δk) R(d)

G73 P(ns) Q(nf) U(Δu) W(Δw) F__

N ns ……
　……　（用以描述精加工轨迹）
N nf ……

Δi：X 轴方向的退刀量的大小和方向（半径量指定），该值是模态值；

Δk：Z 轴方向的退刀量的大小和方向，该值是模态值；

d：分层次数（粗车重复加工次数）；

其余参数请参照 G71 指令。

【例 10-10】　G73　U3.0　W0.5　R3.0

G73　P100　Q200　U0.3　W0.05　F150

比一比：G73 指令中的"U(Δi)""W(Δk)""R(d)"与 G71 及 G72 指令中相应参数值的区别与联系。

（2）指令说明。G73 复合循环的轨迹如图 10-7 所示。刀具从循环起点（C 点）开始，快速退刀至 D 点（在 X 向的退刀量为 $\Delta u/2+\Delta i$，在 Z 向的退刀量为 $\Delta w+\Delta k$），快速进刀至 E 点（E 点坐标值由 A 点坐标、精加工余量、退刀量 Δi 和 Δk 及粗切次数确定），沿轮廓形状偏移一定值后进行切削至 F 点，快速返回 G 点，准备第二层循环切削。如此分层（分层次数由循环程序中的参数 d 确定）切削至循环结束后，快速退回循环起点（C 点）。

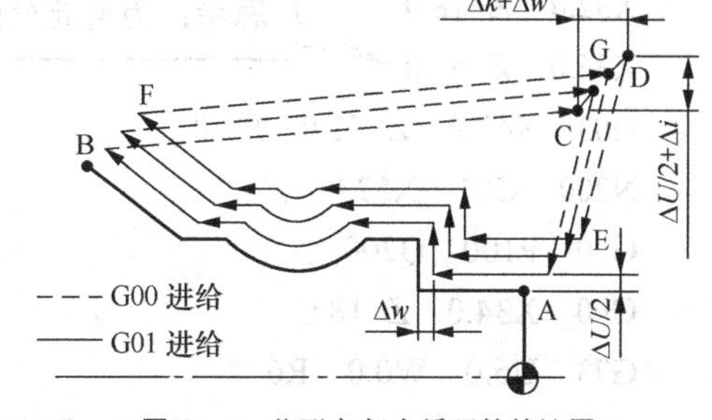

图 10-7　仿形车复合循环的轨迹图

G73 循环主要用于车削固定轨迹的轮廓。这种复合循环，可以高效地切削铸造成形、锻造成形或已粗车成形的工件。对不具备类似成形条件的工件，如采用 G73 进行编程与加工，反而会增加刀具在切削过程中的空行程，而且也不便计算粗车余量。

G73 程序段中，"ns"所指程序段可以向 X 轴或 Z 轴的任意方向进刀。

G73 循环加工的轮廓形状，没有单调递增或单调递减形式的限制。

2．仿形车精车复合循环

仿形车精车复合循环指令格式与前面 G70 的格式完全相同，执行 G70 循环时，刀具沿工件的实际轨迹进行切削，循环结束后刀具返回循环起点。

3．编程实例

【例 10-2】　加工图 10-8 所示的工件（材料为 45#），先采用 G71 指令粗加工成形，再采用 G73 指令加工内凹轮廓（轮廓 $P\sim Q$），试编写其数控车削加工程序。

……　　　　（程序开始部分）

O0408

G00　X52.0　Z2.0　　　　（快速定位至粗车循环起点）

G71　U1.0　R0.3

G71　P100　Q200　U0.5　W0　F100

N100　G00　X18.0　F50　S1000　　用 G71 指令来减少加工过程中的空行程

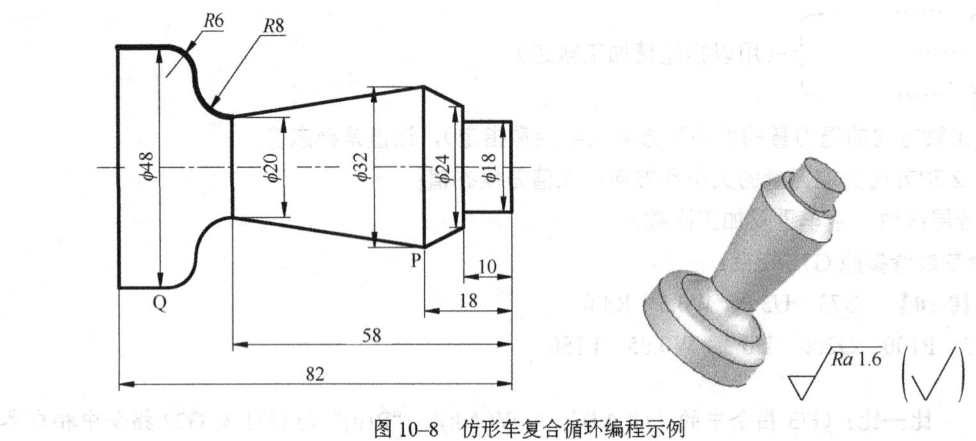

图 10–8　仿形车复合循环编程示例

```
G01  Z-10.0
X24.0
X32.0  Z-18.0
X36.0  Z-65.0
G03  X48.0  Z-71.0  R6.0
N200  G01  X52.0
G70  P100  Q200
G00  X34.0  Z-18.0
G73  U6.0  W0.0  R6
G73  P300  Q400  U0.5  W0.0  F100    (G73 指令加工内凹轮廓)
N300  G01  X32.0  Z-18.0
X20.0 Z-58.0
G02  X36.0  Z-66.0  R8.0
N400  G03  X48.0  Z-72.0  R6.0
G70  P300  Q400
G00  X100.0  Z100.0
M30
```

思考：为何此处的 Z 值为“−65”而不用“−66”

■ 知识二　使用复合固定循环（G71、G72、G73、G70）时的注意事项

1. 如何选用内、外圆复合固定循环，应根据毛坯的形状、工件的加工轮廓及其加工要求适当进行。

（1）G71 固定循环主要用于对径向尺寸要求比较高、轴向切削尺寸大于径向切削尺寸这类毛坯工件进行粗车循环。编程时，X 向的精车余量取值一般大于 Z 向精车余量的取值。

（2）G72 固定循环主要用于对端面精度要求比较高、径向切削尺寸大于轴向切削尺寸这类毛坯工件进行粗车循环。编程时，Z 向的精车余量取值一般大于 X 向精车余量的取值。

（3）G73 固定循环主要用于已成形工件的粗车循环。精车余量根据具体的加工要求和加工形状来确定。

2．使用内、外圆复合固定循环进行编程时，在其 ns～nf 之间的程序段中，不能含有以下指令：

（1）固定循环指令；

（2）参考点返回指令；

（3）螺纹切削指令；

（4）宏程序调用或子程序调用指令。

3．执行 G71、G72、G73 循环时，只有在 G71、G72、G73 指令的程序段中 F、S、T 是有效的，在调用的程序段 ns～nf 之间编入的 F、S、T 功能将被全部忽略。相反，在执行 G70 精车循环时，G71、G72、G73 程序段中指令的 F、S、T 功能无效，这时，F、S、T 值决定于程序段 ns～nf 之间编入的 F、S、T 功能。

4．在 G71、G72、G73 程序段中，Δd(Δi)、Δu 都用地址符 U 进行指定，而Δk、Δw 都用地址符 W 进行指定，系统是根据 G71、G72、G73 程序段中是否指定 P、Q 以区分Δd(Δi)、Δu 及Δk、Δw 的。当程序段中没有指定 P、Q 时，该程序段中的 U 和 W 分别表示Δd(Δi)和Δk、当程序段中指定了 P、Q 时，该程序段中的 U、W 分别表示Δu 和Δw。

5．在 G71、G72、G73 程序段中的Δw、Δu 是指精加工余量值，该值按其余量的方向有正、负之分。另外，G73 指令中的Δi、Δk 值也有正、负之分，其正负值是根据刀具位置和进退刀方式来判定的。

拓展知识

分析图 10-9 零件加工时，应该如何定位装夹。请画出示意图，并写出加工顺序。

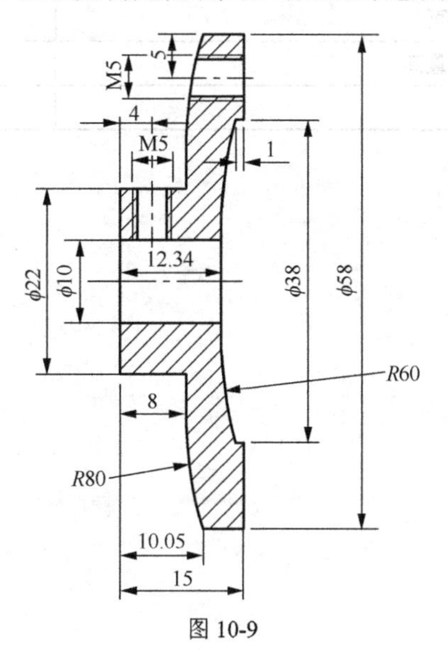

图 10-9

活动评价

根据自己在该任务中的学习表现，结合表 10-8 中活动评价项目进行自我评价。

表 10-8　活动评价表

项　目	评 价 内 容	评价等级（学生自我评价）		
		A	B	C
关键能力评价项目	1. 安全意识强			
	2. 着装仪容符合实习要求			
	3. 积极主动学习			
	4. 无消极怠工现象			
	5. 爱护公共财物和设备设施			
	6. 维护课堂纪律			
	7. 服从指挥和管理			
	8. 积极维护场地卫生			
专业能力评价项目	1. 书、本等学习用品准备充分			
	2. 工具、量具选择及运用得当			
	3. 理论联系实际			
	4. 积极主动参与手柄加工训练			
	5. 严格遵守操作规程			
	6. 独立完成操作训练			
	7. 独立完成工作页			
	8. 学习和训练质量高			
教师评语		成绩评定		

散热件的加工

在一个加工程序中，如果其中有些加工内容完全相同或相似，为了简化程序，可以把这些重复的程序段单独列出，并按一定的格式编写成子程序。主程序在执行过程中如果需要某一子程序，通过调用指令来调用该子程序，子程序执行完后又返回到主程序，继续执行后面的程序段。

■ **任务学习目标**

1. 了解子程序的概念。
2. 掌握子程序的应用方法方法。

■ **任务建议课时**

24 课时。

■ **任务教学流程**

1. 导入新课。
2. 组织学生根据自身认识填写工作页。
3. 根据操作步骤要求，组织学生观看影像资料和示范操作。
4. 组织学生项目实际操作。
5. 巡回指导练习。
6. 结合实习要求和资料，对相关理论知识讲解。
7. 拓展问题讨论。
8. 学习任务考试。
9. 完成活动评价表。
10. 学习任务情况总结。

■ **任务教学准备**

1. 设备：数控车床、电脑。
2. 工具：加工刀具、测量量具、加工材料、各种扳手。
3. 辅具：影像资料、课件。

课前导读

请完成表 11-1 中内容。

表 11–1　　课前导读

序号	实施内容	答案选项	正确答案
1	子程序调用指令是？	A. M98　B. M99　C. G98　D. G99	
2	调用子程序结束指令是？	A. M98　B. M99　C. G98　D. G99	

续表

序号	实施内容	答案选项	正确答案
3	在子程序中一般是用什么编程？	A．相对坐标　B．绝对坐标	
4	子程序能嵌套使用吗？	A．能　B．不能	
5	一般子程序最多能嵌套几次？	A．2　B．3　C．4　D．5	
6	指令格式 M98　P__××××中××××是指？	A．循环次数　B．主程序号 C．子程序号　D．程序段号	
7	指令格式 M98　P__××××中最多能循环多少次？	A．4　B．10　C．999　D．9999	

情景描述

某机械加工厂老板拿来一个散热器（见图 11-1）的零件图纸，要求按照图纸用 Al 材料车一个这样的零件，徒弟小陈接过图纸一看，“喔！怎么那么多槽要加工，那编程序都要好长时间了。”于是便去请教曾师傅，看是否有更方便的方法。曾师傅看了看图纸说：“小陈，你要学会善于发现规律，你看所有槽的尺寸都是一样的，今天我再传授你如何快速地加工出这些零件。”那到底曾师傅教小陈什么了呢？我们一起来学习。

图 11-1　散热器

任务实施

根据图 11-2 所示零件图样要求，完成加工出图 11-1 所示实际零件。

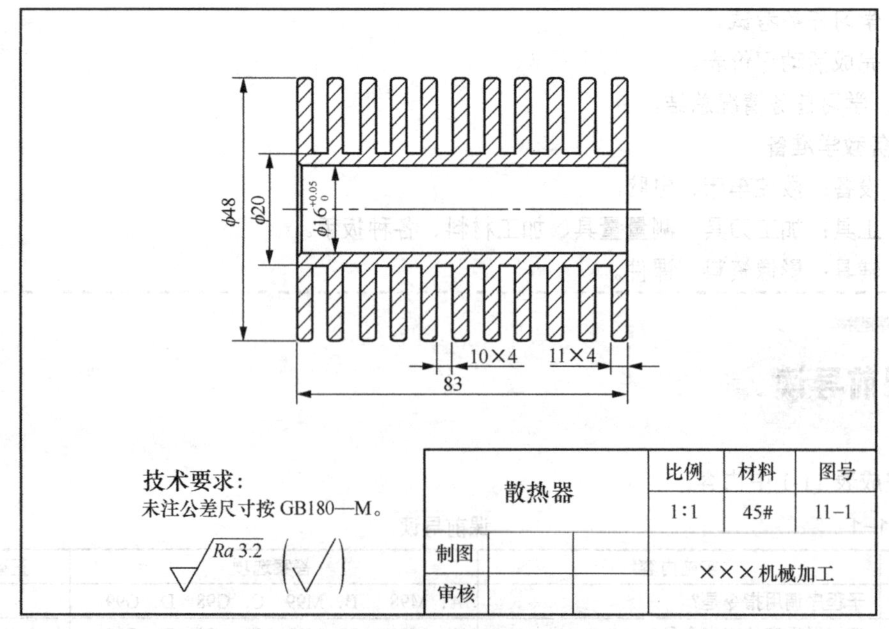

图 11-2　零件图

■ 任务实施一　分析零件图样（见表 11-2）

表 11-2　零件图样分析卡

分 析 项 目	分 析 内 容
结构分析	该图为散热零件，在ϕ48 mm 的外圆上加工______个ϕ20 mm 的 4 mm 宽的槽。内孔为ϕ____mm 的通孔
确定毛坯材料	根据图样形状和尺寸大小，此零件确定加工可选用ϕ____×_____圆棒料，材料为 Al
精度要求	最高要求的尺寸是：_________,最高要求的表面粗糙度是：_________
确定装夹方案	三爪卡盘自定心夹紧，伸出________mm。 ××

■ 任务实施二　确定加工工艺路线和指令选用（见表 11-3）

表 11-3　加工工艺步骤和指令卡

序　　号	工 步 内 容	加 工 指 令
1	车端面、打中心孔	手动
2	钻孔	手动
3	粗车内孔	G01
4	精车内孔	
5	粗车外圆	
6	精车外圆	G01
7	切槽	
8	倒角，切断	G01

■ 任务实施三　选用刀具和切削用量（见表 11-4）

表 11-4　刀具和切削用量卡

工 步 序 号	刀 具 规 格	主轴转速（r/min）	切削深度（mm）	进给量（mm/r）
1	90° 外圆刀、中心钻	800		
2	ϕ14 钻头	600		0.12
3	12 mm 内孔镗刀	1000	0.5	0.2

续表

工步序号	刀具规格	主轴转速（r/min）	切削深度（mm）	进给量（mm/r）
4	12 mm 内孔镗刀		0.25	0.1
5	90° 外圆刀	800		0.2
6	90° 外圆刀		0.1	
7	3 mm 切槽刀			0.1
8	3 mm 切槽刀			

■ 任务实施四　确定测量工具（见表 11-5）

表 11-5　量具卡

序　号	名　称	规格（mm）	精度（mm）	数　量
1	游标卡尺	0～150	0.02	1
2	外径千分尺		0.01	1
3	外径千分尺		0.01	1
4	叶片千分尺		0.01	1
5	内径千分尺	5～30	0.01	1

■ 任务实施五　加工操作步骤（见表 11-6）

表 11-6　加工步骤示意图卡

序号	加工步骤	示意图
1	步骤 1：车端面、打中心孔、钻孔、粗精车内孔。 G0　X99　Z99 M3　S800　T0404　（ϕ12 镗孔刀） G0　X14　Z2 G90　X15.5　Z-65　F100（粗加工） S1600　（高转速） G0　X18 G1　Z0　F80 X16　Z-1 Z-65 U-0.5　（退刀） G0　Z2 G0　X99　Z99　M5 M00	
2	步骤 2：粗精车外圆 G0　X99　Z99 M3S600T0101（外圆刀） G0　X51　Z2 G90 X48.5 Z-68 F____（粗车） S_____　(高转速) G0　X46 G1　Z0　F______ X48　Z-1 Z-68 U2　(退刀) G0　X99　Z99　M5 M0	

续表

序号	加工步骤	示意图
3	步骤3：切槽 主程序 O0011 G0 X99 Z99 M3S___T0202（3 mm切槽刀） G0 X50 Z-4 （定位） G98P001210（调用子程序10次） G0 X99 Z99 M5 M30 子程序 O0012 G94 X20 F___（第一刀切槽） W-1 （第二刀切槽） G0 W-8 （定位） M99 （返回主程序）	
4	步骤4：倒角，切断 G0 X99 Z99 M3 S____ T0202 （切断刀） G0 X50 Z-63 G1 X45 F___ G0 X50 W2 G1 X46 W-2 （倒角） X12 （切断） G0 X50 G0 X99 Z99 M5 M30	

■ 任务实施六 零件评价和检测

将加工完成零件按表11-7评分表中的要求进行检测。

表11-7 评分表

序号	考核项目	考核内容	配分	评分标准	检测结果	得分	原因分析	小组检测	小组评分	老师核查
1	外圆尺寸	ϕ48	20	不合格不得分						
2		ϕ20	20	不合格不得分						
3		ϕ16	20	不合格不得分						
4	长度	11×4	10	不合格不得分						
5		10×4	10	不合格不得分						
6		83	10	不合格不得分						
7	表面粗糙度	*Ra*3.2	10	不合格不得分						
8	文明生产	按安全文明生产规定每违反一项扣3分，最多扣20分								

相关知识

■ 知识一 子程序的应用

（1）零件上若干处具有相同的轮廓形状，在这种情况下，只要编写一个加工该轮廓形状的子程序，然后用主程序多次调用该子程序的方法完成对工件的加工。

（2）加工中反复出现具有相同轨迹的走刀路线，如果相同轨迹的走刀路线出现在某个加工区域或在这个区域的各个层面上，采用子程序编写加工程序比较方便，在程序中常用增量值确定切入深度。

（3）在加工较复杂的零件时，往往包含许多独立的工序，有时工序之间需要适当的调整，为了优化加工程序，把每一个独立的工序编成一个子程序，这样形成了模块式的程序结构，便于对加工顺序的调整，主程序中只有换刀和调用子程序等指令。

■ 知识二 调用子程序 M98 指令

把程序中某些固定顺序和重复出现的程序单独抽出来，按一定格式编成一个程序供调用，这个程序就是常说的子程序，这样可以简化主程序的编制。子程序可以被主程序调用，同时子程序也可以调用另一个子程序如图 11-3 所示。这样可以简化程序的编制和节省 CNC 系统的内存空间。

子程序必须有一程序号码，且以 M99 作为子程序的结束指令。主过程调用子程序的指令格式如下：

指令格式：M98 P__ ××××

指令功能：调用子程序

指令说明：P__为要调用的子程序号。××××为重复调用子程序的次数，若只调用一次子程序可省略不写，系统允许重复调用次数为 1～9999 次。

例如：M98 P123406

主程序调用同一子程序执行加工，最多可执行 9999 次，且子程序亦可再调用另一子程序执行加工，最多可调用 4 层子程序(不同的系统其执行的次数及层次可能不同)。

【例 11-1】 以 HNC-21T 系统子程序指令，加工图 11-4 所示的工件上的四个槽。

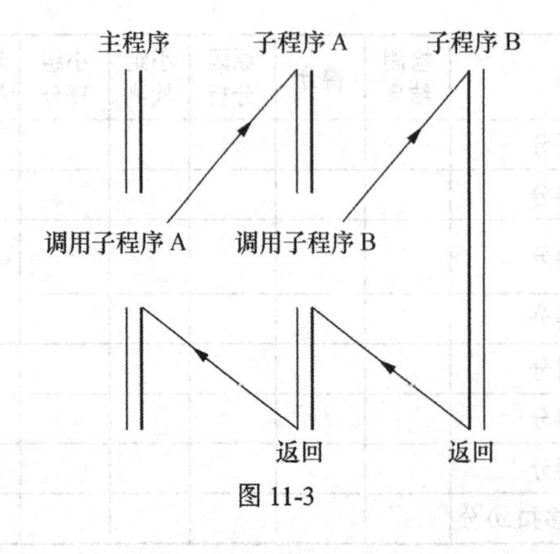

图 11-3

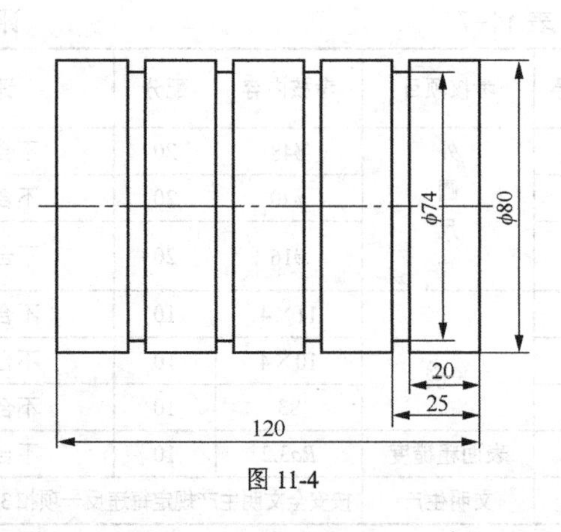

图 11-4

分别编制主程序和子程序如下：

主程序

```
%123
M3   S600   T0101
G00   X82.0   Z0
M98   P12344        （调用于程序1234执行四次，切削四个凹槽）
G0   X150.0   Z200.0
M30
```

子程序

```
%1234
G0   W-20.0
G01   X74.0   F0.08
G00   X82.0
M99
```

M99 指令也可用于主程序最后程序段，此时程序执行指针会跳回主程序的第一程序段继续执行此程序，所以此程序将一直重复执行，除非按下 RESET 键才能中断执行。

拓展知识

图 11-5 所示为切纸辊槽的图纸，考虑方法 1，切槽部分用调用子程序加工怎么加工？

方法 2．在我们之前所学习过的 G75 指令编程是否更简单。

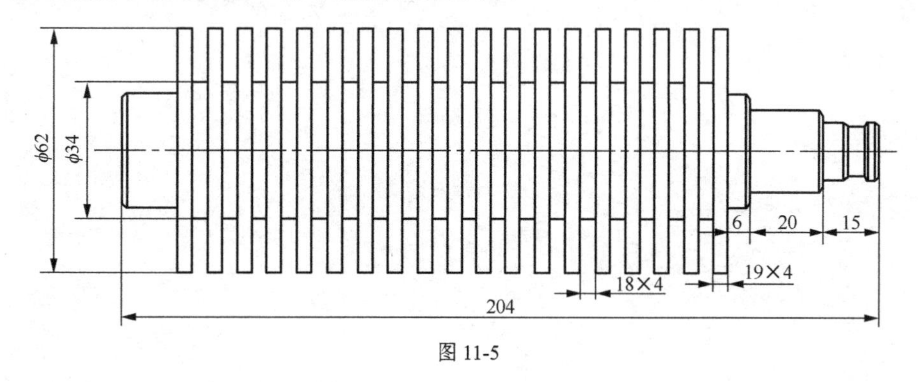

图 11-5

答：

活动评价

根据自己在该任务中的学习表现，结合表 11-8 中活动评价项目进行自我评价。

表 11-8　　活动评价表

项　　目	评 价 内 容	评价等级（学生自我评价）		
		A	B	C
关键能力评价项目	1．安全意识强			
	2．着装仪容符合实习要求			
	3．积极主动学习			
	4．无消极怠工现象			
	5．爱护公共财物和设备设施			
	6．维护课堂纪律			
	7．服从指挥和管理			
	8．积极维护场地卫生			
专业能力评价项目	1．书、本等学习用品准备充分			
	2．工具、量具选择及运用得当			
	3．理论联系实际			
	4．积极主动参与散热器加工训练			
	5．严格遵守操作规程			
	6．独立完成操作训练			
	7．独立完成工作页			
	8．学习和训练质量高			
教师评语		成绩评定		

防尘盖的加工

在数控车床零件加工中，大多时候加工都是在轮廓外部或是在轮廓内部进行，这些操作相对简单。但是生产中由于设备的需求，零件加工需要在轮廓的端面上进行，因此掌握这类零件的加工也是我们必须学习的任务。

■ 任务学习目标

1．了解端面槽种类和应用场合。

2．认识端面槽刀和掌握端面槽的加工方法。

3．明确端面槽加工注意事项。

■ 任务建议课时

24 课时。

■ 任务教学流程

1．导入新课。

2．组织学生根据自身认识填写工作页。

3．根据操作步骤要求，组织学生观看影像资料和示范操作。

4．组织学生项目实际操作。

5．巡回指导练习。

6．结合实习要求和资料，对相关理论知识讲解。

7．拓展问题讨论。

8．学习任务考试。

9．完成活动评价表。

10．学习任务情况总结。

■ 任务教学准备

1．设备：数控车床、电脑。

2．工具：加工刀具、测量量具、加工材料、各种扳手。

3．辅具：影像资料、课件。

课前导读

请完成表 12-1 中内容。

表 12-1　　课前导读

序号	实施内容	答案选项	正确答案
1	你认为加工端面槽可以直接用切槽刀加工吗？	A．可以　B．不可以	
2	在进行端面槽加工时，所选用的刀具是否应根据加工圆弧的大小进行选择？	A．是　B．否	
3	在加工槽时切削用量应选择哪种？	A．大　B．小	
4	当加工的槽宽较宽时应选用哪种方法加工？	A．直进法　B．左右切削法	
5	极限偏差和公差可以是正、负或者为零	A．错　B．对	
6	影响切削温度的主要因素：工件材料、切削用量、刀具几何参数和冷却条件等	A．错　B．对	
7	孔的形状精度主要有圆度和_____	A．垂直度　B．平行度 C．同轴度　D．圆柱度	
8	在零件加工过程中，车床主轴的转速应根据工件的直径进行调整	A．错　B．对	
9	切槽时，防止产生振动的措施是________	A．增大前角　B．减小前角 C．减小进给量　D．提高切削速度	
10	为保证所加工零件尺寸在公差范围内，应按零件的最小实体尺寸进行编程	A．错　B．对	

情景描述

在一次数控车工实习中，有一位学生完成自己任务后，走到实习车间的产品展览厅参观，发现了防尘盖零件（见图 12-1）。他想自己平时加工的零件形状都是在内外轮廓上进行的，像这种在端面上的形状该如何加工呢？于是他带着疑问跑到老师那问个明白。你想知道老师告诉他什么了吗？想知道答案那就请学习以下内容吧！

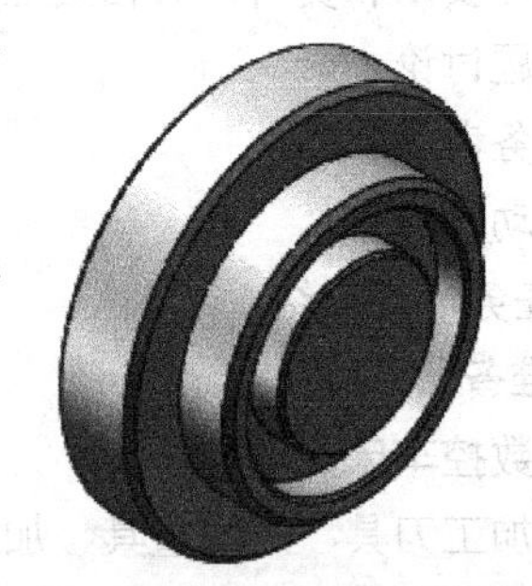
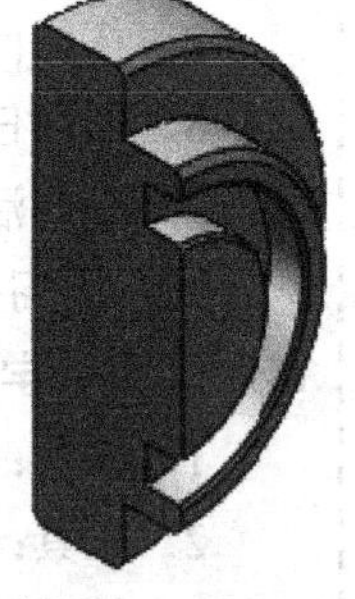

图 12-1　防尘盖实体

任务实施

根据图 12-2 所示防尘盖零件图样要求，完成加工出图 12-1 所示实际零件。

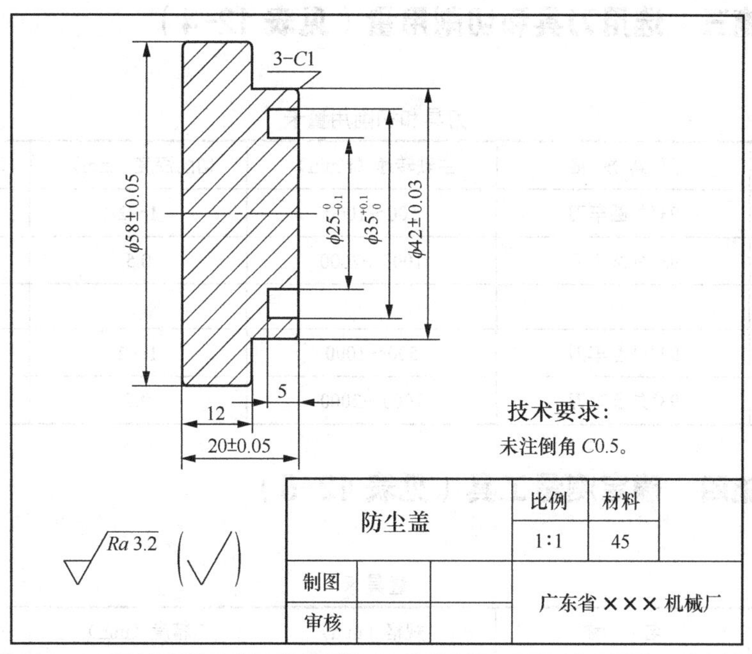

图 12-2　防尘盖零件图

■ 任务实施一　分析零件图样（见表 12-2）

表 12-2　零件图样分析卡

分析项目	分析内容
轮廓结构分析	零件轮廓主要包括________、________、________
加工精度分析	最高尺寸要求为________外圆尺寸，表面粗糙度要求为________
确定毛坯材料	根据图样形状和尺寸大小，此零件加工可选用______圆棒料
确定定位与装夹方案	首先以毛坯表面和零件轴线为定位，用三爪卡盘夹住ϕ60 圆柱毛坯表面，伸出 10 mm 长，加工ϕ42 圆柱和端面槽，零件加工零点设在______________，然后调头装夹校正，以______________定位，用三爪卡盘夹住____________表面，加工ϕ58 圆柱，零件加工零点设在____________

■ 任务实施二　确定加工工艺步骤和指令选用（见表 12-3）

表 12-3　加工工艺步骤和指令卡

序号	工步内容	加工指令
1	粗加工右端面和ϕ42 外圆柱	
2	精加工右端面和ϕ42 外圆柱及倒角	
3	加工端面直槽	
4	工件调头装夹校正	—
5	粗加工左端面和ϕ58 外圆柱	
6	精加工左端面和ϕ58 外圆柱	

■ 任务实施三　选用刀具和切削用量（见表 12-4）

表 12-4　　刀具和切削用量卡

工 步 序 号	刀 具 规 格	主轴转速（r/min）	切削深度（mm）	进给量（mm/r）
1	93°外圆车刀	500～1000	1～2	0.2～0.3
2	93°外圆车刀	1000～2000	0.5	0.1～0.15
3				
4	93°外圆车刀	500～1000	1～2	0.2～0.3
5	93°外圆车刀	1000～2000	0.5	0.1～0.15

■ 任务实施四　确定测量工具（见表 12-5）

表 12-5　　量具卡

序　　号	名　　称	规格（mm）	精度（mm）	数　　量
1	游标卡尺	0～150	0.02	1
2	外径千分尺	25～50、50～75	0.01	1

■ 任务实施五　加工操作步骤（见表 12-6）

表 12-6　　加工步骤示意图卡

序　　号	加 工 步 骤	示意图（粗实线为加工轮廓）
1	粗加工右端面和ϕ42 外圆柱 编写加工程序：	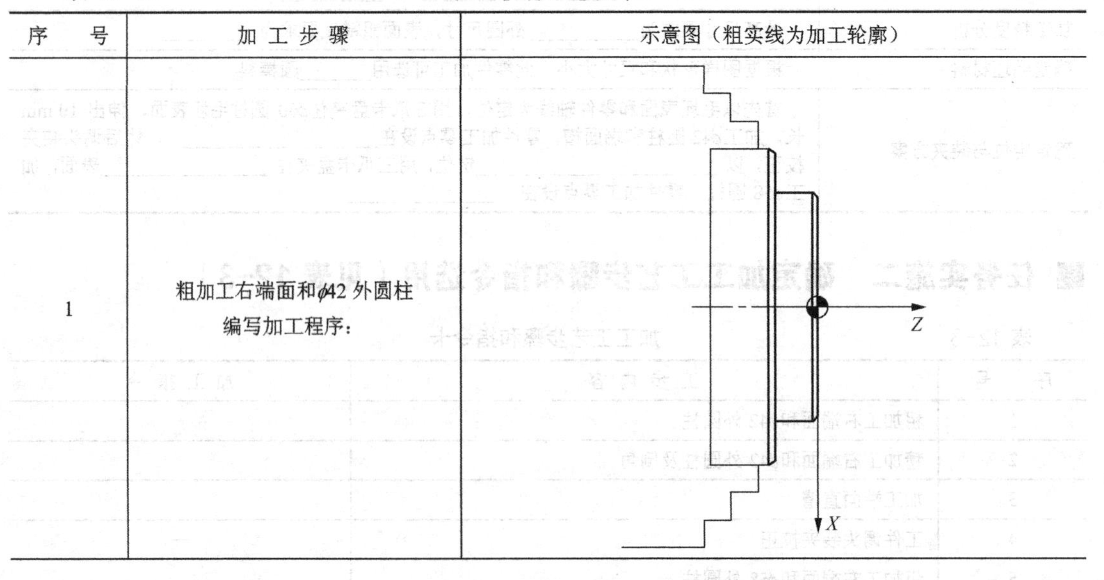

续表

序 号	加 工 步 骤	示意图（粗实线为加工轮廓）
2	精加工右端面和ϕ42 外圆柱及倒角 编写加工程序：	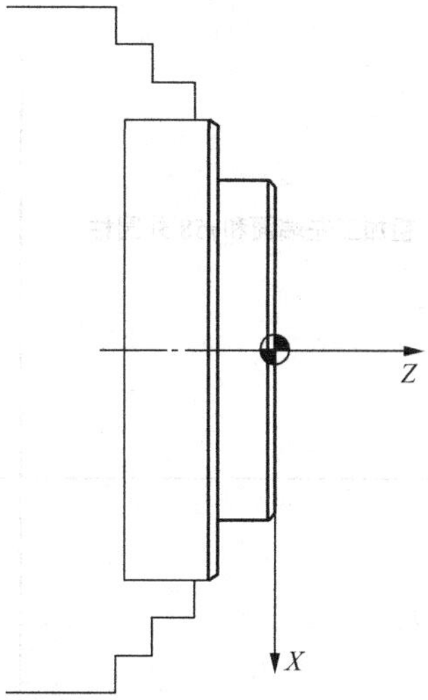
3	加工端面直槽（采用直进法） 程序: G00 X35 Z2（以外刀尖定位） G99 G01 Z-5 F0.05 G00 Z0.5 X37 G1 X35 Z-0.5 G0 Z0.5 X33 G1 X35 Z-0.5 G0 Z2	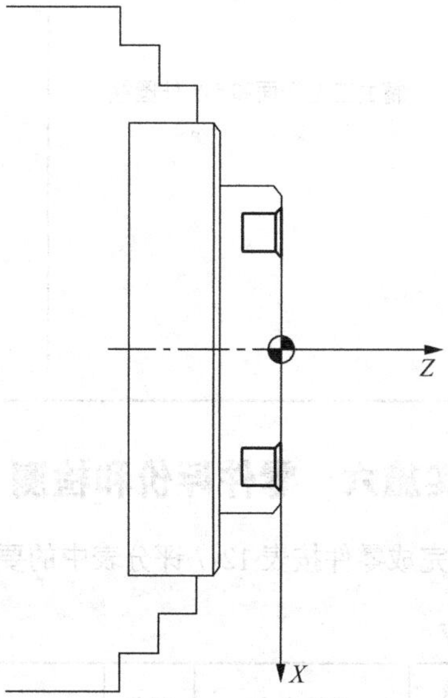
4	工件调头装夹校正	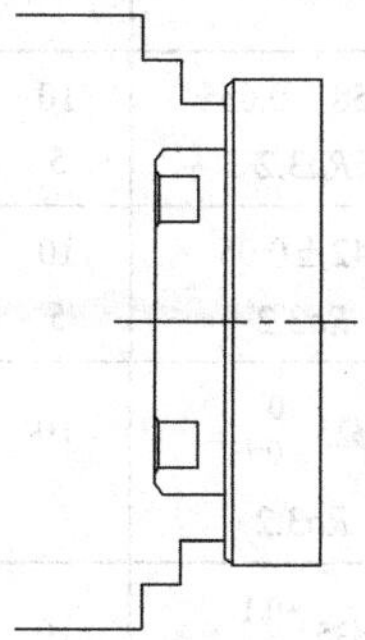

续表

序　号	加 工 步 骤	示意图（粗实线为加工轮廓）
5	粗加工左端面和ϕ58 外圆柱	Z X
6	精加工左端面和ϕ58 外圆柱	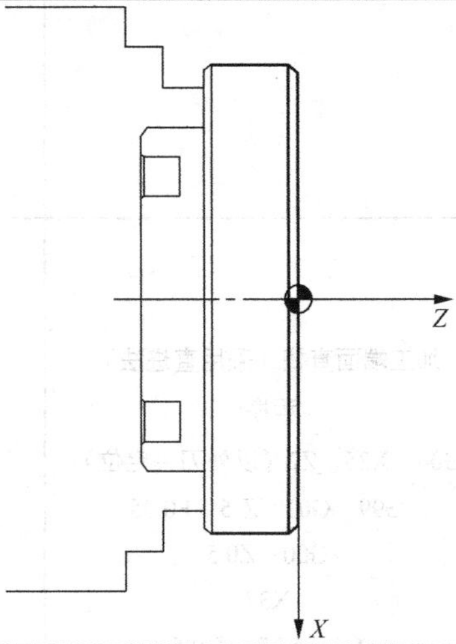 Z X

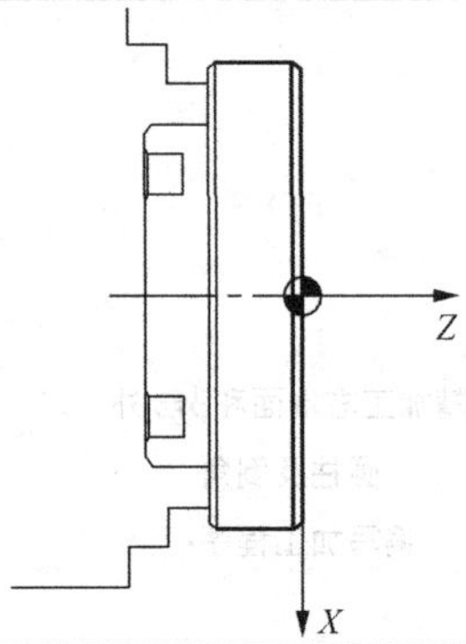

■ 任务实施六　零件评价和检测

将加工完成零件按表 12-7 评分表中的要求进行检测。

表 12-7　　评分表

序号	考核项目	考核内容	配分	评分标准	检测结果	得分	原因分析	小组检测	小组评分	老师核查
1	外圆尺寸	$\phi58\pm0.05$ $Ra3.2$	10 5	每超差 0.01 mm 扣 2 分,每降一级扣 2 分						
2		$\phi42\pm0.05$ $Ra3.2$	10 5	每超差 0.01 mm 扣 2 分,每降一级扣 2 分						
3		$\phi25_{-0.1}^{0}$ $Ra3.2$	10 5	每超差 0.01 mm 扣 2 分,每降一级扣 2 分						
4	内孔尺寸	$\phi35_{0}^{+0.1}$ $Ra3.2$	10 5	每超差 0.01 mm 扣 2 分,每降一级扣 2 分						

续表

序号	考核项目	考核内容	配分	评分标准	检测结果	得分	原因分析	小组检测	小组评分	老师核查
5	长度	20±0.05	10	每超差 0.01 mm 扣 2 分，每降一级扣 2 分						
6		12	5	超差不得分						
7		5	10	超差不得分						
8	倒角	3×C1 Ra3.2	6 3	每处不符扣 2 分每降一级扣 1 分						
		未注倒角 Ra3.2	4 2							
9	文明生产	按安全文明生产规定每违反一项扣 3 分，最多扣 20 分								

相关知识

■ 知识一　端面槽加工基本知识

1．端面槽种类和应用

（1）端面直槽：一般用作密封或减轻零件重量，如图 12-3（a）所示。

（2）T 形槽：一般用作放入 T 形螺钉，如图 12-3（b）所示。

（3）燕尾槽：一般用作放入螺钉起固定作用，如图 12-3（c）所示。

（4）圆弧形槽：一般用作油槽，如图 12-3（d）所示。

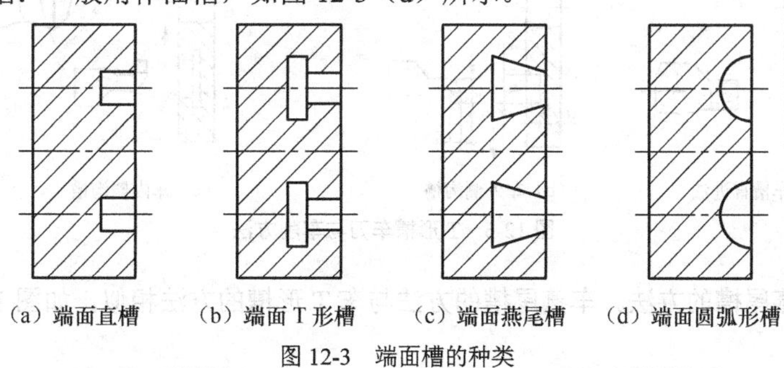

（a）端面直槽　（b）端面 T 形槽　（c）端面燕尾槽　（d）端面圆弧形槽

图 12-3　端面槽的种类

2．端面槽车刀的特点

端面槽车刀是外圆车刀和内孔车刀的结合，其中左侧刀尖相当于内孔车刀，右侧刀尖相当于外圆车刀（见图 12-4）。车刀左侧副后面必须根据端面槽圆弧的大小刃磨成相应的圆弧形（小于内孔一侧的圆弧），并带有一定的后角或双重后角才能车削，否则车刀会与槽孔壁相碰而无法车削。

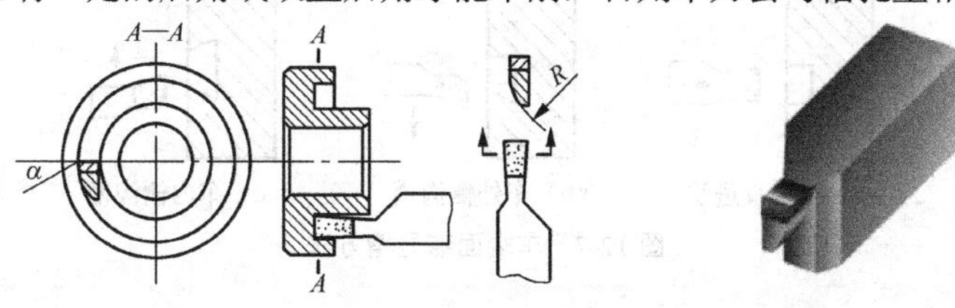

图 12-4　端面槽车刀的形状

3. 端面槽的车削方法

（1）车端面直槽的方法。若端面直槽加工精度要求不高、宽度较窄且深度较浅，通常用等于槽宽的车刀采用直进法一次进给车出，如图 12-5（a）所示）；如果槽的精度要求较高，则采用先粗车槽两侧并留精车余量，然后分别精车槽两侧的方法，如图 12-5（b）、（c）所示。

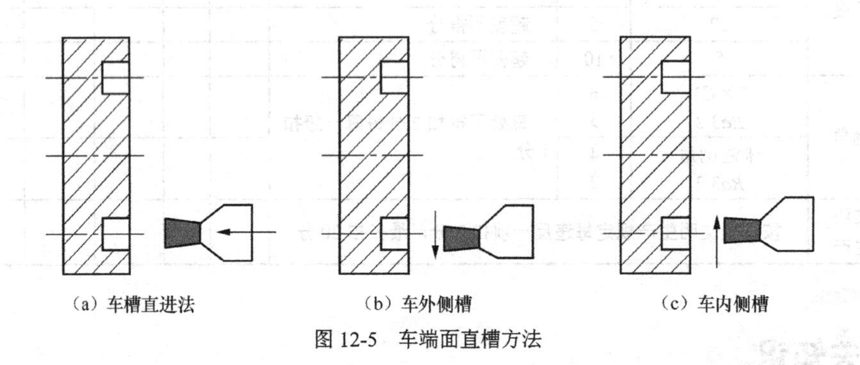

图 12-5 车端面直槽方法

（2）车端面 T 形槽的方法。车 T 形槽比较复杂，通常先用端面直槽刀车出直槽，再用外侧弯头车槽刀车外侧沟槽，最后用内侧弯头车槽刀车内侧沟槽。为了避免弯头刀与直槽侧面圆弧相碰，应将弯头刀刀体侧面磨成圆弧形。此外，弯头刀的刀刃的宽度应小于或等于槽宽 a，L 应小于 b，否则弯头刀无法进入槽内。如图 12-6（a）、（b）、（c）所示。

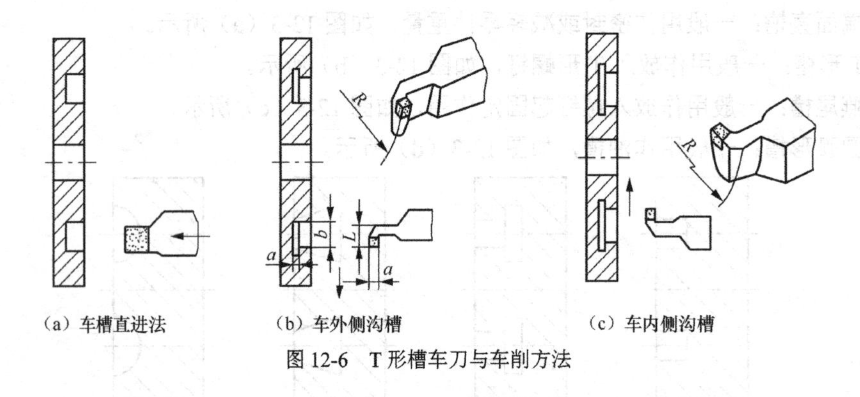

图 12-6 T 形槽车刀与车削方法

（3）车端面燕尾槽的方法。车燕尾槽的方法与车 T 形槽的方法相似，如图 12-7 所示。

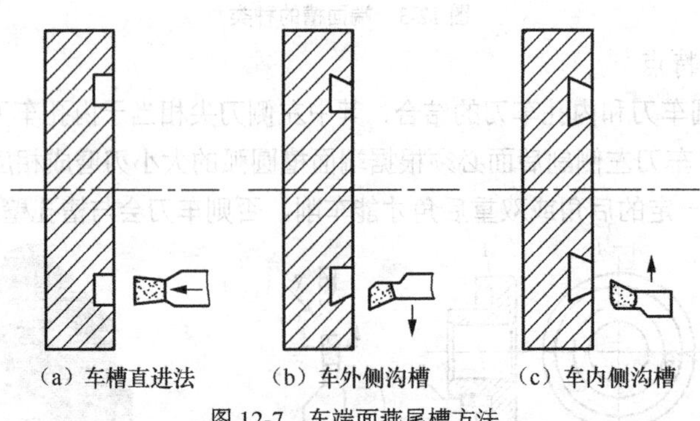

图 12-7 车端面燕尾槽方法

4．端面槽的常用测量

（1）端面槽外直径常用游标卡尺、外径千分尺及外卡钳等量具进行测量。

（2）端面槽内直径常用游标卡尺、内径千分尺及内卡钳等量具进行测量。

（3）端面槽深一般用游标卡尺、深度游标卡尺及深度千分尺等进行测量。

5．端面槽加工注意事项

（1）端面槽加工时刀具角度、进给速度和主轴转速应用选用适当。

（2）端面槽刀具的两个副后角不能相同，靠近工件中心的副后角可以适当减小，反之远离工件中心的副后角必须增大，以防副后面与端面槽壁发生干涉。

（3）进给速度应比同等刀具材料的标准进给速度略低，主轴转速也应下降。

拓展知识

通过对端面槽的加工学习，利用已掌握的加工方法，偿试去加工如图 12-8、图 12-9 所示的燕尾槽和 T 形槽。

图 12-8　端面燕尾槽零件

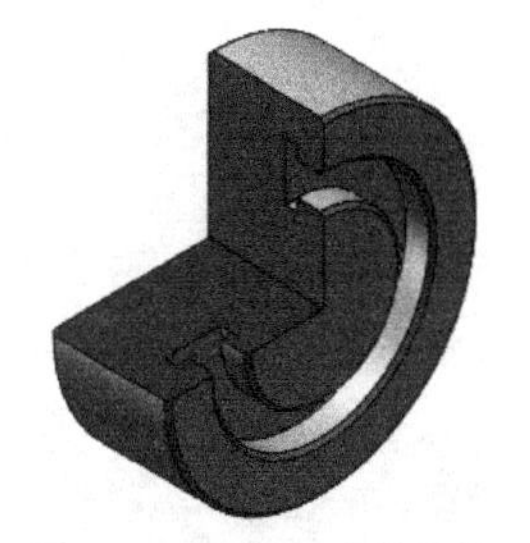

图 12-9　端面 T 形槽零件

活动评价

根据自己在该任务中的学习表现，结合表 12-8 中活动评价项目进行自我评价。

表 12-8　活动评价表

项　目	评 价 内 容	评价等级（学生自我评价）		
		A	B	C
关键能力评价项目	1．安全意识强			
	2．着装仪容符合实习要求			
	3．积极主动学习			
	4．无消极怠工现象			
	5．爱护公共财物和设备设施			
	6．维护课堂纪律			
	7．服从指挥和管理			
	8．积极维护场地卫生			

续表

项　目	评 价 内 容	评价等级（学生自我评价）		
		A	B	C
专业能力评价项目	1．书、本等学习用品准备充分			
	2．工具、量具选择及运用得当			
	3．理论联系实际			
	4．积极主动参与防尘盖加工训练			
	5．严格遵守操作规程			
	6．独立完成操作训练			
	7．独立完成工作页			
	8．学习和训练质量高			
教师评语		成绩评定		

保温杯的加工

在数控车床零件加工中，前期主要以单个零件产品为主进行练习，对分析和操作都较为容易，可在实际生产中许多零件加工完后需要与其他零件相互装配起来进行使用，还有的是整个装配产品零件一起加工，这样就要求我们技术人员正确分析零件加工工艺，加工时考虑整体要求。因此，还需要进一步深入学习，才可以应对各种不同零件加工。

■ **任务学习目标**

1．能正确分析组合零件图样，并合理制定加工工艺。

2．掌握加工中工件的校正，同时能根据图样轮廓加工要求制作简单夹具以保证加工要求。

3．掌握零件的综合检测，并能分析加工中问题。

■ **任务实施课时**

48 课时。

■ **任务实施流程**

1．导入新课。

2．组织学生根据自身认识填写工作页。

3．根据操作步骤要求，组织学生观看影像资料和示范操作。

4．组织学生项目实际操作。

5．巡回指导练习。

6．结合实习要求和资料，对相关理论知识讲解。

7．拓展问题讨论。

8．学习任务考试。

9．完成活动评价表。

10．学习任务情况总结。

■ **任务所需器材**

1．设备：数控车床、电脑。

2．工具：加工刀具、测量量具、加工材料、各种扳手。

3．辅具：影像资料、课件。

课前导读

请完成表 13-1 中内容。

表 13-1　　　　课前导读

序号	实施内容	答案选项	正确答案
1	顶尖的作用是定中心和承受工件的重量以及刀具作用在工件上的切削力	A. 对　B. 错	
2	采用不完全定位的方法可简化夹具	A. 对　B. 错	
3	工件在夹具中定位时，一般不要出现过定位	A. 对　B. 错	
4	手动夹紧机构要有自锁作用，原始作用力去除后工件仍保持夹紧状态	A. 对　B. 错	
5	夹具中布置六个支承点，工件的六个自由度就能完全被限制，这时工作的定位称为（　　）	A. 欠定位　B. 过定位 C. 不完全定位　D. 完全定位	
6	选择定位基准时，应尽量与工件的（　　）一致	A. 工艺基准　B. 测量基准 C. 起始基准　D. 设计基准	
7	保证工件在夹具中具有正确加工位置的工件称为（　　）。	A. 引导元件　B. 夹紧装置 C. 定位元件　D. 夹具体	
8	用尾座顶尖支承工件车削轴类零件时，工件易出现____缺陷	A. 不圆度　B. 腰鼓形 C. 竹节形　D. 圆柱度	
9	数控加工夹具有较高的____精度	A. 粗糙度　B. 尺寸 C. 定位　D. 以上都不是	
10	数控加工对夹具尽量采用机械、电动、气动方式	A. 对　B. 错	

情景描述

在一次数控车工实习中，有一位学生完成自己任务后，走到实习车间的产品展览厅参观，发现了图 13-1 所示的产品，他觉得这个东西挺有意思，很像自己平时用的保温杯形状，便站在那一直想这个是怎样做出来的。这时有位老师正好走过，于是他带着疑问跑到老师那问个明白。你想知道老师告诉他什么了吗？想知道答案那就请学习以下内容吧！

图 13-1　保温杯零件产品

任务实施

根据图 13-2、图 13-3、图 13-4、图 13-5 所示工艺保温杯零件图样要求，完成加工出图 13-1

所示实际产品零件。

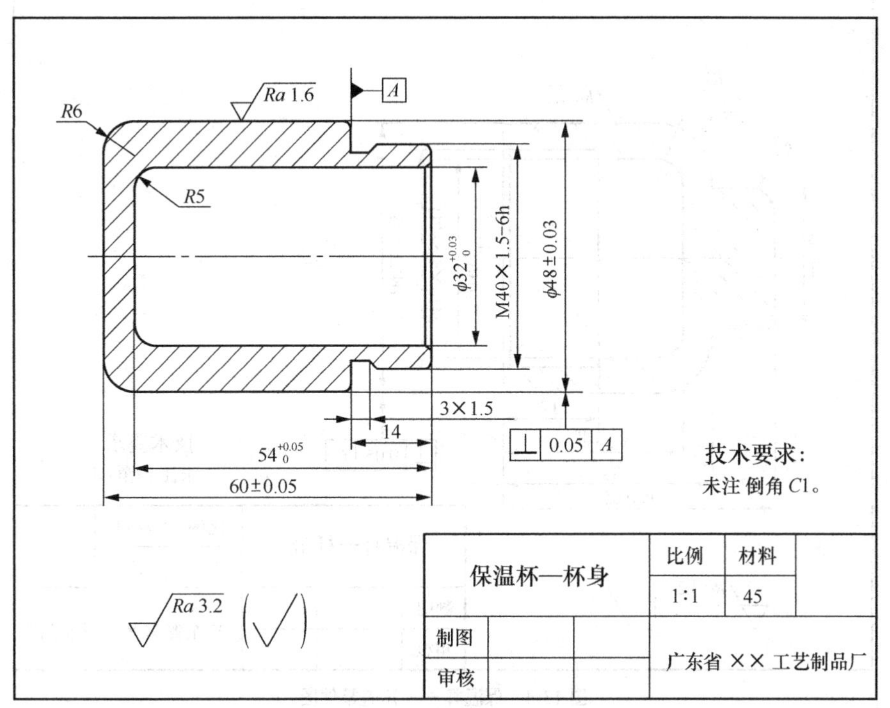

图 13-2 保温杯——杯身零件图

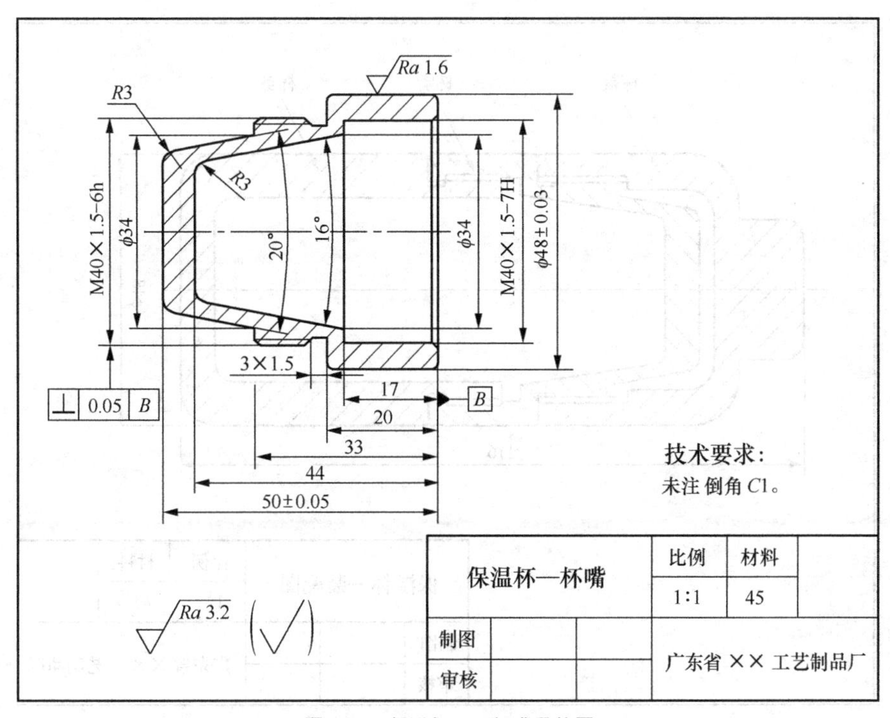

图 13-3 保温杯——杯嘴零件图

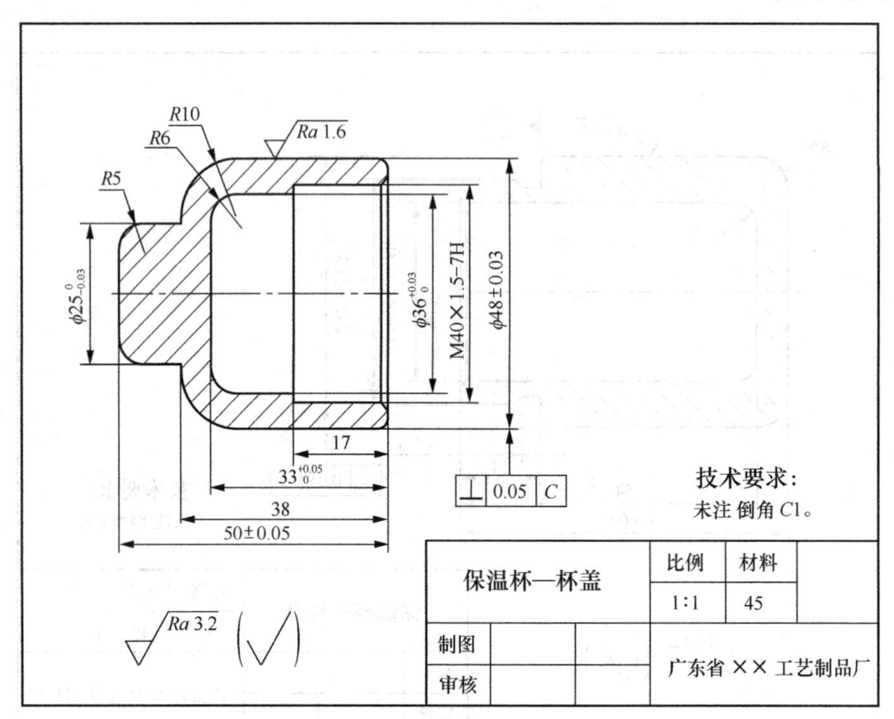

图 13-4 保温杯——杯盖零件图

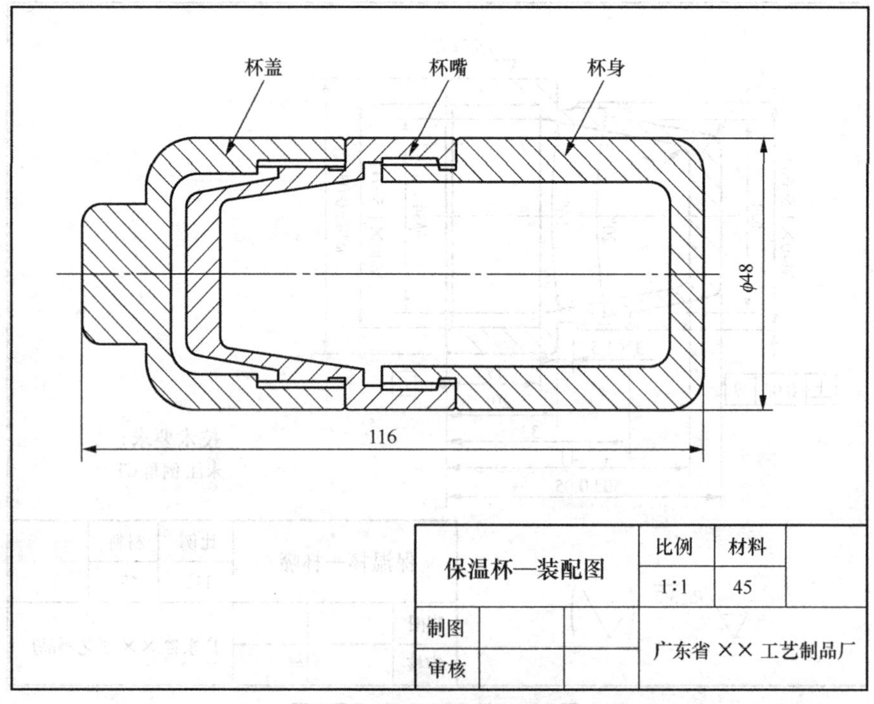

图 13-5 保温杯——装配图

任务实施一　零件图样分析（见表 13-2、表 13-3、表 13-4）

表 13-2　　保温杯——杯身零件图样分析卡

分 析 项 目	分 析 内 容
轮廓结构分析	零件轮廓主要包括内外圆柱、外退刀槽、外螺纹、倒角
加工精度分析	最高尺寸要求为ϕ32 内孔尺寸，最高表面粗糙度要求为 *Ra*1.6，形位公差要求有垂直度
确定毛坯材料	根据图样形状和尺寸大小，此零件加工可选用ϕ50 × 65 mm 圆棒料
确定定位与装夹方案	首先以毛坯表面和零件轴线为定位，用三爪卡盘装夹ϕ50 毛坯表面伸出 50 mm 长，加工ϕ48 圆柱，零件工件零点设在左端面中心，然后调头装夹校正，以已加工好的ϕ48 圆柱表面和轴线为定位，用三爪卡盘装夹ϕ48 圆柱表面，加工螺纹、退刀槽和内孔，零件工件零点设在右端面中心。

表 13-3　　保温杯——杯嘴零件图样分析卡

分 析 项 目	分 析 内 容
轮廓结构分析	
加工精度分析	
确定毛坯材料	
确定定位与装夹方案	

表 13-4　　保温杯——杯盖零件图样分析卡

分 析 项 目	分 析 内 容
轮廓结构分析	
加工精度分析	
确定毛坯材料	
确定定位与装夹方案	

任务实施二 制定数控加工工艺卡（见表13-5、表13-6、表13-7）

表13-5 保温杯——杯身数控加工工艺卡片

单位名称		广东省××工艺制品厂		零件名称		保温杯——杯身	
使用设备		数控车床	车间	数控车间		使用夹具	三爪卡盘
工步号	工步内容	刀具号	刀具规格	主轴转速（r/min）	进给速度（mm/r）	切削深度（mm）	备注
1	钻孔	—	ϕ20钻头	400	—	10	手动
2	粗加工左端面、圆角和ϕ48外圆柱	1	93°外圆车刀	800	0.25	2	自动
3	精加工左端面、圆角和ϕ48外圆柱	2	93°外圆车刀	2000	0.1	0.5	自动
4	调头装夹，校正工件	—	—	—	—	—	手动
5	粗加工右端面、螺纹外径	1	93°外圆车刀	800	0.25	2	自动
6	精加工右端面、螺纹外径	2	93°外圆车刀	2000	0.1	0.5	自动
7	加工螺纹退刀槽	3	刀宽3 mm切槽刀	500	0.05	—	自动
8	加工外螺纹	4	60°外螺纹刀	600	1.5	—	自动
9	粗加工内轮廓	5	93°内圆车刀	600	0.2	1.5	自动
10	精加工内轮廓	6	93°内圆车刀	1500	0.1	0.5	自动

表13-6 保温杯——杯嘴数控加工工艺卡片

单位名称		广东省××工艺制品厂		零件名称		保温杯——杯嘴	
使用设备		数控车床	车间	数控车间		使用夹具	三爪卡盘
工步号	工步内容	刀具号	刀具规格	主轴转速（r/min）	进给速度（mm/r）	切削深度（mm）	备注
1							
2							
3							
4							
5							
6							
7							
8							
9							
10							
11							
12							

表 13-7　　保温杯——杯嘴数控加工工艺卡片

单位名称	广东省××工艺制品厂			零件名称	保温杯——杯嘴		
使用设备	数控车床		车间	数控车间	使用夹具		三爪卡盘
工步号	工步内容	刀具号	刀具规格	主轴转速（r/min）	进给速度（mm/r）	切削深度（mm）	备注
1							
2							
3							
4							
5							
6							
7							
8							
9							

任务实施三　加工操作

根据零件图样和制定的加工工艺进行加工操作。

任务实施四　零件评价和检测

将加工完成零件按表 13-8、表 13-9、表 13-10 评分表中的要求进行检测。

表 13-8　　保温杯——杯身评分表

序号	考核项目	考核内容	配分	评分标准	检测结果	得分	原因分析	小组检测	小组评分	老师核查
1	外圆尺寸	$\phi48\pm0.03$	10	每超差 0.01 mm 扣 2 分						
		$Ra1.6$	5	每降一级扣 2 分						
2	内孔尺寸	$\phi32^{+0.1}_{0}$	10	每超差 0.01 mm 扣 2 分，						
		$Ra3.2$	5	每降一级扣 2 分						
3	长度	60 ± 0.05	10	每超差 0.01 mm 扣 2 分						
4		$54^{+0.05}_{0}$	10	每超差 0.01 mm 扣 2 分						
5	螺纹	M40 × 1.5-6h	10	超差不得分，						
		$Ra3.2$	5	每降一级扣 2 分						

续表

序号	考核项目	考核内容	配分	评分标准	检测结果	得分	原因分析	小组检测	小组评分	老师核查
6	倒角	4 × *C*1	10	每处不符扣 2.5 分						
		*Ra*3.2	2	每降一级扣 0.5 分						
7		*R*5/*R*6	10	每处不符扣 5 分						
		*Ra*3.2	3	每降一级扣 1.5 分						
8	形位要求	⊥0.05	10	每超差 0.01 mm 扣 3 分						
9	文明生产	按安全文明生产规定每违反一项扣 3 分，最多扣 20 分								

表 13-9　　保温杯——杯嘴评分表

序号	考核项目	考核内容	配分	评分标准	检测结果	得分	原因分析	小组检测	小组评分	老师核查
1	外圆尺寸	ϕ48±0.03	10	每超差 0.01 mm 扣 2 分						
		*Ra*1.6	5	每降一级扣 2 分						
2	长度	50±0.05	10	每超差 0.01 mm 扣 2 分						
3	螺纹	M40 × 1.5-6h	10	超差不得分						
		*Ra*3.2	5	每降一级扣 2 分						
4		M40 × 1.5-7H	10	超差不得分						
		*Ra*3.2	5	每降一级扣 2 分						
5	倒角	5 × *C*1	5	每处不符扣 1 分						
		*Ra*3.2	5	每降一级扣 1 分						
6		2 × *R*5	3	每处不符扣 1.5 分						
		*Ra*3.2	2	每降一级扣 1 分						
7	锥度	20°	5	每处不符不得分						
		*Ra*1.6	5	每降一级扣 2 分						
8		16°	5	每处不符不得分						
		*Ra*3.2	5	每降一级扣 2 分						
9	形位要求	⊥0.05	10	每超差 0.01 mm 扣 3 分						
10	文明生产	按安全文明生产规定每违反一项扣 3 分，最多扣 20 分								

表 13-10　　保温杯——杯盖评分表

序号	考核项目	考核内容	配分	评分标准	检测结果	得分	原因分析	小组检测	小组评分	老师核查
1	外圆尺寸	ϕ48±0.03	10	每超差 0.01 mm 扣 2 分						
		*Ra*1.6	5	每降一级扣 2 分						

续表

序号	考核项目	考核内容	配分	评分标准	检测结果	得分	原因分析	小组检测	小组评分	老师核查
1	外圆尺寸	$\phi32_{-0.03}^{\ 0}$	10	每超差 0.01 mm 扣 2 分						
		$Ra1.6$	5	每降一级扣 2 分						
2	内孔尺寸	$\phi36_{\ 0}^{+0.03}$	10	每超差 0.01 mm 扣 2 分						
		$Ra3.2$	5	每降一级扣 2 分						
3	长度	50±0.05	10	每超差 0.01 mm 扣 2 分						
4		$33_{\ 0}^{+0.05}$	10	每超差 0.01 mm 扣 2 分						
5	螺纹	M40×1.5-7H	10	超差不得分						
		$Ra3.2$	5	每降一级扣 2 分						
6	倒角	2×$C1$	2	每处不符扣 1 分						
		$Ra3.2$	2	每降一级扣 1 分						
7		$R5/R6/R10$	3	每处不符扣 1 分						
		$Ra3.2$	3	每降一级扣 1 分						
8	形位要求	⊥0.05	10	每超差 0.01mm 扣 3 分						
9	文明生产	按安全文明生产规定每违反一项扣 3 分，最多扣 20 分								

拓展知识

加工手电筒，零件图如图 13-6，图 13-7，图 13-8，图 13-9 所示。

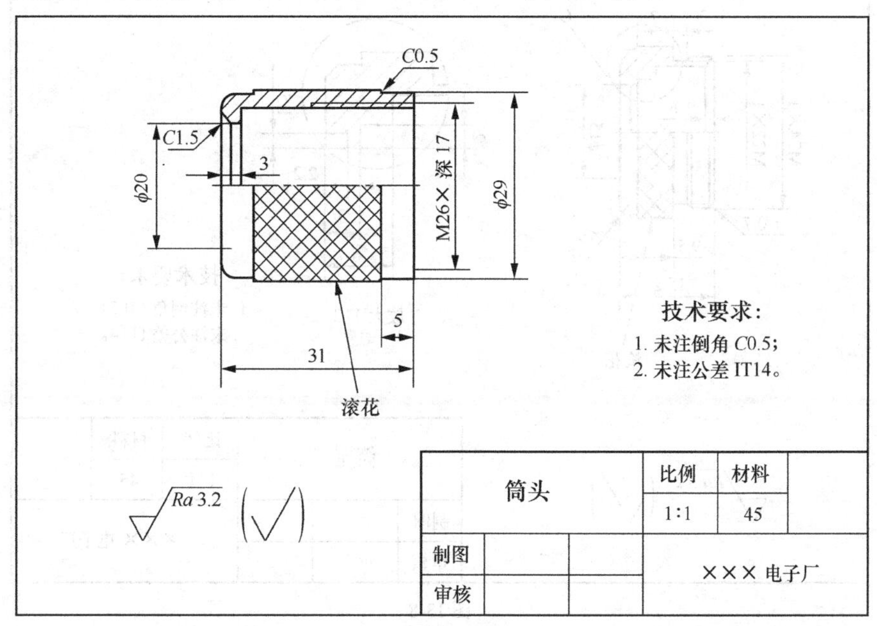

图 13-6

M24×1
M26×1
φ29
φ23.4
φ26
φ26
φ27.3
3
4.5×0.5
C1.5
C0.65
16
5.5
9.5
61
技术要求：
1. 未注倒角 C0.5；
2. 未注公差 IT14。
Ra 3.2
筒身
比例
材料
1:1
45
制图
审核
××× 电子厂

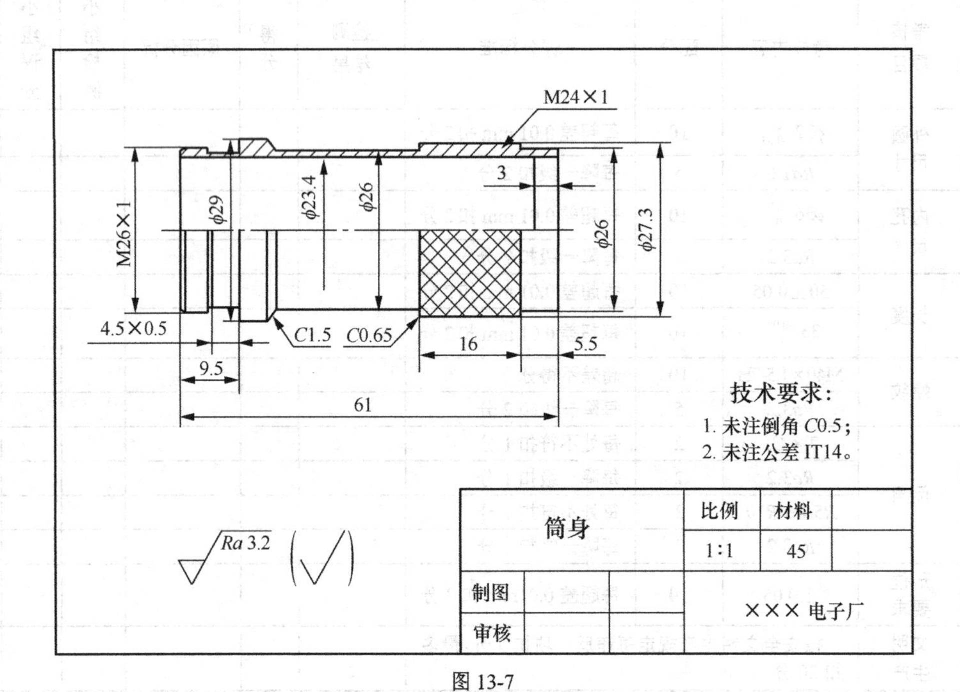

图 13-7

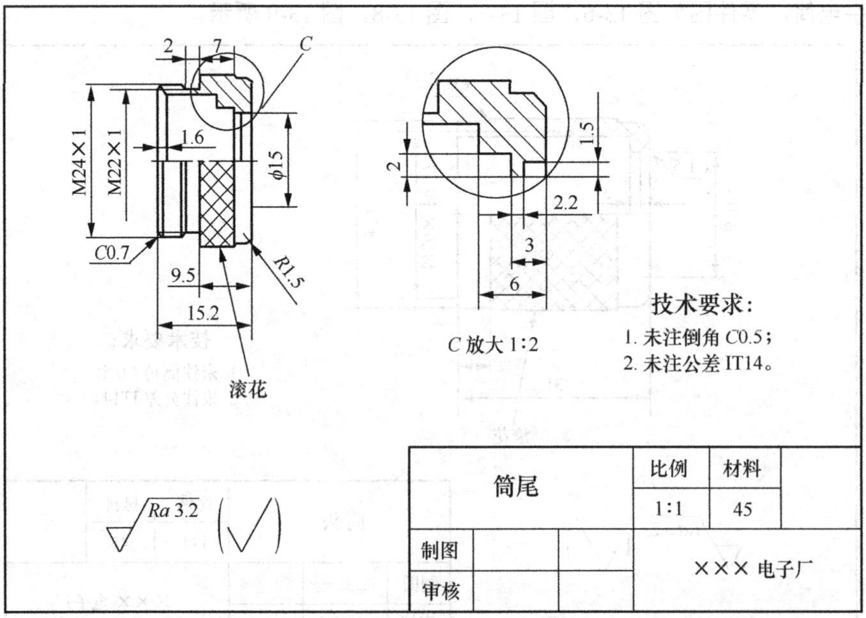

2
7
C
M24×1
M22×1
1.6
φ15
C0.7
R1.5
9.5
15.2
滚花
1.5
2
2.2
3
6
C 放大 1:2
技术要求：
1. 未注倒角 C0.5；
2. 未注公差 IT14。
Ra 3.2
筒尾
比例
材料
1:1
45
制图
审核
××× 电子厂

图 13-8

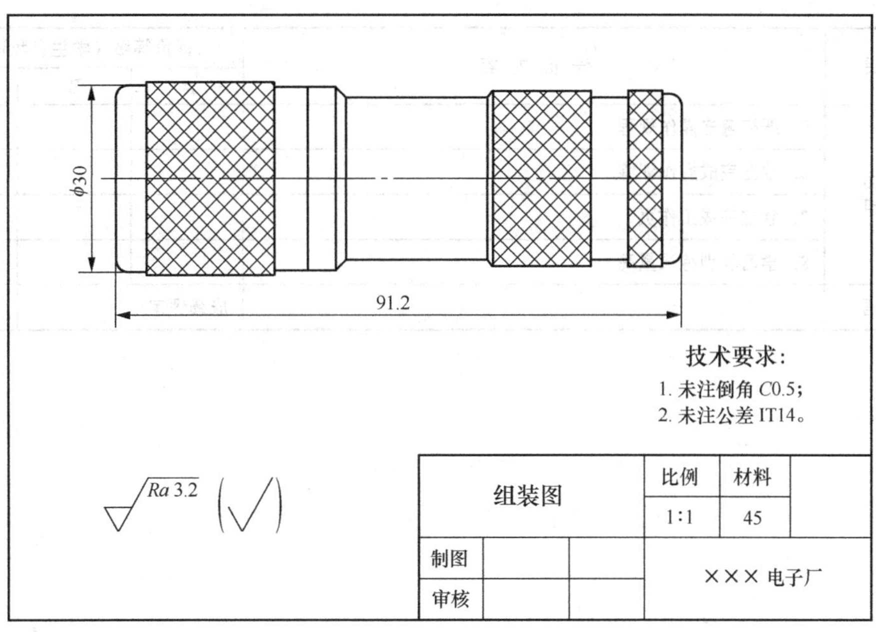

图 13-9

活动评价

根据自己在该任务中的学习表现，结合表 13-11 中活动评价项目进行自我评价。

表 13-11 活动评价表

项　目	评价内容	评价等级（学生自我评价）		
		A	B	C
关键能力评价项目	1. 安全意识强			
	2. 着装仪容符合实习要求			
	3. 积极主动学习			
	4. 无消极怠工现象			
	5. 爱护公共财物和设备设施			
	6. 维护课堂纪律			
	7. 服从指挥和管理			
	8. 积极维护场地卫生			
专业能力评价项目	1. 书、本等学习用品准备充分			
	2. 工具、量具选择及运用得当			
	3. 理论联系实际			
	4. 积极主动参与保温杯加工训练			

续表

项　　目	评 价 内 容	评价等级（学生自我评价）		
		A	B	C
专业能力评价项目	5．严格遵守操作规程			
	6．独立完成操作训练			
	7．独立完成工作页			
	8．学习和训练质量高			
教师评语		成绩评定		

附录A 理论试题

数控车工中级理论知识试卷（一）

一、单项选择题（第1题～第160题。选择一个正确的答案，将相应的字母填入题内的括号中。每题0.5分，满分80分。）

1．职业道德的内容不包括（ ）。

A．职业道德意识　　B．职业道德行为规范

C．从业者享有的权利　　D．职业守则

2．企业文化的整合功能指的是它在（ ）方面的作用。

A．批评与处罚　　B．凝聚人心　　C．增强竞争意识　　D．自律

3．遵守法律法规要求（ ）。

A．积极工作　　B．加强劳动协作　　C．自觉加班　　D．遵守安全操作规程

4．企业诚实守信的内在要求是（ ）。

A．维护企业信誉　　B．增加职工福利　　C．注重经济效益　　D．开展员工培训

5．企业标准由（ ）制定的标准。

A．国家　　B．企业　　C．行业　　D．地方

6．下列关于创新的论述，正确的是（ ）。

A．创新与继承根本对立　　B．创新就是独立自主

C．创新是民族进步的灵魂　　D．创新不需要引进国外新技术

7．员工在着装方面，正确的做法是（ ）。

A．服装颜色鲜艳　　B．服装款式端庄大方　C．皮鞋不光洁　　D．香水味浓烈

8．在工作中保持同事间和谐的关系，要求职工做到（ ）。

A．对感情不合的同事仍能给予积极配合

B．如果同事不经意给自己造成伤害，要求对方当众道歉，以挽回影响

C．对故意的诽谤，先通过组织途径解决，实在解决不了，再以武力解决

D．保持一定的嫉妒心，激励自己上进

9．金属在断裂前吸收变形能量的能力是钢的（ ）。

A．强度和塑性　　B．韧性　　C．硬度　　D．疲劳强度

10．碳的质量分数小于（ ）的铁碳合金称为碳素钢。

A．1.4%　　B．2.11%　　C．0.6%　　D．0.25%

11．优质碳素结构钢的牌号由（ ）数字组成。

A．一位　　B．两位　　C．三位　　D．四位

12．碳素工具钢的牌号由“T+数字”组成，其中数字是以（ ）表示的碳的质量分数。

A．百分数　　B．千分数　　C．万分数　　D．十分数

13. 碳素工具钢工艺性能的特点有（　　）。

A. 不可冷、热加工成形，加工性能好　　B. 刃口一般磨得不是很锋利

C. 易淬裂　　D. 耐热性很好

14.（　　）其断口呈灰白相间的麻点状，性能不好，极少应用。

A. 白口铸铁　　B. 灰口铸铁　　C. 球墨铸铁　　D. 麻口铸铁

15. 下列材料中抗拉强度最高的是（　　）。

A. HT200　　B. HT250　　C. HT300　　D. HT350

16. 球墨铸铁 QT400-18 的组织是（　　）。

A. 铁素体　　B. 铁素体+珠光体　　C. 珠光体　　D. 马氏体

17. 下列材料中（　　）不属于变形铝合金。

A. 硬铝合金　　B. 超硬铝合金　　C. 铸造铝合金　　D. 锻铝合金

18. 数控机床按伺服系统可分为（　　）。

A. 开环、闭环、半闭环　　B. 点位、点位直线、轮廓控制

C. 普通数控机床、加工中心　　D. 二轴、三轴、多轴

19. 数控机床的基本结构不包括（　　）。

A. 数控装置　　B. 程序介质　　C. 伺服控制单元　　D. 机床本体

20. 一般数控系统由（　　）组成。

A. 输入装置、顺序处理装置　　B. 数控装置、伺服系统、反馈系统

C. 控制面板和显示　　D. 数控柜、驱动柜

21. 液压传动是利用（　　）作为工作介质来进行能量传送的一种工作方式。

A. 油类　　B. 水　　C. 液体　　D. 空气

22. 润滑用的（　　）主要性能是不易溶于水，但熔点低，耐热能力差。

A. 钠基润滑脂　　B. 钙基润滑脂　　C. 锂基润滑脂　　D. 石墨润滑脂

23. 三相异步电动机的过载系数一般为（　　）。

A. 1.1～1.25　　B. 1.3～0.8　　C. 1.8～2.5　　D. 0.5～2.5

24. 断电后计算机信息依然存在的部件为（　　）。

A. 寄存器　　B. RAM 存储器　　C. ROM 存储器　　D. 运算器

25. POSITION 可翻译为（　　）。

A. 位置　　B. 坐标　　C. 程序　　D. 原点

26. 下列中（　　）最适宜采用正火。

A. 高碳钢零件　　B. 力学性能要求较高的零件

C. 形状较为复杂的零件　　D. 低碳钢零件

27. 中碳结构钢制作的零件通常在（　　）进行高温回火，以获得适宜的强度与韧性的良好配合。

A. 200℃～300℃　　B. 300℃～400℃　　C. 500℃～600℃　　D. 150℃～250℃

28. 钢淬火的目的就是为了使它的组织全部或大部转变为（　　），获得高硬度，然后在适当温度下回火，使工件具有预期的性能。

A. 贝氏体　　B. 马氏体　　C. 渗碳体　　D. 奥氏体

29. 机械加工选择刀具时一般应优先采用（　　）。

A. 标准刀具　　B. 专用刀具　　C. 复合刀具　　D. 都可以

30．以下四种车刀的主偏角数值中，主偏角为（　　）时，它的刀尖强度和散热性最佳。

A．45°　　B．75°　　C．90°　　D．95°

31．车削加工时的切削力可分解为主切削力 F_z、切深抗力 F_y 和进给抗力 F_x，其中消耗功率最大的力是（　　）。

A．进给抗力 F_x　　B．切深抗力 F_y　　C．主切削力 F_z　　D．不确定

32．钨钛钴类硬质合金是由碳化钨、碳化钛和（　　）组成。

A．钒　　B．铌　　C．钼　　D．钴

33．硬质合金的特点是耐热性（　　），切削效率高，但刀片强度、韧性不及工具钢，焊接刃磨工艺较差。

A．好　　B．差　　C．一般　　D．不确定

34．一般切削（　　）材料时，容易形成节状切屑。

A．塑性　　B．中等硬度　　C．脆性　　D．高硬度

35．粗加工应选用（　　）冷却液。

A．（3～5）%乳化液　　B．（10～15）%乳化液

C．切削液　　D．煤油

36．不属主轴回转运动误差的影响因素有（　　）。

A．主轴的制造误差　　B．主轴轴承的制造误差

C．主轴轴承的间隙　　D．工件的热变形

37．普通车床加工中，丝杠的作用是（　　）。

A．加工内孔　　B．加工各种螺纹　　C．加工外圆、端面　　D．加工锥面

38．錾削时，当发现手锤的木柄上沾有油应采取（　　）。

A．不用管　　B．及时擦去　　C．在木柄上包上布　　D．带上手套

39．普通车床光杠的旋转最终来源于（　　）。

A．溜板箱　　B．进给箱　　C．主轴箱　　D．挂轮箱

40．党的十六大报告指出，认真贯彻公民道德建设实施纲要，弘扬爱国主义精神，以为人民服务为核心，以集体主义为原则，以（　　）为重点。

A．无私奉献　　B．遵纪守法　　C．爱岗敬业　　D．诚实守信

41．空间互相平行的两线段，在同一基本投影图中（　　）。

A．根据具体情况，有时相互平行，有时两者不平行　　B．互相不平行

C．一定相互垂直　　D．一定相互平行

42．机械零件的真实大小是以图样上的（　　）为依据。

A．比例　　B．公差范围　　C．标注尺寸　　D．图样尺寸大小

43．零件图上的比例表示法中，（　　）表示为放大比例。

A．1:2　　B．1:5　　C．5:1　　D．1:1

44．左视图反映物体的（　　）的相对位置关系。

A．上下和左右　　B．前后和左右　　C．前后和上下　　D．左右和上下

45．细长轴零件上的（　　）在零件图中的画法是用移出剖视表示。

A．外圆　　B．螺纹　　C．锥度　　D．键槽

46. 识读装配图的步骤是先（　　）。

A. 识读标题栏　　B. 看视图配置　　C. 看标注尺寸　　D. 看技术要求

47. 在数控机床上，考虑工件的加工精度要求、刚度和变形等因素，可按（　　）划分工序。

A. 粗、精加工　　B. 所用刀具　　C. 定位方式　　D. 加工部位

48. 为了防止换刀时刀具与工件发生干涉，所以，换刀点的位置应设在（　　）。

A. 机床原点　　B. 工件外部　　C. 工件原点　　D. 对刀点

49. 切削刃选定点相对于工件的主运动瞬时速度为（　　）。

A. 切削速度　　B. 进给量　　C. 工作速度　　D. 切削深度

50. 主轴转速 n（r/min）与切削速度 v（m/min）的关系表达式是（　　）。

A. $n=\pi vD/1000$　　B. $n=1000\pi vD$　　C. $v=\pi nD/1000$　　D. $v=1000\pi nD$

51. 数控车床液动卡盘夹紧力的大小靠（　　）调整。

A. 变量泵　　B. 溢流阀　　C. 换向阀　　D. 减压阀

52. 夹紧时，应保证工件的（　　）正确。

A. 定位　　B. 形状　　C. 几何精度　　D. 位置

53. 手动使用夹具装夹造成工件尺寸一致性差的主要原因是（　　）。

A. 夹具制造误差　　B. 夹紧力一致性差　　C. 热变形　　D. 工件余量不同

54. 选择粗基准时，重点考虑如何保证各加工表面（　　）。

A. 对刀方便　　B. 切削性能好　　C. 进/退刀方便　　D. 有足够的余量

55. 工件上用于定位的表面，是确定工件位置的依据，称为（　　）面。

A. 定位基准　　B. 加工基准　　C. 测量基准　　D. 设计基准

56. 工艺基准包括（　　）。

A. 设计基准、粗基准、精基准　　B. 设计基准、定位基准、精基准

C. 定位基准、测量基准、装配基准　　D. 测量基准、粗基准、精基准

57. 在下列内容中，不属于工艺基准的是（　　）。

A. 定位基准　　B. 测量基准　　C. 装配基准　　D. 设计基准

58. 在精加工工序中，加工余量小而均匀时可选择加工表面本身作为定位基准的为（　　）。

A. 基准重合原则　　B. 互为基准原则　　C. 基准统一原则　　D. 自为基准原则

59. 用心轴对有较长长度的孔进行定位时，可以限制工件的（　　）自由度。

A. 两个移动、两个转动　　B. 三个移动、一个转动

C. 两个移动、一个转动　　D. 一个移动、二个转动

60. 一个物体在空间如果不加任何约束限制，应有（　　）自由度。

A. 三个　　B. 四个　　C. 六个　　D. 八个

61. 下列关于欠定位叙述正确的是（　　）。

A. 没有限制全部六个自由度　　B. 限制的自由度大于六个

C. 应该限制的自由度没有被限制　　D. 不该限制的自由度被限制了

62. 目前，数控编程广泛采用的程序段格式是（　　）。

A. EIA　　B. ISO　　C. ASCII　　D. 3B

63. 程序段号的作用之一是（　　）。

A. 便于对指令进行校对、检索、修改　　B. 解释指令的含义

C．确定坐标值　　D．确定刀具的补偿量

64．以下关于非模态指令（　　）是正确的。

A．一经指定一直有效　　B．在同组 G 代码出现之前一直有效

C．只在本程序段有效　　D．视具体情况而定

65．进给功能用于指定（　　）。

A．进刀深度　　B．进给速度　　C．进给转速　　D．进给方向

66．指定恒线速度切削的指令是（　　）。

A．G94　　B．G95　　C．G96　　D．G97

67．下列（　　）指令表示撤消刀具偏置补偿。

A．T02D0　　B．T0211　　C．T0200　　D．T0002

68．绝对坐标编程时，移动指令终点的坐标值 X、Z 都是以（　　）为基准来计算。

A．工件坐标系原点　　B．机床坐标系原点

C．机床参考点　　D．此程序段起点的坐标值

69．快速定位 G00 指令在定位过程中，刀具所经过的路径是（　　）。

A．直线　　B．曲线　　C．圆弧　　D．连续多线段

70．程序需暂停 5 秒时，下列正确的指令段是（　　）。

A．G04　P5000　　B．G04　P500　　C．G04　P50　　D．G04　P5

71．在偏置值设置 G55 栏中的数值是（　　）

A．工件坐标系的原点相对机床坐标系原点偏移值

B．刀具的长度偏差值

C．工件坐标系的原点

D．工件坐标系相对对刀点的偏移值

72．程序段 G90　X52　Z-100　F0.2 中“X52”的含义是（　　）。

A．车削 100 mm 长的圆锥　　B．车削 100 mm 长的圆柱

C．车削直径为 52 mm 的圆柱　　D．车削大端直径为 52 mm 的圆锥

73．G92　X_　Z_　F_指令中的“F_”的含义是（　　）。

A．进给量　　B．螺距　　C．导程　　D．切削长度

74．G70 指令是（　　）。

A．精加工切削循环指令　　B．圆柱粗车削循环指令

C．端面车削循环指令　　D．螺纹车削循环指令

75．在 G71P（ns）Q（nf）U（Δu）W（Δw）S500 程序格式中，（　　）表示 Z 轴方向上的精加工余量。

A．Δu　　B．Δw　　C．ns　　D．nf

76．使程序在运行过程中暂停的指令（　　）。

A．M00　　B．G18　　C．G19　　D．G20

77．主程序结束，程序返回至开始状态，其指令为（　　）。

A．M00　　B．M02　　C．M05　　D．M30

78．辅助指令 M03 功能是主轴（　　）指令。

A．反转　　B．启动　　C．正转　　D．停止

79．FANUC 系统中，M98 指令是（　　）指令。

A．主轴低速范围　　B．调用子程序　　C．主轴高速范围　　D．子程序结束

80．圆弧插补的过程中数控系统把轨迹拆分成若干微小（　　）。

A．直线段　　B．圆弧段　　C．斜线段　　D．非圆曲线段

81．G76 指令，主要用于（　　）的加工，以简化编程。

A．切槽　　B．钻孔　　C．棒料　　D．螺纹

82．欲加工第一象限的斜线（起始点在坐标原点），用逐点比较法直线插补，若偏差函数大于零，说明加工点在（　　）。

A．坐标原点　　B．斜线上方　　C．斜线下方　　D．斜线上

83．工作坐标系的原点称（　　）。

A．机床原点　　B．工作原点　　C．坐标原点　　D．初始原点

84．由机床的档块和行程开关决定的位置称为（　　）。

A．机床参考点　　B．机床坐标原点　　C．机床换刀点　　D．编程原点

85．在机床各坐标轴的终端设置有极限开关，由程序设置的极限称为（　　）。

A．硬极限　　B．软极限　　C．安全行程　　D．极限行程

86．数控机床 Z 坐标轴规定为（　　）。

A．平行于主切削方向　　B．工件装夹面方向

C．各个主轴任选一个　　D．传递主切削动力的主轴轴线方向

87．在等误差法直线段逼近的节点计算中，任意相邻两节点间的逼近误差为（　　）误差。

A．等　　B．圆弧　　C．点　　D．三角形

88．程序段 G73　P0035　Q0060　U4.0　W2.0　S500 中，“W2.0”的含义是（　　）。

A．Z 轴方向的精加工余量　　B．X 轴方向的精加工余量

C．X 轴方向的背吃刀量　　D．Z 轴方向的退刀量

89．数控车（FANUC 系统）的 G74 Z−120 Q10 F0.3 程序段中，（　　）表示 Z 轴方向上的间断走刀长度。

A．0.3　　B．10　　C．−120　　D．74

90．前置刀架数控车床上用正手车刀车削外圆，刀尖半径补偿方位号应该是（　　）。

A．1　　B．2　　C．3　　D．4

91．采用 G50 设定坐标系之后，数控车床在运行程序时（　　）回参考点。

A．用　　B．不用

C．可以用也可以不用　　D．取决于机床制造厂的产品设计

92．G98/G99 指令为（　　）指令。

A．模态　　B．非模态　　C．主轴　　D．指定编程方式的指令

93．操作系统是一种（　　）。

A．系统软件　　B．系统硬件　　C．应用软件　　D．支援软件

94．在绘制直线时，可以使用以下（　　）快捷输入方式的能力。

A．C　　B．L　　C．PIN　　D．E

95．AUTO CAD 中设置点样式在（　　）菜单栏中。

A．格式　　B．修改　　C．绘图　　D．编程

96. AUTO CAD 用 Line 命令连续绘制封闭图形时，敲（　　）字母回车而自动封闭。

A. C　　B. D　　C. E　　D. F

97. 在数控机床的操作面板上“HANDLE”表示（　　）。

A. 手动进给　　B. 主轴　　C. 回零点　　D. 手轮进给

98. 程序输入过程中要删除一个字符，则需要按（　　）键。

A. RESET　　B. HELP　　C. INPUT　　D. CAN

99. 刀具半径补偿存储器中须输入刀具（　　）值。

A. 刀尖的半径　　B. 刀尖的直径

C. 刀尖的半径和刀尖的位置　　D. 刀具的长度

100. 当加工内孔直径ϕ38.5 mm，实测为ϕ38.60 mm，则在该刀具磨耗补偿对应位置输入（　　）值进行修调至尺寸要求。

A. −0.2 mm　　B. 0.2 mm　　C. −0.3 mm　　D. −0.1 mm

101. 在（　　）操作方式下方可对机床参数进行修改。

A. JOG　　B. MDI　　C. EDIT　　D. AUTO

102. 自动运行过程中，按“进给保持按钮”，车床刀架运动暂停，循环启动灯灭，“进给（　　）”灯亮，“循环启动按钮”可以解除保持，使车床继续工作。

A. 准备　　B. 保持　　C. 复位　　D. 显示

103. 要执行程序段跳过功能，须在该程序段前输入（　　）标记。

A. /　　B. \　　C. +　　D. -

104. 轴上的花键槽一般都放在外圆的半精车（　　）进行。

A. 以前　　B. 以后　　C. 同时　　D. 前或后

105. 加工齿轮这样的盘类零件在精车时应按照（　　）的加工原则安排加工顺序。

A. 先外后内　　B. 先内后外　　C. 基准后行　　D. 先精后粗

106. 以内孔为基准的套类零件，可采用（　　）方法，安装保证位置精度。

A. 心轴　　B. 三爪卡盘　　C. 四爪卡盘　　D. 一夹一顶

107. 用于批量生产的胀力心轴可用（　　）材料制成。

A. 45 号钢　　B. 60 号钢　　C. 65Mn　　D. 铸铁

108. 粗加工时，应取（　　）的后角；精加工时，就取（　　）后角。

A. 较小，较小　　B. 较大，较小　　C. 较小，较大　　D. 较大，较小

109. 已知刀具沿一直线方向加工的起点坐标为（20，−10），终点坐标为（10，20），则其程序是（　　）。

A. G01　X20　Z-10　F100　　B. G01　X-10　Z20　F100

C. G01　X10　W30　F100　　D. G01　U30　W-10　F100

110. 当刀具的副偏角（　　）时，在车削凹陷轮廓面时应产生过切现象。

A. 大　　B. 过大

C. 过小　　D. 大，过大，过小均不对

111. 用三爪卡盘夹持轴类零件，车削加工内孔出现锥度，其原因可能是（　　）。

A. 夹紧力太大，工件变形　　B. 刀具已经磨损

C. 工件没有找正　　D. 切削用量不当

112．首先应根据零件的（　　）精度，合理选择装夹方法。

A．尺寸　　B．形状　　C．位置　　D．表面

113．相邻两牙在中径线上对应两点之间的（　　），称为螺距。

A．斜线距离　　B．角度　　C．长度　　D．轴向距离

114．普通三角螺纹牙深与（　　）相关。

A．螺纹外径　　B．螺距

C．螺纹外径和螺距　　D．与螺纹外径和螺距都无关

115．普通三角螺纹的牙型角为（　　）。

A．30°　　B．40°　　C．55°　　D．60°

116．安装螺纹车刀时，刀尖应（　　）工件中心。

A．低于　　B．等于

C．高于　　D．低于，等于，高于都可以

117．能进行螺纹加工的数控车床，一定安装了（　　）。

A．测速发电机　　B．主轴脉冲编码器　　C．温度检测器　　D．旋转变压器

118．车削 M30×2 的双线螺纹时，F 功能字应代入（　　）mm 编程加工。

A．2　　B．4　　C．6　　D．8

119．程序段 N0045　G32　U-36　F4 车削双线螺纹，使用平移方法加工第二条螺旋线时，相对第一条螺旋线，起点的 Z 方向应该平移（　　）。

A．4 mm　　B．−4 mm　　C．2 mm　　D．0

120．FANUC 车床螺纹加工单一循环程序段 N0025　G92　X50　Z−35　I2.5　F2 表示圆锥螺纹加工循环，螺纹大小端半径差为（　　）mm（直径编程）。

A．5　　B．1.25　　C．2.5　　D．2

121．G76 指令中的 F 是指螺纹的（　　）。

A．大径　　B．小径　　C．螺距　　D．导程

122．用ϕ1.73 三针测量 M30×3 的中径，三针读数值为（　　）mm。

A．30　　B．30.644　　C．30.821　　D．31

123．如切断外径为ϕ36 mm、内孔为ϕ16 mm 的空心工件，刀头宽度应刃磨至（　　）mm 宽。

A．1～2　　B．2～3　　C．3～3.6　　D．4～4.6

124．G75 指令结束后，切刀停在（　　）。

A．终点　　B．机床原点　　C．工件原点　　D．起点

125．编程加工内槽时，切槽前的切刀定位点的直径应比孔径尺寸（　　）。

A．小　　B．相等　　C．大　　D．无关

126．可用于端面槽加工的复合循环指令是（　　）。

A．G71　　B．G72　　C．G74　　D．G75

127．钻头钻孔一般属于（　　）。

A．精加工　　B．半精加工　　C．粗加工　　D．半精加工和精加工

128．麻花钻的两个螺旋槽表面就是（　　）。

A．主后刀面　　B．副后刀面　　C．前刀面　　D．切削平面

129．扩孔精度一般可达（　　）。

A．IT5～6　　B．IT7～8　　C．IT8～9　　D．IT9～10

130．钻头直径为 10 mm，切削速度是 30m/min，主轴转速应该是（　　）。

A．240 r/min　　B．1920 r/min　　C．480 r/min　　D．960 r/min

131．镗削不通孔时，镗刀的主偏角应取（　　）。

A．45°　　B．60°　　C．75°　　D．90°

132．镗孔的关键技术是解决镗刀的（　　）和排屑问题。

A．柔性　　B．红硬性　　C．工艺性　　D．刚性

133．（　　）是一种以内孔为基准装夹达到相对位置精度的装夹方法。

A．一夹一顶　　B．两顶尖　　C．平口钳　　D．心轴

134．下列指令中（　　）可用于内外锥度的加工。

A．G02　　B．G03　　C．G92　　D．G90 和 G94

135．钻中心孔时，应选用（　　）的转速。

A．低　　B．较低

C．较高　　D．低，较低，较高均不对

136．游标卡尺读数时，下列操作不正确的是（　　）。

A．平拿卡尺

B．视线垂直于读刻线

C．朝着有光亮方向

D．没有刻线完全对齐时，应选相邻刻线中较小的作为读数

137．百分表转数指示盘上小指针转动 1 格，则量杆移动（　　）。

A．1 mm　　B．0.5 cm　　C．10 cm　　D．5 cm

138．千分尺读数时（　　）。

A．不能取下　　B．必须取下

C．最好不取下　　D．取下，再锁紧，然后读数

139．深度千分尺的测微螺杆移动量是（　　）。

A．85 mm　　B．35 mm　　C．25 mm　　D．15 mm

140．外径千分尺的读数方法是（　　）。

A．先读小数，再读整数，把两次读数相减，就是被测尺寸

B．先读整数，再读小数，把两次读数相加，就是被测尺寸

C．读出小数，就可以知道被测尺寸

D．读出整数，就可以知道被测尺寸

141．一般用于检验配合精度要求较高的圆锥工件的是（　　）。

A．角度样板

B．游标万能角度尺

C．圆锥量规涂色

D．角度样板，游标万能角度尺，圆锥量规涂色都可以

142．用（　　）的压力把两个量块的测量面相推合，就可牢固地粘合成一体。

A．一般　　B．较大　　C．很大　　D．较小

143．以下说法错误的是（　　）。

A．公差带为圆柱时，公差值前加ϕ

B．公差带为球形时，公差值前加$S\phi$

C．国标规定，在技术图样上，形位公差的标注采用字母标注

D．基准代号由基准符号、圆圈、连线和字母组成

144．关于尺寸公差，下列说法正确的是（　　）。

A．尺寸公差只能大于零，故公差值前应标“＋”号

B 尺寸公差是用绝对值定义的，没有正、负的含义，故公差值前不应标“＋”号

C．尺寸公差不能为负值，但可以为零

D．尺寸公差为允许尺寸变动范围的界限值

145．ϕ35 H9/f9 组成了（　　）配合。

A．基孔制间隙　　B．基轴制间隙　　C．基孔制过渡　　D．基孔制过盈

146．下列配合中，能确定孔轴配合种类为过渡配合的为（　　）。

A．ES≥ei　　B．ES≤ei　　C．ES≥es　　D．es＞ES＞ei

147．机械制造中常用的优先配合的基准孔代号是（　　）。

A．H7　　B．H2　　C．D2　　D．D7

148．未注公差尺寸应用范围是（　　）。

A．长度尺寸

B．工序尺寸

C．用于组装后经过加工所形成的尺寸

D．长度尺寸，工序尺寸，用于组装后经过加工所形成的尺寸都适用

149．基本尺寸是（　　）的尺寸。

A．设计时给定　　B．测量出来　　C．计算出来　　D．实际

150．在尺寸符号φ50F8 中，用于判断基本偏差是上极限偏差还是下极限偏差的符号是（　　）。

A．50　　B．F8　　C．F　　D．8

151．在基准制的选择中应优先选用（　　）。

A．基孔制　　B．基轴制　　C．混合制　　D．配合制

152．在给定一个方向时，平行度的公差带是（　　）。

A．距离为公差值t的两平行直线之间的区域

B．直径为公差值t，且平行于基准轴线的圆柱面内的区域

C．距离为公差值t，且平行于基准平面（或直线）的两平行平面之间的区域

D．正截面为公差值$t1\times t2$，且平行于基准轴线的四棱柱内的区域

153．零件的加工精度包括尺寸精度、几何形状精度和（　　）三方面内容。

A．相互位置精度　　B．表面粗糙度　　C．重复定位精度　　D．测检精度

154．零件加工中，影响表面粗糙度的主要原因是（　　）。

A．刀具装夹误差　　B．机床的几何精度　　C．圆度　　D．刀痕和振动

155．提高机械加工表面质量的工艺途径不包括（　　）。

A．超精密切削加工　　B．采用珩磨、研磨　　C．喷丸、滚压强化　　D．精密铸造

156．数控机床每次接通电源后在运行前首先应做的是（　　）。

A．给机床各部分加润滑油　　B．检查刀具安装是否正确

C．机床各坐标轴回参考点　　D．工件是否安装正确

157．为了使机床达到热平衡状态必须使机床运转（　　）。

A．8 min 以内　　B．15 min 以上　　C．3 min 以内　　D．10 min

158．按数控机床故障频率的高低，通常将机床的使用寿命分为（　　）阶段。

A．2　　B．3　　C．4　　D．5

159．若框式水平仪气泡移动一格，在 1000 mm 长度上倾斜高度差为 0.02mm，则折算其倾斜角为（　　）。

A．4′　　B．30″　　C．1′　　D．2′

160．下述几种垫铁中，常用于振动较大或质量为 10～15t 的中小型机床的安装（　　）。

A．斜垫铁　　B．开口垫铁　　C．钩头垫铁　　D．等高铁

二、判断题（第 161 题～第 200 题。将判断结果填入括号中。正确的填"√"，错误的填"×"。每题 0.5 分，满分 20 分。）

161．（　　）职业道德是人们在从事职业的过程中形成的一种内在的、非强制性的约束机制。

162．（　　）职业道德修养要从培养自己良好的行为习惯着手。

163．（　　）工件在切削过程中会形成已加工表面和待加工表面两个表面。

164．（　　）一把新刀（或重新刃磨过的刀具）从开始使用直至达到磨钝标准所经历的实际切削时间，称为刀具寿命。

165．（　　）刀具的有效工作时间包括初期磨损阶段和正常磨损阶段两部分。

166．（　　）氧化铝类砂轮硬度高、韧性好，适合磨削钢料。碳化硅类磨料硬度更高、更锋利、导热性好，但较脆，适合磨削铸铁和硬质合金。

167．（　　）积屑瘤是引起振动的因素。

168．（　　）职业道德的价值在于有利于协调职工之间及职工与领导之间的关系。

169．（　　）一旦冷却液变质后，应立即将机床内冷却液收集并稀释后才能倒入下水道。

170．（　　）生产管理是对企业日常生产活动的计划组织和控制。

171．（　　）三视图的投影规律是：主视图与俯视图宽相等、主视图与左视图高平齐、俯视图与左视图长对正。

172．（　　）省略一切标注的剖视图，说明它的剖切平面不通过机件的对称平面。

173．（　　）工艺规程制定包括零件的工艺分析、毛坯的选择、工艺路线的拟定、工序设计和填写工艺文件等内容。

174．（　　）毛坯的材料、种类及外形尺寸不是工艺规程的主要内容。

175．（　　）要求限制的自由度没有限制的定位方式称为过定位。

176．（　　）硬质合金刀具切削时，不应在切削中途开始使用切削液，以免刀片破裂。

177．（　　）刃磨高速钢刀具时，应在白刚玉的白色砂轮上刃磨，且放入水中冷却，以防止切削刃退火。

178．（　　）机夹可转位车刀不用刃磨，有利于涂层刀片的推广使用。

179．（　　）YT 类硬质合金比 YG 类的耐磨性好，但脆性大，不耐冲击，常用于加工塑性好的钢材。

180.（　　）模态码就是续效代码，G00、G03、G17、G41 是模态码。

181.（　　）相对编程的意义是刀具相对于程序零点的位移量编程。

182.（　　）G21 代码是米制输入功能。

183.（　　）G02 和 G03 的判别方向的方法是：沿着不在圆弧平面内的坐标轴从正方向向负方向看去，刀具顺时针方向运动为 G02，逆时针方向运动为 G03。

184.（　　）G28 代码是参考点返回功能，它是 00 组非模态 G 代码。

185.（　　）数控机床的程序保护开关处于 ON 位置时，不能对程序进行编辑。

186.（　　）删除某一程序字时，先将光标移至需修改的程序字上，按“DELETE”。

187.（　　）数控车床编程原点可以设定在主轴端面中心或工件端面中心处。

188.（　　）轴类零件是适宜于数控车床加工的主要零件。

189.（　　）斜度是指大端与小端直径之比。

190.（　　）精车时首先选用较小的背吃刀量，再选择较小的进给量，最后选择较高的转速。

191.（　　）ZG1/2″ 表示圆锥管螺纹。

192.（　　）编程车削螺纹时，进给修调功能有效。

193.（　　）使用反向切断法，卡盘和主轴部分必须装有保险装置。

194.（　　）车沟槽时的进给速度要选择的小些，防止产生过大的切削抗力，损坏刀具。

195.（　　）铰削钢件时，如果发现孔径缩小，则应该改用锋利的铰刀或减小铰削用量。

196.（　　）数控系统出现故障后，如果了解故障的全过程并确认通电对系统无危险时，就可通电进行观察、检查故障。

197.（　　）操作工要做好车床清扫工作，保持清洁。认真执行交接班手续，做好交接班记录。

198.（　　）电动机出现不正常现象时应及时切断电源，排除故障。

199.（　　）数控装置内落入了灰尘或金属粉末，则容易造成元器件间绝缘电阻下降，从而导致故障的出现和元件损坏。

200.（　　）数控机床 G01 指令不能运行的原因之一是主轴未旋转。

数控车工中级理论知识试卷（一）答案

一、选择题

1.	C	2.	B	3.	D	4.	A	5.	B	6.	C	7.	B
8.	A	9.	B	10.	B	11.	B	12.	B	13.	C	14.	D
15.	D	16.	A	17.	C	18.	A	19.	B	20.	B	21.	C
22.	B	23.	C	24.	C	25.	B	26.	D	27.	C	28.	B
29.	A	30.	A	31.	A	32.	D	33.	A	34.	B	35.	A
36.	D	37.	B	38.	B	39.	C	40.	D	41.	D	42.	C
43.	C	44.	C	45.	D	46.	A	47.	A	48.	B	49.	A
50.	C	51.	D	52.	D	53.	B	54.	D	55.	A	56.	C
57.	D	58.	D	59.	A	60.	C	61.	C	62.	B	63.	A
64.	C	65.	B	66.	C	67.	C	68.	A	69.	B	70.	A

71. A 72. C 73. C 74. A 75. B 76. A 77. D
78. C 79. B 80. A 81. D 82. B 83. B 84. A
85. B 86. D 87. A 88. A 89. B 90. A 91. D
92. A 93. A 94. B 95. A 96. A 97. D 98. D
99. C 100. D 101. B 102. B 103. A 104. B 105. B
106. A 107. C 108. C 109. C 110. C 111. C 112. C
113. D 114. B 115. D 116. B 117. B 118. B 119. C
120. C 121. D 122. B 123. C 124. D 125. A 126. C
127. C 128. C 129. D 130. D 131. D 132. D 133. D
134. D 135. C 136. D 137. A 138. C 139. C 140. B
141. C 142. D 143. C 144. B 145. A 146. D 147. A
148. D 149. A 150. C 151. A 152. C 153. A 154. D
155. D 156. C 157. B 158. B 159. A 160. C

二、判断题

161. √ 162. √ 163. × 164. √ 165. × 166. √ 167. √
168. √ 169. × 170. √ 171. × 172. × 173. √ 174. √
175. × 176. √ 177. √ 178. √ 179. √ 180. √ 181. ×
182. √ 183. √ 184. √ 185. √ 186. √ 187. √ 188. √
189. × 190. √ 191. √ 192. × 193. √ 194. √ 195. √
196. √ 197. √ 198. √ 199. √ 200. ×

数控车工中级理论知识试卷（二）

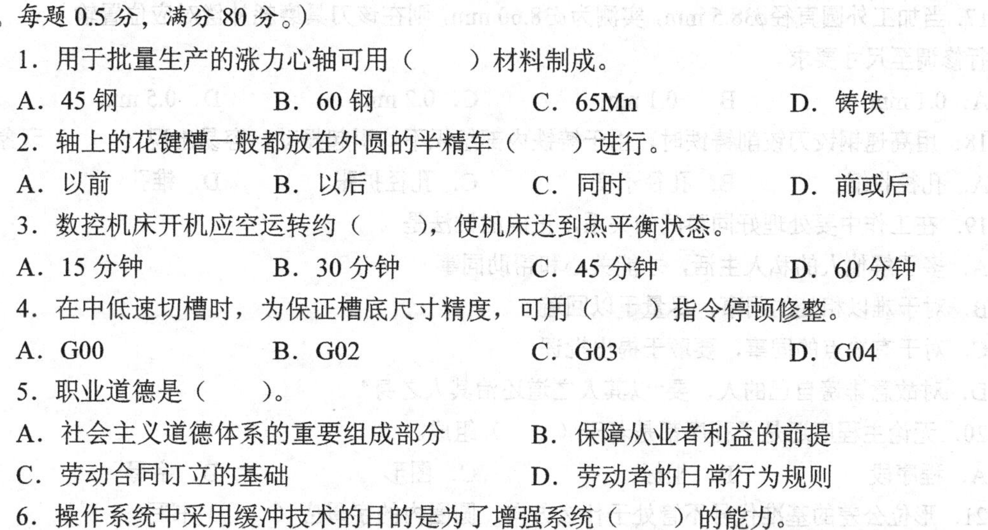

一、单项选择题（第 1 题～第 160 题。选择一个正确的答案，将相应的字母填入题内的括号中。每题 0.5 分，满分 80 分。）

1. 用于批量生产的涨力心轴可用（　　）材料制成。

A. 45 钢　　B. 60 钢　　C. 65Mn　　D. 铸铁

2. 轴上的花键槽一般都放在外圆的半精车（　　）进行。

A. 以前　　B. 以后　　C. 同时　　D. 前或后

3. 数控机床开机应空运转约（　　），使机床达到热平衡状态。

A. 15 分钟　　B. 30 分钟　　C. 45 分钟　　D. 60 分钟

4. 在中低速切槽时，为保证槽底尺寸精度，可用（　　）指令停顿修整。

A. G00　　B. G02　　C. G03　　D. G04

5. 职业道德是（　　）。

A. 社会主义道德体系的重要组成部分　　B. 保障从业者利益的前提

C. 劳动合同订立的基础　　D. 劳动者的日常行为规则

6. 操作系统中采用缓冲技术的目的是为了增强系统（　　）的能力。

A. 串行操作　　B. 控制操作　　C. 重执操作　　D. 并行操作

7. 过流报警是属于何种类型的报警（　　）。

A. 系统报警　　B. 机床侧报警　　C. 伺服单元报警　　D. 电机报警

8. 工件夹紧要牢固、可靠，并保证工件在加工中（　　）不变。

A. 尺寸　　B. 定位　　C. 位置　　D. 间隙

9. 俯视图反映物体的（　　）的相对位置关系。

A. 上下和左右　　B. 前后和左右

C. 前后和上下　　D. 左右和上下

10. 螺纹标记 M24×1.5−5g6g，5g 表示中径公差等级为（　　），基本偏差的位置代号为（　　）。

A. g，6 级　　B. g，5 级　　C. 6 级，g　　D. 5 级，g

11. 数控机床加工过程中发生危险现象需要紧急处理时应采取（　　）。

A. 按下主轴急停按钮　　B. 按下进给保持按钮

C. 按下紧急停止按钮　　D. 切断电器柜电源

12. 下列说法中，不符合语言规范具体要求的是（　　）。

A. 语感自然　　B. 用尊称，不用忌语

C. 语速适中，不快不慢　　D. 态度冷淡

13. 在切断时，背吃力量 a_p（　　）刀头宽度。

A. 大于　　B. 等于　　C. 小于　　D. 小于等于

14. 应用插补原理的方法有多种，其中（　　）最常用。

A. 逐点比较法　　B. 数字积分法　　C. 单步追踪法　　D. 有限元法

15. 锥度的定义是（　　）。

A. （大端−小端）/长度　　B. （小端−大端）/长度

C. 大端除以小端的值　　D. 小端除以大端的值

16. 选择定位基准时，粗基准（　　）。

A. 只能使用一次　　B. 最多使用二次

C. 可使用一至三次　　D. 可反复使用

17. 当加工外圆直径 $\phi 38.5$ mm，实测为 $\phi 38.60$ mm，则在该刀具磨耗补偿对应位置输入（　　）值进行修调至尺寸要求。

A. 0.1 mm　　B. −0.1 mm　　C. 0.2 mm　　D. 0.5 mm

18. 用高速钢铰刀铰削铸铁时，由于铸铁内部组织不均引起振动，容易出现（　　）现象。

A. 孔径收缩　　B. 孔径不变　　C. 孔径扩张　　D. 锥孔

19. 在工作中要处理好同事间的关系，正确的做法是（　　）。

A. 多了解他人的私人生活，才能关心和帮助同事

B. 对于难以相处的同事，尽量予以回避

C. 对于有缺点的同事，要敢于提出批评

D. 对故意诽谤自己的人，要“以其人之道还治其人之身”

20. 无论主程序还是子程序都是若干（　　）组成。

A. 程序段　　B. 坐标　　C. 图形　　D. 字母

21. 形位公差的基准代号不管处于什么方向，圆圈内的字母应（　　）书写。

A. 水平　　B. 垂直　　C. 45°倾斜　　D. 任意

22. 加工螺距为 3 mm 圆柱螺纹，牙深为（　　），其切削次数为其七次。

A. 1.949　　B. 1.668　　C. 3.3　　D. 2.6

23. 大于 500 m/min 的切削速度高速车削铁系金属时，采用（　　）刀具材料的车刀为宜。

A. 普通硬质合金　　B. 立方氮化硼

C. 涂层硬质合金　　D. 金刚石

24. 优质碳素结构钢的牌号由（　　）数字组成。

A. 一位　　B. 两位　　C. 三位　　D. 四位

25. 切削刃选定点相对于工件的主运动瞬时速度为（　　）。

A. 切削速度　　B. 进给量　　C. 工作速度　　D. 切削深度

26. 工件上用于定位的表面，是确定工件位置的依据，称为（　　）面。

A. 定位基准　　B. 加工基准　　C. 测量基准　　D. 设计基准

27. 零件长度为 36 mm，切刀宽度为 4 mm，左刀尖为刀位点，以右端面为原点，则编程时定位在（　　）处切断工件。

A. Z-36　　B. Z-40　　C. Z-32　　D. Z40

28. 程序段序号通常用（　　）位数字表示。

A. 8　　B. 10　　C. 4　　D. 11

29. 牌号为 T12A 的材料是指平均含碳量为（　　）的碳素工具钢。

A. 1.2%　　B. 12%　　C. 0.12%　　D. 2.2%

30. 只将机件的某一部分向基本投影面投影所得的视图称为（　　）。

A. 基本视图　　B. 局部视图　　C. 斜视图　　D. 旋转视图

31. 任何切削加工方法都必须有一个（　　），可以有一个或几个进给运动。

A. 辅助运动　　B. 主运动　　C. 切削运动　　D. 纵向运动

32. 螺纹车刀刀尖高于或低于中心时，车削时易出现（　　）现象。

A. 扎刀　　B. 乱牙　　C. 窜动　　D. 停车

33. 按断口颜色铸铁可分为的（　　）。

A. 灰口铸铁、白口铸铁、麻口铸铁　　B. 灰口铸铁、白口铸铁、可锻铸铁

C. 灰铸铁、球墨铸铁、可锻铸铁　　D. 普通铸铁、合金铸铁

34. 刀具半径补偿功能为模态指令，数控系统初始状态是（　　）。

A. G41　　B. G42　　C. G40　　D. 由操作者指定

35. 主要用于钻孔加工的复合循环指令是（　　）。

A. G71　　B. G72　　C. G73　　D. G74

36. 石墨以片状存在的铸铁称为（　　）。

A. 灰铸铁　　B. 可锻铸铁　　C. 球墨铸铁　　D. 蠕墨铸铁

37. 用百分表测量平面时，触头应与平面（　　）。

A. 倾斜　　B. 垂直　　C. 水平　　D. 平行

38. 粗车时，一般（　　），最后确定一个合适的切削速度 v_c，就是车削用量的选择原则。

A. 应首先选择尽可能小的背吃刀量 a_p，其次选择较小的进给量 f

B. 应首先选择尽可能小的背吃刀量 a_p，其次选择较大的进给量 f

C. 应首先选择尽可能大的背吃刀量 a_p，其次选择较小的进给量 f

D．应首先选择尽可能大的背吃刀量 a_p，其次选择较大的进给量 f

39．按经验公式 $n \leqslant 1800/P\text{-}K$ 计算，车削螺距为 3 mm 的双线螺纹，转速应≤（　　）r/min。

A．2000　　B．1000　　C．520　　D．220

40．当机件具有倾斜机构，且倾斜表面在基本投影面上投影不反映实形，可采用（　　）表达。

A．斜视图　　B．前视图和俯视图

C．后视图和左视图　　D．旋转视图

41．以下关于非模态指令（　　）是正确的。

A．一经指定一直有效　　B．在同组 G 代码出现之前一直有效

C．只在本程序段有效　　D．视具体情况而定

42．可用于端面槽加工的复合循环指令是（　　）。

A．G71　　B．G72　　C．G74　　D．G75

43．用来测量零件已加工表面的尺寸和位置所参照的点、线或面为（　　）。

A．定位基准　　B．测量基准　　C．装配基准　　D．工艺基准

44．识读装配图的步骤是先（　　）。

A．识读标题栏　　B．看视图配置　　C．看标注尺寸　　D．看技术要求

45．影响刀具扩散磨损的最主要原因是切削（　　）。

A．材料　　B．速度　　C．温度　　D．角度

46．车削塑性金属材料的 M40×3 内螺纹时，D 孔直径约等于（　　）mm。

A．40　　B．38.5　　C．8.05　　D．37

47．镗孔精度一般可达（　　）。

A．IT5～6　　B．IT7～8　　C．IT8～9　　D．IT9～10

48．不属于球墨铸铁的牌号为（　　）。

A．QT400-18　　B．QT450-10　　C．QT700-2　　D．HT250

49．在精加工工序中，加工余量小而均匀时可选择加工表面本身作为定位基准的为（　　）。

A．基准重合原则　　B．互为基准原则

C．基准统一原则　　D．自为基准原则

50．（　　）是一种以内孔为基准装夹达到相对位置精度的装夹方法。

A．一夹一顶　　B．两顶尖　　C．平口钳　　D．心轴

51．G32 或 G33 代码是螺纹（　　）功能。

A．螺纹加工固定循环　　B．变螺距螺纹车削功能指令

C．固定螺距螺纹车削功能指令　　D．外螺纹车削功能指令

52．刀具进入正常磨损阶段后磨损速度（　　）。

A．上升　　B．下降　　C．不变　　D．突增

53．指定恒线速度切削的指令是（　　）。

A．G94　　B．G95　　C．G96　　D．G97

54．采用轮廓控制的数控机床是（　　）。

A．数控钻床　　B．数控铣床　　C．数控注塑机床　　D．数控平面床

55．FANUC 系统中程序段 N25（　　）X50　Z-35　I2.5　F2 表示圆锥螺纹加工循环。

A．G90　　B．G95　　C．G92　　D．G33

56．粗加工时，应取（　　）的后角；精加工时，就取（　　）后角。

A．较小，较小　　B．较大，较小

C．较小，较大　　D．较大，较小

57．在 FANUC 系统数控车床上，用 G90 指令编程加工内圆柱面时，其循环起点的 *X* 坐标要（　　）待加工圆柱面的直径。

A．小于　　B．等于

C．大于　　D．小于、等于、大于都可以

58．数控车刀具指令 T 由后面的（　　）数指定。

A．一位　　B．两位　　C．四位　　D．两位或四位

59．不能做刀具材料的有（　　）。

A．碳素工具钢　　B．碳素结构钢　　C．合金工具钢　　D．高速钢

60．深度千分尺的测微螺杆移动量是（　　）。

A．85 mm　　B．35 mm　　C．25 mm　　D．15 mm

61．在 FANUC 系统中，（　　）指令用于大角度锥面的循环加工。

A．G92　　B．G93　　C．G94　　D．G95

62．用于加工螺纹的复合加工循环指令是（　　）。

A．G73　　B．G74　　C．G75　　D．G76

63．V 形架用于工件外圆定位，其中短 V 形架限制（　　）个自由度。

A．6　　B．2　　C．3　　D．8

64．钻中心孔时，应选用（　　）的转速。

A．低　　B．较低

C．较高　　D．低、较低、较高均不对

65．程序段 G90　X48　W-10　F80 应用的是（　　）编程方法。

A．绝对坐标　　B．增量坐标　　C．混合坐标　　D．极坐标

66．外径千分尺分度值一般为（　　）。

A．0.2 m　　B．0.5 mm　　C．0.01 mm　　D．0.1 cm

67．三个支撑点对工件是平面定位，能限制（　　）个自由度。

A．2　　B．3　　C．4　　D．5

68．用ϕ1.73 三针测量 M30×3 的中径，三针读数值为（　　）mm。

A．30　　B．30.644　　C．30.821　　D．31

69．FANUC 系统的车床用增量方式编程时的格式是（　　）。

A．G90　G01　X_　Z_　　B．G91　G01　X_　Z_

C．G01　U_　W_　　D．G91　G01　U_　W_

70．G20 代码是（　　）制输入功能，它是 FANUC 数控车床系统的选择功能。

A．英　　B．公　　C．米　　D．国际

71．数控机床的核心是（　　）。

A．伺服系统　　B．数控系统　　C．反馈系统　　D．传动系统

72．以圆弧规测量工件凸圆弧，若仅二端接触，是因为工件的圆弧半径（　　）。

A．过大　　B．过小　　C．准确　　D．大、小不均匀

73．刀具材料在高温下能够保持其硬度的性能是（ ）。

A．硬度　B．耐磨性　C．耐热性　D．工艺性

74．数控车床上车削内圆锥面时，若程序中没有用刀尖圆弧半径补偿指令，不考虑其他因素的影响，则所加工的圆锥面直径会比程序中指定的直径（ ）。

A．小　B．大

C．相等　D．小，大，相等都有可能

75．定位方式中（ ）不能保证加工精度。

A．完全定位　B．不完全定位　C．欠定位　D．过定位

76．一般数控系统由（ ）组成。

A．输入装置、顺序处理装置　B．数控装置、伺服系统、反馈系统

C．控制面板和显示　D．数控柜、驱动柜

77．粗加工应选用（ ）。

A．（3～5）%乳化液　B．（10～15）%乳化液

C．切削液　D．煤油

78．程序段 G02 X50 Z-20 I28 K5 F0.3 中"I28 K5"表示（ ）。

A．圆弧的始点　B．圆弧的终点

C．圆弧的圆心相对圆弧起点坐标　D．圆弧的半径

79．在车削高精度的零件时，粗车后，在工件上的切削热达到（ ）后再进行精车。

A．热平衡　B．热变形　C．热膨胀　D．热伸长

80．车床的类别代号是（ ）。

A．Z　B．X　C．C　D．M

81．FANUC 系统程序段 G04 P1000 中，P 指令表示（ ）。

A．缩放比例　B．子程序号　C．循环参数　D．暂停时间

82．运行 G28 指令，机床将（ ）。

A．返回参考点　B．快速定位　C．做直线加工　D．坐标系偏移

83．普通车床加工中，丝杠的作用是（ ）。

A．加工内孔　B．加工各种螺纹

C．加工外圆、端面　D．加工锥面

84．在偏置值设置 G55 栏中的数值是（ ）。

A．工件坐标系的原点相对机床坐标系原点偏移值

B．刀具的长度偏差值

C．工件坐标系的原点

D．工件坐标系相对对刀点的偏移值

85．划线基准一般可用以下三种类型：以两个相互垂直的平面（或线）为基准、以一个平面和一条中心线为基准、以（ ）为基准。

A．一条中心线　B．两条中心线

C．一条或两条中心线　D．三条中心线

86．机夹可转位车刀，刀片转位更换迅速、夹紧可靠、排屑方便、定位精确，综合考虑，采用（ ）形式的夹紧机构较为合理。

A．螺钉上压式　　B．杠杆式　　C．偏心销式　　D．楔销式

87．操作面板的功能键中，用于程序编制显示的键是（　　）。

A．POS　　B．PROG　　C．ALARM　　D．PAGE

88．金属抵抗永久变形和断裂的能力是钢的（　　）。

A．强度和塑性　　B．韧性　　C．硬度　　D．疲劳强度

89．用于调整机床的垫铁种类有多种，其作用不包括（　　）。

A．减轻紧固螺栓时机床底座的变形　　B．限位作用

C．调整高度　　D．紧固作用

90．在数控机床上，考虑工件的加工精度要求、刚度和变形等因素，可按（　　）划分工序。

A．粗、精加工　　B．所用刀具　　C．定位方式　　D．加工部位

91．《公民道德建设实施纲要》提出，要充分发挥社会主义市场经济机制的积极作用，人们必须增强（　　）。

A．个人意识、协作意识、效率意识、物质利益观念、改革开放意识

B．个人意识、竞争意识、公平意识、民主法制意识、开拓创新精神

C．自立意识、竞争意识、效率意识、民主法制意识、开拓创新精神

D．自立意识、协作意识、公平意识、物质利益观念、改革开放意识

92．由主切削刃直接切成的表面叫（　　）。

A．切削平面　　B．切削表面　　C．已加工面　　D．待加工面

93．下列关于创新的论述，正确的是（　　）。

A．创新与继承根本对立　　B．创新就是独立自主

C．创新是民族进步的灵魂　　D．创新不需要引进国外新技术

94．加工齿轮这样的盘类零件在精车时应按照（　　）的加工原则安排加工顺序。

A．先外后内　　B．先内后外　　C．基准后行　　D．先精后粗

95．FANUC 数控车床系统中 G92　X_　Z_　F_是（　　）指令。

A．外圆车削循环　　B．端面车削循环

C．螺纹车削循环　　D．纵向切削循环

96．三相异步电动机的过载系数入一般为（　　）。

A．1.1～1.25　　B．1.3～0.8

C．1.8～2.5　　D．0.5～2.5

97．微型计算机中，（　　）的存取速度最快。

A．高速缓存　　B．外存储器　　C．寄存器　　D．内存储器

98．G70 指令的程序格式（　　）。

A．G70 X__　Z__　　B．G70　U__　R__

C．G70　P__　Q__　U__　W__　　D．G70　P__　Q__

99．下列中（　　）最适宜采用正火。

A．高碳钢零件　　B．力学性能要求较高的零件

C．形状较为复杂的零件　　D．低碳钢零件

100．使程序在运行过程中暂停的指令（　　）。

A．M00　　B．G18　　C．G19　　D．G20

101．辅助功能代码 M03 表示（　　）。

A．程序停止　　B．冷却液开　　C．主轴停止　　D．主轴正转

102．中碳结构钢制作的零件通常在（　　）进行高温回火，以获得适宜的强度与韧性的良好配合。

A．200℃～300℃　　B．300℃～400℃　　C．500℃～600℃　　D．150℃～250℃

103．钢淬火的目的就是为了使它的组织全部或大部转变为（　　），获得高硬度，然后在适当温度下回火，使工件具有预期的性能。

A．贝氏体　　B．马氏体　　C．渗碳体　　D．奥氏体

104．FANUC 0i 系统中程序段 M98　P0260 表示（　　）。

A．停止调用子程序　　B．调用 1 次子程序"00260"

C．调用 2 次子程序"00260"　　D．返回主程序

105．逐步比较插补法的工作顺序为（　　）。

A．偏差判别、进给控制、新偏差计算、终点判别

B．进给控制、偏差判别、新偏差计算、终点判别

C．终点判别、新偏差计算、偏差判别、进给控制

D．终点判别、偏差判别、进给控制、新偏差计算

106．欲加工第一象限的斜线（起始点在坐标原点），用逐点比较法直线插补，若偏差函数大于零，说明加工点在（　　）。

A．坐标原点　　B．斜线上方　　C．斜线下方　　D．斜线上

107．数控机床上有一个机械原点，该点到机床坐标零点在进给坐标轴方向上的距离可以在机床出厂时设定。该点称（　　）。

A．工件零点　　B．机床零点　　C．机床参考点　　D．限位点

108．在机床各坐标轴的终端设置有极限开关，由程序设置的极限称为（　　）。

A．硬极限　　B．软极限　　C．安全行程　　D．极限行程

109．确定数控机床坐标系统运动关系的原则是假定（　　）。

A．刀具相对静止的工件而运动　　B．工件相对静止的刀具而运动

C．刀具、工件都运动　　D．刀具、工件都不运动

110．对于锻造成形的工件，最适合采用的固定循环指令为（　　）。

A．G71　　B．G72　　C．G73　　D．G74

111．数控车（FANUC 系统）的 G74　X−10　Z−120　P5　Q10　F0.3 程序段中，错误的参数的地址字是（　　）。

A．X　　B．Z　　C．P　　D．Q

112．数控车床中的 G41/G42 是对（　　）进行补偿。

A．刀具的几何长度　　B．刀具的刀尖圆弧半径

C．刀具的半径　　D．刀具的角度

113．采用 G50 设定坐标系之后，数控车床在运行程序时（　　）回参考点。

A．用　　B．不用

C．可以用也可以不用　　D．取决于机床制造厂的产品设计

114．G98　F200 的含义是（　　）。

A．200 m/min　　B．200 mm/r　　C．200 r/min　　D．200 mm/min

115．面板中输入程序段结束符的键是（　）。
A．CAN　B．POS　C．EOB　D．SHIFT
116．在线加工（DNC）的意义为（　）。
A．零件边加工边装夹
B．加工过程与面板显示程序同步
C．加工过程为外接计算机在线输送程序到机床
D．加工过程与互联网同步
117．万能角度尺在（　）范围内，应装上角尺。
A．0°～50°　B．50°～140°　C．140°～230°　D．230°～320°
118．后置刀架车床使用正手外圆车刀加工外圆，刀尖补偿的刀尖方位号是（　）。
A．2　B．3　C．4　D．5
119．工企对环境污染的防治不包括（　）。
A．防治固体废弃物污染　B．开发防治污染新技术
C．防治能量污染　D．防治水体污染
120．检验程序正确性的方法不包括（　）方法。
A．空运行　B．图形动态模拟　C．自动校正　D．试切削
121．数控机床的条件信息指示灯EMERGENCY　STOP亮时，说明（　）。
A．按下急停按扭　B．主轴可以运转
C．回参考点　D．操作错误且未消除
122．CA6140型普通车床的主要组成部件中没有（　）。
A．滚珠丝杠　B．溜板箱　C．主轴箱　D．进给箱
123．下列因素中导致自激振动的是（　）。
A．转动着的工件不平衡　B．机床传动机构存在问题
C．切削层沿其厚度方向的硬化不均匀　D．加工方法引起的振动
124．尺寸公差等于上极限偏差减下极限偏差或（　）。
A．公称尺寸－下极限偏差　B．上极限尺寸－下极限尺寸
C．上极限尺寸－公称尺寸　D．公称尺寸－下极限尺寸
125．ϕ35 H9/f9组成了（　）配合。
A．基孔制间隙　B．基轴制间隙
C．基孔制过渡　D．基孔制过盈
126．尺寸公差带的零线表示（　）。
A．上极限尺寸　B．下极限尺寸
C．公称尺寸　D．实际尺寸
127．机械制造中常用的优先配合的基准孔代号是（　）。
A．H7　B．H2　C．D2　D．D7
128．基准孔的下极限偏差为（　）。
A．负值　B．正值　C．零　D．任意正或负值
129．用以确定公差带相对于零线位置的上极限偏差或下极限偏差称为（　）。
A．尺寸偏差　B．基本偏差　C．尺寸公差　D．标准公差

130．下列孔与基准轴配合，组成间隙配合的孔是（　　）。
A．孔的上、下极限偏差均为正值
B．孔的上极限偏差为正值，下极限偏差为负值
C．孔的上极限偏差为零，下极限偏差为负值
D．孔的上、下极限偏差均为负值
131．零件的加工精度应包括以下几部分内容（　　）。
A．尺寸精度、几何形状精度和相互位置精度
B．尺寸精度
C．尺寸精度、形状精度和表面粗糙度
D．几何形状精度和相互位置精度
132．零件加工中，刀痕和振动是影响（　　）的主要原因。
A．刀具装夹误差　　B．机床的几何精度
C．圆度　　D．表面粗糙度
133．表面质量对零件的使用性能的影响不包括（　　）。
A．耐磨性　　B．耐腐蚀性能　　C．导电能力　　D．疲劳强度
134．数控机床应当（　　）检查切削夜、润滑油的油量是否充足。
A．每日　　B．每周　　C．每月　　D．一年
135．要执行程序段跳过功能，须在该程序段前输入（　　）标记。
A．/　　B．\　　C．+　　D．-
136．液压系统的动力元件是（　　）。
A．电动机　　B．液压泵　　C．液压缸　　D．液压阀
137．市场经济条件下，我们对“义”和“利”的态度应该是（　　）。
A．见利思义　　B．先利后义　　C．见利忘义　　D．不利不义
138．工件在机床上定位夹紧后进行工件坐标系设置，用于确定工件坐标系与机床坐标系空间关系的参考点称为（　　）。
A．对刀点　　B．编程原点　　C．刀位点　　D．机床原点
139．PROGRAM 可翻译为（　　）。
A．删除　　B．程序　　C．循环　　D．工具
140．遵守法律法规要求（　　）。
A．积极工作　　B．加强劳动协作　　C．自觉加班　　D．遵守安全操作规程
141．违反安全操作规程的是（　　）。
A．严格遵守生产纪律　　B．遵守安全操作规程
C．执行国家劳动保护政策　　D．可使用不熟悉的机床和工具
142．若框式水平仪气泡移动一格，在 1000 mm 长度上倾斜高度差为 0.02 mm，则折算其倾斜角为（　　）。
A．4′　　B．30″　　C．1′　　D．2′
143．在 AUTO CAD 软件使用过程中，为查看帮助信息，应按的功能键是（　　）。
A．F1　　B．F2　　C．F4　　D．F10
144．用来确定每道工序所加工表面加工后的尺寸、形状、位置的基准为（　　）。

A．定位基准　　B．工序基准　　C．装配基准　　D．测量基准

145．进行孔类零件加工时，钻孔—扩孔—倒角—铰孔的方法适用于（　　）。

A．小孔径的盲孔　　B．高精度孔

C．孔位置精度不高的中小孔　　D．大孔径的盲孔

146．不符合岗位质量要求的内容是（　　）。

A．对各个岗位质量工作的具体要求　　B．体现在各岗位的作业指导书中

C．是企业的质量方向　　D．体现在工艺规程中

147．数控车床的液压卡盘是采用（　　）来控制卡盘的卡紧和松开。

A．液压马达　　B．回转液压缸　　C．双作用液压缸　　D．蜗轮蜗杆

148．职业道德的实质内容是（　　）。

A．树立新的世界观　　B．树立新的就业观念

C．增强竞争意识　　D．树立全新的社会主义劳动态度

149．一般机械工程图采用（　　）原理画出。

A．正投影　　B．中心投影　　C．平行投影　　D．点投影

150．刃磨硬质合金车刀应采用（　　）砂轮。

A．刚玉系　　B．碳化硅系　　C．人造金刚石　　D．立方氮化硼

151．同轴度的公差带是（　　）。

A．直径差为公差值 t，且与基准轴线同轴的圆柱面内的区域

B．直径为公差值 t，且与基准轴线同轴的圆柱面内的区域

C．直径差为公差值 t 的圆柱面内的区域

D．直径为公差值 t 的圆柱面内的区域

152．标准麻花钻的顶角一般是（　　）。

A．100°　　B．118°　　C．140°　　D．130°

153．下列（　　）的工件不适用于在数控机床上加工。

A．普通机床难加工　　B．毛坯余量不稳定

C．精度高　　D．形状复杂

154．车削细长轴类零件，为减少 F_y，主偏角 K_r 选用（　　）为宜。

A．30°外圆车刀　　B．45°弯头刀

C．75°外圆车刀　　D．90°外圆车刀

155．国家标准的代号为（　　）。

A．JB　　B．QB　　C．TB　　D．GB

156．下列项目中属于形状公差的是（　　）。

A．面轮廓度　　B．圆跳动　　C．同轴度　　D．平行度

157．数控机床的电器柜散热通风装置的维护检查周期为（　　）。

A．每天　　B．每周　　C．每月　　D．每年

158．螺纹有五个基本要素，它们是（　　）。

A．牙型、公称直径、螺距、线数和旋向

B．牙型、公称直径、螺距、旋向和旋合长度

C．牙型、公称直径、螺距、导程和线数

D．牙型、公称直径、螺距、线数和旋合长度

159．扩孔比钻孔的加工精度（　　）。

A．低　　B．相同　　C．高　　D．低、相同、高均不对

160．（　　）主要用来支撑传动零部件，传递扭矩和承受载荷。

A．箱体零件　　B．盘类零件　　C．薄壁零件　　D．轴类零件

二、是非题（第161题～第200题。将判断结果填入括号中。正确的填√，错误的填×。每题0.5分，满分20分。）

161．AUTO CAD默认图层为O层，它是可以删除的。（　　）

162．G00和G01的运行轨迹都一样，只是速度不一样。（　　）

163．车刀磨损、机床间隙不会影响加工精度。（　　）

164．职业道德是社会道德在职业行为和职业关系中的具体表现。（　　）

165．利用刀具磨耗补偿功能能提高劳动效率。（　　）

166．量块组中量块的数目越多，累积误差越小。（　　）

167．白口铸铁经过长期退火可获得可锻铸铁。（　　）

168．工艺基准包括定位基准、测量基准和装配基准三种。（　　）

169．若零件上每个表面都要加工，则应选加工余量最大的表面为粗基准。（　　）

170．刀具耐用度是表示一把新刀从投入切削开始，到报废为止的总的实际切削时间。（　　）

171．机夹可转位车刀不用刃磨，有利于涂层刀片的推广使用。（　　）

172．二维CAD软件的主要功能是平面零件设计和计算机绘图。（　　）

173．相对编程的意义是刀具相对于程序零点的位移量编程。（　　）

174．麻花钻两条螺旋槽担负着切削工件，同时又是输送切削液和排屑的通道。（　　）

175．螺纹的牙型、大径、螺距、线数和旋向称为螺纹五要素，只有五要素都相同的内、外螺纹才能互相旋合在一起。（　　）

176．粗加工时，限制进给量的主要因素是切削力，精加工时，限制进给量的主要因素是表面粗糙度。（　　）

177．职业道德活动中做到表情冷漠、严肃待客是符合职业道德规范要求的。（　　）

178．外径切削循环功能适合于在外圆面上切削沟槽或切断加工，断续分层切入时便于加工深沟槽的断屑和散热。（　　）

179．刃磨硬质合金车刀时，为了避免温度过高，应该将车刀放入水中冷却。（　　）

180．电动机出现不正常现象时应及时切断电源，排除故障。（　　）

181．零件有长、宽、高三个方向的尺寸，主视图上只能反映零件的长和高，俯视图上只能反映零件的长和宽，左视图上只能反映零件的高和宽。（　　）

182．加工螺距为3 mm圆柱螺纹，牙深为1.949 mm，其切削次数为7次。（　　）

183．G21代码是米制输入功能。（　　）

184．标题栏一般包括部件（或机器）的名称、规格、比例、图号及设计、制图、校核人员的签名。（　　）

185．判断刀具磨损，可借助观察加工表面的粗糙度及切屑的形状、颜色而定。（　　）

186．从A到B点，分别使用G00及G01指令运动，其刀具路径相同。（　　）

187．用G71指令加工内圆表面时，其循环起点的X坐标值一定要大于待加工表面的直径

值。（ ）

188．在固定循环 G90、G94 切削过程中，M、S、T 功能可改变。（ ）

189．微处理器是 CNC 系统的核心，主要有运算器和控制器两大部分组成。（ ）

190．在 FANUC 系统数控车床上，G71 指令是深孔钻削循环指令。（ ）

191．一个完整的计算机系统包括硬件系统和软件系统。（ ）

192．数控车（FANUC 系统）固定循环 G74 可用于钻孔加工。（ ）

193．在数值计算车削过程中，已按绝对坐标值计算出某运动段的起点坐标及终点坐标，以增量尺寸方式表示时，其换算公式：增量坐标值=终点坐标值-起点坐标值。（ ）

194．标准公差分为 20 个等级，用 IT01，IT0，IT1，IT2，…IT18 来表示。等级依次提高，标准公差值依次减小。（ ）

195．薄壁外圆精车刀，K_r=93° 时径向切削力最小，并可以减少磨擦和变形。（ ）

196．理论正确尺寸是表示被测要素的理想形状、方向、位置的尺寸。（ ）

197. 机械加工表面质量又称为表面完整性。其含义包括表面层的几何形状特征和表面层的物理力学性能。（ ）

198．删除某一程序字时，先将光标移至需修改的程序字上，按“DELETE”。（ ）

199．当电源接通时，每一个模态组内的 G 功能维持上一次断电前的状态。（ ）

200．优质碳钢的硫、磷含量均≥0.045%。（ ）

数控车工中级理论知识试卷（二）答案

一、选择题

1.	C	2.	B	3.	A	4.	D	5.	A	6.	D	7.	C
8.	C	9.	B	10.	D	11.	C	12.	D	13.	B	14.	A
15.	A	16.	A	17.	B	18.	C	19.	C	20.	A	21.	A
22.	A	23.	B	24.	B	25.	A	26.	A	27.	B	28.	C
29.	A	30.	B	31.	B	32.	A	33.	A	34.	C	35.	D
36.	A	37.	B	38.	D	39.	D	40.	A	41.	C	42.	C
43.	B	44.	A	45.	C	46.	D	47.	B	48.	D	49.	D
50.	D	51.	D	52.	B	53.	C	54.	B	55.	C	56.	C
57.	A	58.	C	59.	B	60.	C	61.	C	62.	D	63.	B
64.	C	65.	C	66.	C	67.	B	68.	B	69.	C	70.	A
71.	B	72.	A	73.	C	74.	A	75.	C	76.	B	77.	A
78.	C	79.	A	80.	C	81.	D	82.	A	83.	B	84.	A
85.	B	86.	B	87.	B	88.	A	89.	D	90.	A	91.	C
92.	B	93.	C	94.	B	95.	C	96.	C	97.	C	98.	D
99.	D	100.	A	101.	D	102.	C	103.	B	104.	B	105.	A
106.	B	107.	C	108.	B	109.	A	110.	C	111.	A	112.	B
113.	D	114.	D	115.	C	116.	C	117.	C	118.	B	119.	C

120. C 121. A 122. A 123. C 124. B 125. A 126. C
127. A 128. C 129. B 130. A 131. A 132. D 133. C
134. A 135. A 136. B 137. A 138. A 139. B 140. D
141. D 142. A 143. A 144. B 145. C 146. C 147. B
148. B 149. A 150. B 151. B 152. B 153. B 154. D
155. D 156. A 157. A 158. A 159. C 160. D

二、判断题

161. × 162. × 163. × 164. √ 165. √ 166. × 167. √
168. √ 169. √ 170. × 171. √ 172. √ 173. × 174. ×
175. √ 176. √ 177. × 178. √ 179. × 180. √ 181. √
182. √ 183. √ 184. √ 185. √ 186. × 187. × 188. ×
189. √ 190. × 191. √ 192. √ 193. √ 194. × 195. √
196. √ 197. √ 198. √ 199. √ 200. √

附录B 实操试题

数控车床中级工技能考核试题一

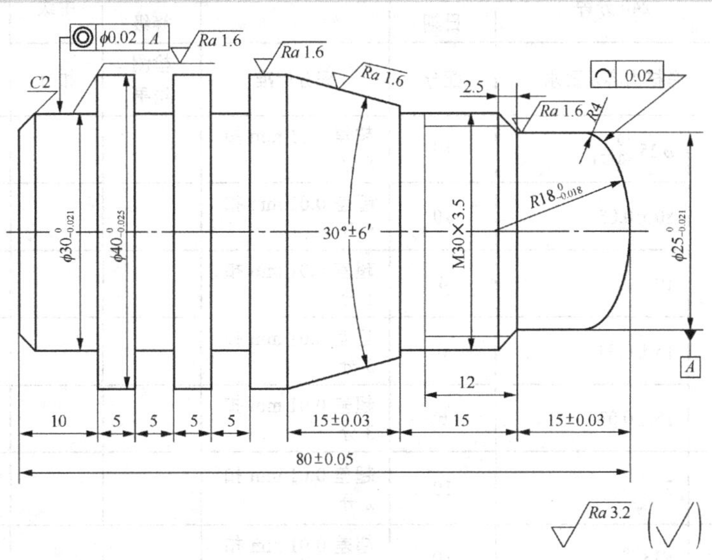

仿真加工考核要求：

1. 仿真毛坯尺寸$\phi 42\times 180$。
2. 交卷前工件必须完全切断并与图纸方向一致。

机床加工考核要求：

1. 不准用砂布及锉刀等修饰表面。
2. 未注倒角 $C0.5$。
3. 未注公差尺寸按 IT14 标准执行。

工种		等级	图号		名称	实操材料及备料尺寸		
数控车床		中级			考试件	45#（φ42×180）		
工种	数控车床	图号		单位		学校 专业		系 级
准考证号			零件名称	考试件	姓名		学历	
定额时间		240 分钟	考核日期		技术等级	中级	总分	
序号	考核项目	考核内容及要求	配分	评分标准	检测结果	扣分	得分	备注
1	外圆	$\phi 40_{-0.025}^{\ 0}$	10	超差 0.01 mm 扣 5 分				
2		$\phi 30_{-0.021}^{\ 0}$	10	超差 0.01 mm 扣 5 分				

续表

工种	等级	图号	名称	实操材料及备料尺寸
数控车床	中级		考试件	45#（ϕ42×180）

工种	数控车床	图号		单位	学校　系 专业　级

准考证号		零件名称	考试件	姓名		学历	
定额时间	240 分钟	考核日期		技术等级	中级	总分	

序号	考核项目	考核内容及要求	配分	评分标准	检测结果	扣分	得分	备注
3	外圆	$\phi 25_{-0.021}^{0}$	10	超差 0.01 mm 扣 5 分				
4	长度	80±0.05	10	超差 0.01 mm 扣 5 分				
5		10	4	超差 0.01 mm 扣 1 分				
6		15±0.03	6	超差 0.01 mm 扣 3 分				
7		15±0.03	6	超差 0.01 mm 扣 3 分				
8	间隔均匀	5	10	超差 0.01 mm 扣 2 分				
9	球面	$R18_{-0.018}^{0}$	10	超差 0.01 mm 扣 5 分				
10		$R4$	4	超差 0.01 mm 扣 1 分				
11	螺纹	M30×3.5	6	不合格不得分				
12	锥度	30°±6′	6	超 1′ 扣 2 分				
13	形位公差	◎ ϕ0.02 A	2	超差 0.01 mm 扣 1 分				
14		⌒ 0.02	2	超差 0.01 mm 扣 1 分				
15	粗糙度	Ra1.6	4	降一级扣 2 分				
16	文明生产	按有关规定每违反一项从总分中扣 3 分，发生重大事故取消考试					扣分不超过 10 分	
17	其他项目	一般按照 GB1804-M 工件必须完整，考件局部无缺陷（夹伤等）					扣分不超过 10 分	
18	程序编制	（程序中有严重违反工艺的则取消考试资格）					扣分不超过 25 分	
19	加工时间	总时间 240 min，其中软件应用考试不超过 120 min						

记录员		监考人		检验员		考评人	

数控车床中级工技能考核试题二

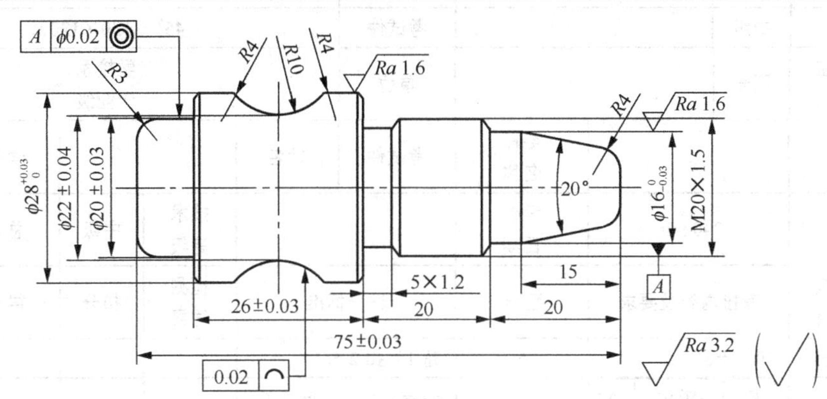

仿真加工考核要求：

1．仿真毛坯尺寸ϕ30×120。

2．交卷前工件必须完全切断并与图纸方向一致。

机床加工考核要求：

1．不准用砂布及锉刀等修饰表面。

2．未注倒角 C0.5。

3．未注公差尺寸按 IT14 标准执行。

工种	等级	图号	名称	实操材料及备料尺寸
数控车床	中级		考试件	45#（ϕ30×120）

序号	考核项目	考核内容及要求	配分	评分标准	检测结果	扣分	得分	备注
工种	数控车床	图号		单位	学校系专业级			
准考证号			零件名称	考试件	姓名		学历	
定额时间		240 min	考核日期		技术等级	中级	总分	
序号	考核项目	考核内容及要求	配分	评分标准	检测结果	扣分	得分	备注
1	外圆	$\phi 28^{+0.03}_{0}$	10	超差 0.01 mm 扣 5 分				
2		ϕ22 ±0.04	10	超差 0.01 mm 扣 5 分				
3		ϕ20 ±0.03	10	超差 0.01 mm 扣 5 分				
4		$\phi 28^{+0.03}_{0}$	10	超差 0.01 mm 扣 5 分				
5	长度	75 ±0.03	10	超差 0.01 mm 扣 5 分				
6		26 ±0.03	6	超差 0.01 mm 扣 1 分				
7	球面	R14	10	超差 0.01 mm 扣 2 分				
8		R3	4	超差 0.01 mm 扣 5 分				
9		3×R4	9	超差 0.01 mm 扣 1 分				
10	螺纹	M20×1.5	6	不合格不得分				

续表

工种		等级	图号		名称	实操材料及备料尺寸		
数控车床		中级			考试件	$45^{\#}$（$\phi30\times120$）		
工种	数控车床	图号			单位	学校系专业级		
准考证号			零件名称	考试件	姓名		学历	
定额时间		240 min	考核日期		技术等级	中级	总分	
序号	考核项目	考核内容及要求	配分	评分标准	检测结果	扣分	得分	备注
11	锥度	20°±6′	6	超1′扣2分				
12	几何公差	◎ ϕ0.02 A	2	超差0.01 mm扣1分				
13	几何公差	⌒ 0.02	2	超差0.01 mm扣1分				
14	粗糙度	*Ra*3.2	5	降一级扣2分				
15	文明生产	按有关规定每违反一项从总分中扣3分，发生重大事故取消考试					扣分不超过10分	
16	其他项目	一般按照GB1804-M 工件必须完整，考件局部无缺陷（夹伤等）					扣分不超过10分	
17	程序编制	程序中有严重违反工艺的则取消考试资格					扣分不超过25分	
18	加工时间	总时间240 min，其中软件应用考试不超过120 min						
记录员		监考人		检验员		考评人